彩图1 中式风格客厅

彩图2 田园风格客厅

U0241578

彩图3 东南亚风格客厅

彩图4 暖色调客厅窗帘

(a) 含蓄

(b) 明快

(c) 热烈

彩图5　沙发靠垫的色调搭配

彩图6　装饰布偶的色调应用

彩图7　双色组合玩偶

彩图8　床搭与室内环境色彩的统一

彩图9　卧室家纺产品整体配套设计

彩图10　手绘风格的抱枕设计

彩图12　床搭与室内环境色彩的统一

彩图11　以敦煌艺术为主题的床品配套设计

彩图13　传统中式（左）与新中式（右）床品配套设计

彩图14　欧式古典风格床品配套
　　　　设计

彩图15　民族风格床品配套设计

彩图16　现代风格床品配套设计

彩图17　餐厅空间的窗帘选择

彩图18　餐厅窗帘的选择

彩图20　美式田园风格台布

彩图19　中式风格桌旗

彩图21　欧式餐厅家纺

彩图22　民族风格餐厅家纺

彩图23　餐厅家纺与整体空间色调的统一

彩图24　厨房用巾和围裙图案的搭配

彩图25 卫浴家纺产品的图案配套

彩图26 浴巾与环境的配套

彩图27 缝缀工艺抱枕

彩图28 浴室窗帘图案与墙纸的配套

彩图29 卫浴家纺的色彩配套

(a) 设计手稿

"都市混搭"—另类浪漫

造型简练、大方的时尚窗帘，美式布艺沙发、拼布象偶、手织地毯以及色彩明快的沙发造垫，小小的客厅中融合了民族与时尚、传统与现代、东方情调与西式浪漫等众多风格元素，碰撞出了一个清新、文艺、时尚的混搭主题，使小小蜗居也能尽展风情与浪漫。

(b) 色彩

(d) 款式图

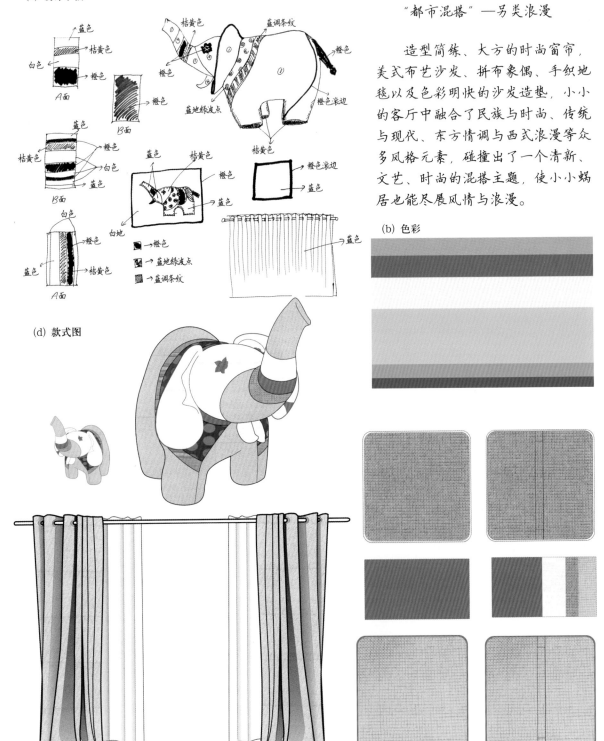

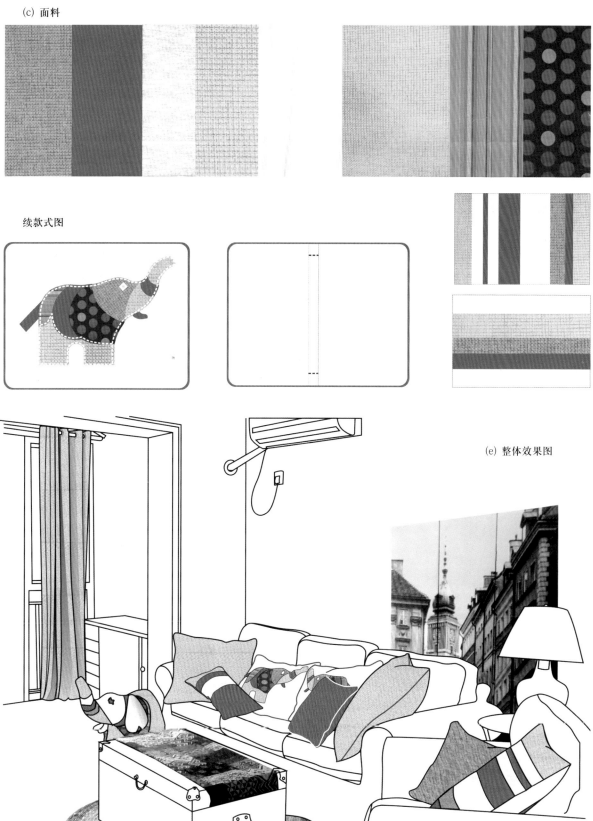

(c) 面料

续款式图

(e) 整体效果图

彩图30　客厅家纺产品配套设计综合表现

(a) 设计手稿

"上善若水"—清新海洋风

本例设计内容为床品配套，从"上善若水"联想到宽广的海洋，进而又想到了阳光、沙滩、和海浪，还有各色手绘风格的贝壳、海螺、珊瑚，通过大海的蓝色与经典白色的组合，完美演绎了清爽、包容、自信而奔放的海洋主题。设计整体用色简单，款式简洁大方，充分考虑了低碳、环保的设计理念，而在图案的选取和表现上则充满了人文关怀。

(d) 款式图

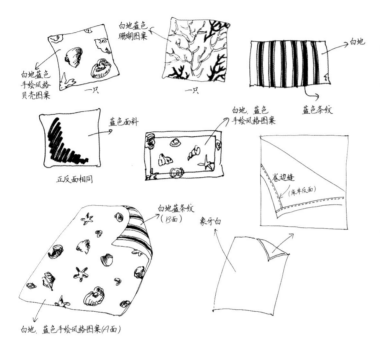

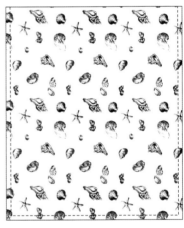

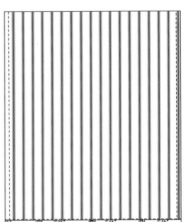

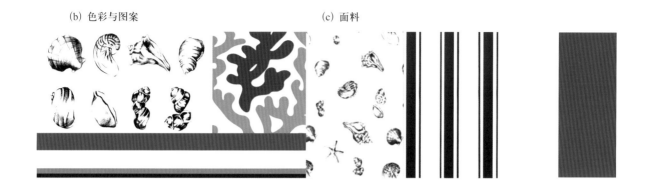

(b) 色彩与图案　　　　　　　　　　(c) 面料

(e) 整体效果图

彩图31　卧室家纺产品配套设计综合表现

餐厅家纺产品配套设计样例

CAN TING JIA FANG CHAN PIN PEI TAO SHE JI YANG LI

(a) 设计手稿

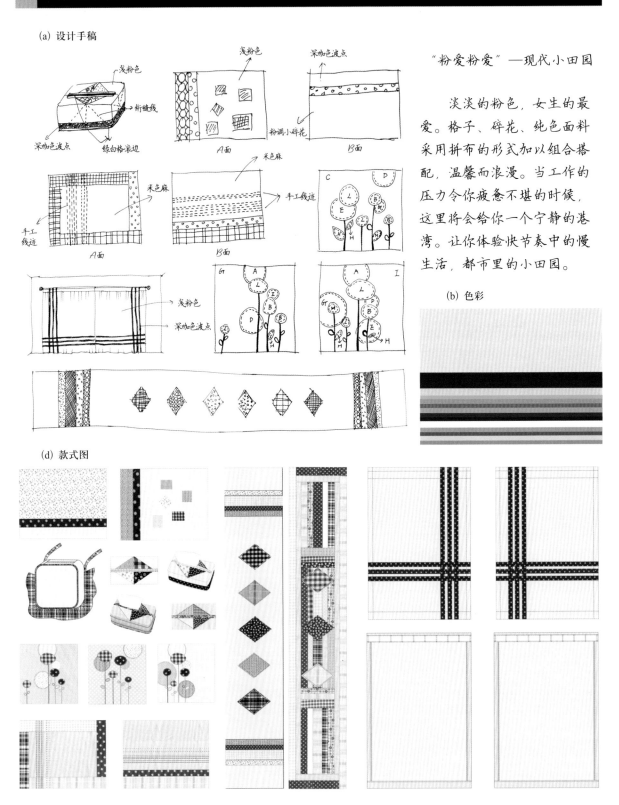

"粉爱粉爱"—现代小田园

淡淡的粉色，女生的最爱。格子、碎花、纯色面料采用拼布的形式加以组合搭配，温馨而浪漫。当工作的压力令你疲惫不堪的时候，这里将会给你一个宁静的港湾。让你体验快节奏中的慢生活，都市里的小田园。

(b) 色彩

(d) 款式图

(c) 面料

(e) 整体效果图

彩图32　餐厅家纺产品配套设计综合表现

卫浴家纺产品配套设计样例

WEI YU JIA FANG CHAN PIN PEI TAO SHE JI YANG LI

(a) 设计手稿

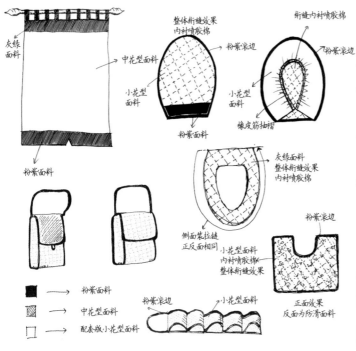

灰绿面料

中花型面料

小花型面料

粉紫面料

整体绗缝效果
内衬喷胶棉

粉紫滚边

小花型面料

粉紫面料

衍缝内衬喷胶棉

粉紫滚边

小花型面料

橡皮筋抽褶

灰绿面料
整体绗缝效果
内衬喷胶棉

侧面装拉链
正反面相同

小花型面料
内衬喷胶棉
整体绗缝效果

粉紫滚边

小花型面料

正面效果
反面为防滑面料

粉紫滚边

■ → 粉紫面料

▨ → 中花型面料

□ → 配套版小花型面料

"秘密花园"—韩式田园风

AB版缠枝花卉图案配合纯美的紫色与绿色，不经意间便营造了一个花花草草的世界。韩式田园中精美的工艺与贴心的款式设计，在花朵们的映衬下更显得温馨惬意，让人仿佛置身于田野间，任清风徐来，这里是属于你的秘密花园。

(b) 色彩

(d) 款式图

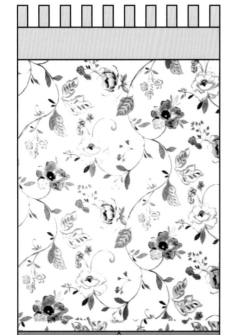

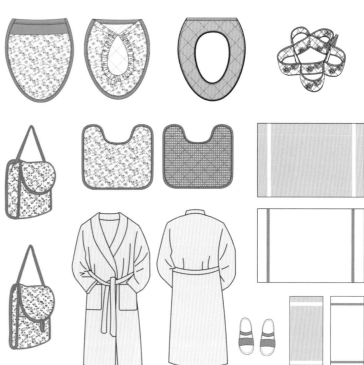

(c) 面料

(e) 整体效果图

彩图33　卫浴家纺产品配套设计综合表现

彩图34　充满趣味性的儿童浴袍款式

彩图35　花卉图案的卫浴间沙发套

彩图36　浴帘上俏皮的花洒图案

彩图37　卫浴内的色调比例把握

彩图38　拼布风格地垫

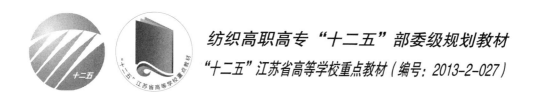

纺织高职高专"十二五"部委级规划教材

"十二五"江苏省高等学校重点教材（编号：2013-2-027）

家用纺织品配套设计与工艺

高小红　邹启华　主　编

雷　杨　副主编

中国纺织出版社

内 容 提 要

本书是任务驱动式的项目教材，结合企业实际案例，以图文并茂的形式，按照客厅类、卧室类、餐厨类、卫浴类家纺产品的项目实施顺序，详细阐述了包括窗帘、靠垫、床上用品、餐厨用品、卫浴用品、布偶、布艺装饰画等共30余例典型家纺产品的造型设计、配套设计、结构设计、制板、打样等内容。全书通过实际项目将家纺产品的设计与工艺环节联系起来，通过项目的递进实施详细介绍了典型家纺产品的设计与工艺知识及各阶段的工作过程与内容。

本书可作为高职高专相关专业的教学用教材，也可作为家用纺织品设计师、家纺企业生产技术人员的培训教材；同时可供家用纺织品设计专业人员、业余爱好者与艺术院校有关师生阅读参考。

图书在版编目（CIP）数据

家用纺织品配套设计与工艺 / 高小红，邹启华主编. —北京：中国纺织出版社，2014.3（2023.1重印）

纺织高职高专"十二五"部委级规划教材

ISBN978-7-5180-0222-1

I. ①家… II. ①高… ②邹… III. ①纺织品—设计—高等职业教育—教材②纺织品—生产工艺—高等职业教育—教材 IV. ①TS1

中国版本图书馆CIP数据核字（2013）第284544号

策划编辑：孔会云 责任编辑：符 芬 责任校对：寇晨晨
责任设计：何 建 责任印制：何 艳

中国纺织出版社出版发行
地址：北京市朝阳区百子湾东里A407号楼 邮政编码：100124
销售电话：010—87155894 传真：010—87155801
http://www.c-textilep.com
官方微博http://weibo.com/2119887771
唐山玺诚印务有限公司印刷 各地新华书店经销
2014年3月第1版 2023年1月第6次印刷
开本：787×1092 1/16 印张：19 彩插：8
字数：302千字 定价：49.00元

　　《国家中长期教育改革和发展规划纲要》（简称《纲要》）中提出"要大力发展职业教育"。职业教育要"把提高质量作为重点。以服务为宗旨，以就业为导向，推进教育教学改革。实行工学结合、校企合作、顶岗实习的人才培养模式"。为全面贯彻落实《纲要》，中国纺织服装教育学会协同中国纺织出版社，认真组织制订"十二五"部委级教材规划，组织专家对各院校上报的"十二五"规划教材选题进行认真评选，力求使教材出版与教学改革和课程建设发展相适应，并对项目式教学模式的配套教材进行了探索，充分体现职业技能培养的特点。在教材的编写上重视实践和实训环节内容，使教材内容具有以下三个特点：

　　（1）围绕一个核心——育人目标。根据教育规律和课程设置特点，从培养学生学习兴趣和提高职业技能入手，教材内容围绕生产实际和教学需要展开，形式上力求突出重点，强调实践。附有课程设置指导，并于章首介绍本章知识点、重点、难点及专业技能，章后附形式多样的思考题等，提高教材的可读性，增加学生学习兴趣和自学能力。

　　（2）突出一个环节——实践环节。教材出版突出高职教育和应用性学科的特点，注重理论与生产实践的结合，有针对性地设置教材内容，增加实践、实验内容，并通过多媒体等形式，直观反映生产实践的最新成果。

　　（3）实现一个立体——开发立体化教材体系。充分利用现代教育技术手段，构建数字教育资源平台，开发教学课件、音像制品、素材库、试题库等多种立体化的配套教材，以直观的形式和丰富的表达充分展现教学内容。

　　教材出版是教育发展中的重要组成部分，为出版高质量的教材，出版社严格甄选作者，组织专家评审，并对出版全过程进行跟踪，及时了解教材编写进度、编写质量，力求做到作者权威、编辑专业、审读严格、精品出版。我们愿与院校一起，共同探讨、完善教材出版，不断推出精品教材，以适应我国职业教育的发展要求。

中国纺织出版社

教材出版中心

前 言

　　我国家纺行业的蓬勃发展，使家纺企业对高技能应用型人才的需求日益增大，用人单位对大学生的要求将不再局限于一纸文凭，而是更具体地希望其具有可与未来岗位完全对接的职业技能，这对大学生培养提出了更高更新的要求，也对人才培养的配套教材提出改革创新的要求。本教材正是在这样的背景下，针对家用纺织品设计及其相关专业的现实需求而编写的。

　　本教材是任务驱动式项目教材，适用于教、学、做一体化的现代教学模式。其特色在于以提高学生设计与工艺技术能力为目标，打破了原有学科式教育的知识体系，把理论知识与实践操作进行整合，以不同家纺企业的典型产品为载体，以典型产品的新品开发工作过程为主线，采用并行的项目排列方式，按照客厅类、卧室类、餐厨类、卫浴类家纺产品的设计开发顺序来安排教学顺序，以款式设计、配套设计、产品打样的工作任务为导向，使学生在任务的完成过程中，构建家用纺织品的造型、配套、结构、工艺知识体系，具有家纺产品的造型设计、配套设计、结构设计、制板以及样品制作的能力。教材内容的选取注重对职业能力的培养，理论知识以够用为原则，紧紧围绕工作任务，并融合了相关职业资格对知识、技能和态度的要求。

　　本书设计部分主要由邹启华编写，工艺部分主要由高小红编写，书中设计部分图片的绘制、拍摄、整理等工作主要由雷杨完成。另外，参加本书编写的还有姚伟勤、冯银等企业的专家。全书由高小红、邹启华统稿。作为立项建设的 "十二五"江苏省高等学校重点教材、苏州经贸职业技术学院2011年度院级精品教材，本书在编写过程中，得到了来自江苏省教育厅、苏州经贸职业技术学院的大力支持，也得到了苏州艺尊软装设计工作室、苏州美缀时装饰有限公司等企业的鼎力相助，尤其是教材合作编写企业——苏州艺尊软装设计工作室，在案例提供、项目解析、任务实施等编写环节给予了非常专业的帮助和指导，而今出版将近，谨在此向各位表示衷心的感谢！

　　编写此书的目的，一是为了满足自身的教学需要，另外也是为了总结、推广课程建设所积累的经验，从而能够更好地为教学、学生和社会学习者服务。抛砖引玉自不必说，如能对您有所裨益，自当倍感欣慰。编者水平所限而造成的错误与不足之处，敬请广大读者及家用纺织品设计界的前辈和同行们指正。

编 者

2013年7月20日于苏州

☞ 课程设置指导

本课程的培养方向 "家用纺织品配套设计与工艺"课程是家用纺织品设计、纺织品装饰艺术设计、染织艺术设计等专业的专业核心课程，这门课程依据纺织品设计、生产企业中的家纺产品设计、打板、打样的工作任务设置，与企业设计师、助理设计师、板型师、打样员的工作岗位相对应。课程设置的最直接目的在于使学生获得能够胜任家纺产品造型、配套设计以及相关工艺技术岗位的职业能力。

本课程教学目的 通过本课程的学习，使学生掌握家用纺织品造型设计、配套设计、结构设计、工艺技术的相关知识，具有家纺产品的设计、制板、打样的职业能力，同时，养成诚实守信、吃苦耐劳的品格，善于动脑、勤于思考的学习习惯，以及与客户沟通、与企业工作人员共事的团队意识，最终成为德、智、体、美、劳全面发展的，具有良好职业素质，具备较强的家用纺织品设计和生产工艺能力的、一线所需的高技能应用型专门人才。

本课程的教学建议 "家用纺织品配套设计与工艺"课程建议开设180~200学时，可分两学期来实施教学。教学内容可以是本书的全部，也可以是全部的设计模块与1/2以上的工艺模块任务的组合。教学过程中，根据具体学时、具体情况，允许教师有目的地进行项目、任务的取舍组合，例如可以选择客厅、餐厨、卫浴类家纺设计模块的全部任务、工艺模块的部分任务以及卧室类家纺配套设计与工艺整体项目的组合。教学实施中，要立足于一定的家居空间，依托实际的项目，将学生以5~6人分组成不同的开发团队，采用教、学、做一体化的教学模式，使学生有计划、有目的地完成从接单到打样的整个家纺产品设计开发过程。教学中要注重教师的引导作用。

|目　录|

项目四　卫浴类家用纺织品的设计与工艺

项目一　客厅类家用纺织品的设计与工艺

【教学目标】
- 了解客厅类家纺产品的设计原则与方法。
- 掌握客厅类家纺产品的材料、图案及款式特点，具有单品与配套设计能力。
- 掌握客厅类家纺产品的纸样设计原理，并具备制板能力。
- 掌握客厅类家纺产品缝制工艺与技能，并具备成品制作的能力。

【技能要求】
- 能完成客厅类家纺产品的单品设计并进行设计表现。
- 能完成客厅类家纺产品的配套设计并进行设计表现。
- 能完成客厅类家纺产品的纸样设计与制板。
- 能完成客厅类家纺产品的工艺制作。

【项目描述】
　　本项目设计目标是为"山水印象"小区住户提供家纺产品的定制服务。该项目将在用户家居硬装已经完成、家具和部分软装陈设也由用户自行确定的基础上开展。项目组的具体任务是为该住户客厅空间量身定制家纺产品，包括窗帘、沙发靠垫以及个性化的装饰布偶等。

【项目分析】
　　本案中，客厅的装修风格、用户的个人喜好都已清晰明确，项目组的工作是根据客厅风格、用户特点来设计并制作窗帘、沙发靠垫以及装饰布偶的成品。本案客厅空间内主要的家纺产品包括窗帘、沙发套、沙发靠垫、地毯以及装饰布偶，其中，用户已经根据自己的喜好配置了沙发套和地毯，要求项目组为其提供与客厅风格相协调的其他家纺产品。因此，定制工作需要从整体家纺的视角切入，综合考虑客厅家纺产品的图案、色彩、款式、工艺等要素，使最终的定制产品能够满足用户的要求。综上所述，本项目的工作内容主要包含客厅类家纺产品的设计和客厅类家纺产品的工艺两大模块，其中设计模块主要完成以下任务：对用户相关资料进行分析与整理，并提出设计方案；窗帘、沙发靠垫、装饰布偶的面料选择；面料整体色调调和配比的确定，包括材质、图案和色彩；窗帘、沙发靠垫、装饰布偶的款式设计。工艺模块主要完成的是窗帘、靠垫、装饰布偶的结构设计、样板制作与成品缝制等内容。

模块一 客厅类家用纺织品的造型与配套设计

相关知识

一、家用纺织品概述

（一）家用纺织品的含义

家用纺织品根据其所涵盖的范围有广义和狭义之分，广义的家用纺织品又称装饰用纺织品，是指由纱线、织物等材料加工制成的，可直接应用于家居、宾馆、饭店、会议室等场所以及飞机、汽车、火车等交通工具内的所有纺织制品的总称；狭义的家用纺织品专指在室内环境中（主要是家居环境中）所使用的装饰用纺织品。从设计与工艺的角度来看，家用纺织品的含义中包含了款式、色彩、图案、材料以及制作工艺等要素。

1. **款式** 款式指家用纺织品的内、外部造型样式，它首先受到纺织品的结构特点、功能要求等因素的制约，同时又与使用对象、使用地点等因素密切相关。一般来说，家用纺织品的款式由外部轮廓、内部结构和辅助部件等几个方面组成。

2. **色彩** 作为家居室内的软装饰内容之一，家用纺织品的色彩在营造室内视觉环境氛围方面的作用不可忽视。根据设计目的，充分利用色彩要素对纺织品进行艺术化搭配，对于体现室内设计的内涵有极强的辅助作用。

3. **图案** 图案是纺织品视觉审美中重要的构成要素之一，也是纺织品材料与其他装饰材料相比独具特色的一个方面。各种形式、风格的图案，无论是面料本身的图案（如印花或提花），还是利用装饰工艺形成的装饰图案（如拼贴或缝缀），都是表现面料艺术设计思想的重要因素。

4. **材料** 材料主要指的是纺织品面料。材料是家用纺织品款式、色彩和图案的物质载体。根据材料的主次关系，家用纺织品的材料可分为主面料和辅料两部分。材料本身丰富的肌理效果和风格特征是形成家用纺织品独特外观的重要因素。

（二）家用纺织品的分类

随着居住条件的改善，现代家居中各空间的功能十分明确，卧室、客厅、餐厅、卫生间、厨房、书房等一般各自形成独立分区，并根据各自使用空间的要求，可对家用纺织品进行相应的品类划分。

1. **客厅用家纺产品** 客厅用家纺产品主要包括布艺沙发、沙发套、靠垫、坐垫、地毯、电视机罩、电话机套、窗帘等。当然，具体的品类应根据客户实际需要来进行组合设计。

2. **卧室用家纺产品** 卧室是人们用于休息睡眠的空间，通常有以床、床头柜为主体的家具。卧室用家纺产品包括床上用品、地垫或地毯、窗帘、空调罩、台灯罩、电视机罩以及睡衣、拖鞋、睡帽系列等。

3．餐厅用家纺产品 餐厅用家纺产品指用于餐厅，为就餐提供良好服务并能营造和谐优美的就餐氛围的家用纺织品，包括餐巾、桌布（台布）、餐垫、桌椅脚套、茶杯垫、椅垫、椅套、茶壶套、餐巾纸盒等。

4．厨房用家纺产品 厨房用家纺产品指在厨房内起防污、隔热、防尘作用的家用纺织品，包括餐具袋、餐巾、隔热垫、洗碗巾、什物袋、冰箱盖布、微波炉盖布、隔热手套、电饭煲套、厨用窗帘、保鲜纸袋、围裙、厨帽等。

5．卫浴用家纺产品 卫浴用家纺产品指用于卫生间的家用纺织品，包括方巾、面巾、浴巾、地巾、浴帘、马桶三件套（坐垫、盖套、地垫）、卫生纸套和浴衣、浴帽等。

6．其他家纺产品 其他家纺产品一般指体积较小，可灵活摆设的家用纺织品，如各类饰物、挂件、工艺篮、布艺插花、布艺相框、包、杂物袋、开关套、笔袋、信插等。

二、家用纺织品设计

（一）家用纺织品设计的内容

1．视觉设计内容

（1）造型设计。家用纺织品的造型设计是指家纺产品的款式（形状轮廓）及其与面料、色彩相结合的设计，即运用款式变化、面料材质和色彩搭配、纹样配置等手段来塑造产品的艺术形象，体现面料的质感肌理和花纹色彩，突出款式的形态特点和造型美感，是使各种家用纺织品的实用性和装饰性得以完美显现的至关重要的手段。造型设计工作一般由设计师来完成。

（2）配套设计。家用纺织品的配套设计有狭义与广义之分。狭义的配套是指将具有某一共同装饰作用或针对同一使用目标的产品搭配组合成套。这是目前较常用的配套模式，如床上用品多件套（床单、被套、枕套、靠垫等组合）、卫生间马桶三件套（坐垫、盖套、地垫组合）、厨房用套件（围裙、帽子、隔热手套等）、餐桌套件（桌布、椅套、餐垫组合或茶壶套、茶杯垫组合）等。广义的家用纺织品配套设计是指某一范围内所使用的家用纺织品的搭配成套，是在统一的设计思想指导下，用相应的设计手段或方法使各种针对不同装饰对象或具有不同用途的家用纺织品形成特定统一风格的整体。如在卧室空间中，包含有窗帘、床上用品、地垫等多种家用纺织品。配套设计就是将这些不同类型的纺织品有序地组合起来，形成统一的整体。近年来，为配合室内整体装修风格，在配套设计的基础上又提出了"整体家纺"概念。整体家纺的概念有两方面的含义：一是指在装饰后期，整体性地考虑窗帘、床品、沙发等软装饰，以整合的设计理念、产品搭配营造一个充满个性与富有情调的居室环境。因此，产品设计应注重系列的整体性与统一性，又尽量满足可选择性，提供丰富的系列产品；二是指与居室的装修风格相统一，强调家纺软装饰与居室的硬装饰相协调，以期达到软装饰与硬装饰互为映衬与补充的和谐效果。因此，整体家纺不仅提供丰富的产品系列，更强调软装饰是家居整体装饰的一个有机组成部分。

2. 工艺设计内容

（1）结构设计。家用纺织品的结构设计是将造型设计图通过纸样的绘制分解转化为平面结构图的一种设计形式。纸样的参数为后续工序制定技术规格和生产工艺提供数据。负责结构设计的人就是通常所说的板型师，在一些小型企业里这个岗位有时会由设计师或样品缝制人员兼任。

（2）工艺设计。家用纺织品的工艺设计是在造型设计和结构设计的基础上，将纸样转变成面料，并完成从构思到成品的一种技术设计。负责工艺设计的人就是样品缝制人员。

结构设计和工艺设计侧重于技术性，是造型设计的继续和补充，它们既要实现造型设计的意图，又要弥补造型设计的某些不足。从这个意义上来说，结构设计和工艺设计的一切活动都是围绕造型设计而展开，并服务于造型设计的。也可以说，造型设计是灵魂，结构设计是核心，工艺设计是实物环节，三者互相影响，成为一个整体。实现技术与艺术两者的协调统一，家纺产品就能充分显示出材料、造型、技巧等的美感。

（二）家用纺织品的设计风格

家用纺织品的设计风格是产品的外观样式与精神内涵相结合的总体表现，是指产品所传达的内涵和感受。它能传达出家用纺织品的总体特征，具有视觉冲击力和精神感染力，同时，设计独有的风格也是形成配套设计的方法之一。

家用纺织品的风格主要有中式古典风格、欧式古典风格、田园风格（自然风格）、现代风格和民族风格等。

1. 中式古典风格 中式古典风格是指继承中国传统，讲究文化底蕴，格调高雅，体现较高审美情趣的一类风格。其家纺产品在款式上采用简练的整体结构，讲究比例均匀，以细部的精致刻画与大块面的整体效果形成强烈、有序的对比；色彩方面多采用中国传统织物图案、色彩以及传统的吉祥图案等最适合体现中式古典风格的元素，其寓意、造型、配色都充分反映了中国悠久的历史文化背景。由于典型的中式家具多采用黄梨木和红木，所以中式古典风格的家用纺织品色调多以米色、淡赭、熟褐、暗红色为主色调，局部采用纯度较高、鲜艳明亮的大红、翠绿、明黄、金色等作为点缀，起到画龙点睛的作用（图1-1，彩色效果见彩图1）。在面料的选择上则多选用素色或带有简单的云纹、曲水纹、菱花纹装饰的提花或印花织物。中国传统的丝织物如织锦缎、古香缎等色彩绚丽、光泽华丽，常被用作局部点缀的面料。在装饰设计上多运用有民族特色的工艺如刺绣和编结。刺绣作为中国传统手工艺的代表，可以增加产品的观赏性和艺术性。中国结流传已久，花样繁多，包括花结、盘扣、穗子等，运用在家用纺织品中不但能起到装饰作用，而且具有深刻的寓意。

图1-1　中式古典风格客厅

2. 欧式古典风格 欧式古典风格是从古希腊、古罗马时代发展而来的，经历了文艺复兴时期、巴洛克时期、洛可可时期，在现代家居设计中形成了富丽、豪华、典雅、高贵的特点（图1-2）。在款式设计上突出繁复、庞杂的细节设计，多采用有装饰花边的帷幔、大面积的褶皱、层层叠叠的木耳边，以体现出富丽堂皇的装饰效果。色彩为体现欧洲古典风情的黄色、橙色、深红色、墨绿色、深蓝色等，整体配色的纯度较高。图案多用复杂、凝重、富丽、精致的卷草纹样，充满古典气息。面料多为较厚实的提花装饰面料，利用面料的质地增加其华丽感。在装饰设计方面，绳带、穗子、流苏是典型的常用装饰物。绣花工艺的装饰效果很强，尤其是徽章、图案等的花纹饱满突出、立体感强，是典型的古典装饰图案。

图1-2 欧式古典风格客厅

3. **田园风格** 又称自然风格，其家用纺织品符合现代人追求返璞归真，崇尚轻松、悠闲、随意的生活特点，营造使人放松、感觉舒适的环境（图1-3，彩色效果见彩图2）。款式设计讲究朴实自然、简洁大方，装饰物少而精，多利用面料的图案直接进行组合拼接。色彩素雅、洁净，来自大自然的色彩最适合自然风格的家用纺织品，如白色、米色、浅蓝色、淡黄色、粉红色、绿色，使人联想到蓝天、植物、花卉，营造出清新的自然意境。条格，小碎花，大的、写实的植物花卉图案都适合于表现自然风格。

图1-3 田园风格客厅

4. **现代风格** 现代风格是与古典风格相对应的风格类型。它强调造型简洁、结构明快、线条清晰流畅，符合现代都市生活的快节奏，突出家用纺织品的功能性与实用性。款式设计简约，没有错综复杂的细节刻画，而以简单流畅的外形取胜。色彩上多采用黑色、白色、灰色及一些纯度较低的色彩，产生沉着、冷静而有力的艺术效果，或采用一些鲜艳的、流行的色彩，与室内

图1-4 现代风格客厅

家具的现代感形成鲜明对比，可以达到意想不到的效果（图1-4）。图案多采用随意的点、线、面及不规则或抽象的几何图案，再加上天然的肌理纹样，以达到以少胜多的艺术效果。在面料的选择上，除常见的织物外，皮革、涂层面料由于其光泽感强，因而特别适合于营造现代艺术氛围。

5. **民族风格** 民族风格家用纺织品汲取中西方各民族、民俗文化元素，具有浓厚的复

图1-5 东南亚风格客厅

古气息和民族风情，通过民族色彩、民族图案、民族装饰体现出不同民族、地域的文化传统。不同的生活习惯、审美情趣和历史文化造就了不同民族的不同风格（图1-5，彩色效果见彩图3），如蜡染、扎染作为我国西南少数民族地区人们一直传承的传统手工艺，民族特色强烈；此外，日本人习惯采用的榻榻米也具有典型的民族风格。

（三）家用纺织品定制任务的完成

在实际设计生产中，不同类型的家纺企业会承担不同类型的工作任务，可能是为某个品牌、企业进行设计，要求延续它原有的风格、特色、价位和档次等；也可能是针对单独客户的定制服务。其中，家用纺织品定制任务一般需要按以下步骤进行。

1. **分析设计要求，确定设计目标** 任何一个项目在实施之前都必须要确定目标，这样才能使所有的工作都指向同一个方向，家用纺织品的设计也是如此。确定了设计目标，具体的任务分解以及任务的内容才会变得明晰而有针对性。设计目标一般包括设计风格、设计内容等。

2. **根据设计风格选择面料、图案、色彩** 风格是设计的灵魂，也是设计所要追求的艺术样式。掌握各种风格以及与其相对应的材料、色彩、图案、款式等，才能在设计应用中对特定风格进行准确的表现。一般来说，在家用纺织品设计的实际项目中，风格往往是最先确定的，然后在具体的任务实施过程中针对风格要求进行面料、图案和色彩的选择与配合应用。

3. **根据设计风格进行产品的款式设计** 家用纺织品的款式设计首先应满足实际使用功能的要求，在此基础上，可根据具体的风格进行艺术化和个性化的设计表现。不同风格的家用纺织品在款式方面有很大的区别，因此，要在充分理解风格样式的基础上，进行艺术化的演绎。款式设计，首先需要设计说明和设计手稿，再次需要款式设计图和应用效果图，以给客户和工艺设计人员提供直观的印象和数据。

4. **根据设计图进行成品制作** 家用纺织品的成品制作是指根据设计图所表现的造型特征和效果，通过结构设计和缝制工艺使设计结果实物化的过程。这个过程首先要确定产品尺寸，研究立体形态如何通过平面结构来表现，将设计好的平面结构制作成样板，根据样板裁剪面料，之后完成实物的成品缝制。

任务1 用户资料的分析与整理

【知识点】

· 能描述用户资料分析与整理的方法和要点。

· 能描述家用纺织品设计与定位的方法和要点。

【技能点】

- 能完成用户资料分析。
- 能通过用户资料分析确定客厅系列家纺产品的总体风格与设计构思。

🔒 任务描述

通过对客户需求、家装风格等资料的分析，确定本案客厅系列家纺产品的总体风格、设计内容与设计要素。

🗝 任务分析

本环节的主要工作目标是收集、整理用户的相关资料，并在此基础上完成对资料的分析与整理。最后根据分析结论进行整体设计构思的确定，包括设计内容，设计风格，设计重点、难点、要点等。因此，在这个环节中，资料的收集非常重要，对客户的基本资料和具体要求应尽可能地进行挖掘，以便接下来的设计工作有的放矢。

🖐 任务实施

在实际案例中，用户资料分析是设计开始的第一步，也是非常重要的起点，其准确与否决定着整个方案的成败。本案客户是目标非常明确的消费者，他们提供了清晰的家装资料，也陈述了比较明确的产品要求。

一、设计定位

（一）使用对象分析

家用纺织品的设计必须要有一个准确、合理的定位。设计师要根据市场及消费者的需求，凭借自身的修养、知识，对设计所要达到的目的进行全面设想；通过反复的思考和酝酿，集思广益，制订设计目标。使用对象——家用纺织品设计的主体因素。对产品的使用对象进行深入细致的了解是设计成功的重要因素，要根据市场需求划分使用对象，选择适合使用对象的最佳方案，包括对使用者的性别、年龄、职业、社会地位、经济状态、文化背景、审美趣味、生活习惯等方面的分析。本案中的客户为一单身年轻女性，职业为大学教师，年龄在30岁左右，艺术专业毕业；喜欢艺术范儿和时尚感强的装饰风格；对产品、设计的品质及审美要求较高；其客厅空间面积较小，在户型结构上的定位是将书房功能和会客功能整合，营造开放式书房和客厅的效果；同时，客户希望客厅整体风格简洁明了，并将民族风格和美式田园风格相融合；在与客户的交流过程中，客户明确表现出了对动物造型的倾向性，尤其是对"象"这一具有吉祥寓意形象的喜爱。因此，在设计中可以考虑选择与使用这一素材。

（二）使用时间、空间分析

1. 使用时间——使用家用纺织品的时间因素　家用纺织品的设计与季节的交替关系密切，设计师应熟知各种季节家用纺织品的需求规律和家用纺织品在室内环境中的作用及其产生的情感因素。如暖色调或较浓重的色调比较适合于秋、冬季的家用纺织品设计；而冷色调和较清新淡雅的色调则比较适合于炎热的夏季使用，以营造出凉爽的环境视觉氛围。再如面料和辅料的质感、厚薄等的差异也会使人们在使用中产生不同的心理感受，如绒毛感较强的材料用于冬季会使人感觉温暖、体贴，而用于夏季就会使人感觉刺痒、闷热、烦躁。设计必须走在时间的前面，提前一到两季提出设计方案，使设计最大限度地符合人们的消费心理和消费需求，从而更好地引导人们的消费动向。本案中客户没有明确使用的时间要求，设计作品需要适合四季使用。

2．**使用空间——使用家用纺织品的空间因素**　家用纺织品设计作为室内陈设设计的一部分，在设计时，既要与室内装修、家具陈设等结合为和谐的整体，又要充分发挥其在室内空间中的作用。如何利用家用纺织品的款式、色彩、材质对不同的空间环境进行合理装饰，是家用纺织品设计工作面临的重要问题。正是要通过家用纺织品的设计来强化室内设计师对室内整体氛围的构想，强化统一的设计风格等。本案中客户所提供的房屋户型基本资料如下。

图1-6　本案客厅硬装照片

（1）房屋坐落：高校区附近。

（2）户型结构：多层六楼，2室1厅1卫。

（3）房屋建筑面积：60m²。

（4）客厅使用面积：10m²。

3．**客厅已完成家装图片**（图1-6）

（三）使用目的分析

使用目的——使用家用纺织品的目的因素　在进行家用纺织品的设计时，需要思考消费者的需求，从而有针对性地研究与确立消费者使用家用纺织品的目的。以婚庆市场为例，新婚夫妇是床上用品消费的主要人群，而营造吉祥喜庆的氛围则是该类消费的主要目的。本案客厅的面积较小，在空间设计上将客厅与书房进行了整合，客户要求在家用纺织品的设计上能将这两部分空间综合起来进行考虑。同时，客户对客厅的家居整体设计有较高的情感诉求，要求在满足使用舒适、功能合理的前提下，更能营造出大气、有品位、时尚、吉祥的氛围。

（四）设计特色扑捉

设计产品——家用纺织品的产品因素　在设计家用纺织品时必须考虑到产品吸引人之处及其特色。是款式别致新颖、配色大胆，还是构思有创新、工艺精致等。本案立足于客户对"象"这一动物的喜爱和对其寓意的认可，设计重点放在巧妙地将时尚与吉祥的诉求融合。

二、设计目标

（一）设计内容确定

本案设计内容为客厅家纺产品的配套设计，主要包括以下设计单品。

（1）双层窗帘：含外层纱帘和内层遮光帘。

（2）系列沙发靠垫。

（3）个性装饰布偶：象。

（二）设计风格定位

本案客户年轻、时尚、有品位、富有艺术气质，同时又喜欢简约、大气的现代感，因此，单纯的一种风格很难满足客户需求。综合考虑本案客户及其户型的基本信息，将设计风格定位为融合现代、民族、欧美等多种风格于一体的多元混搭风格。

（三）设计构思

通过对客户客厅的实地考察，发现客厅为比较狭长的长方形，采光效果一般；有利条件是客户的墙壁、书柜、沙发等家装基本上都选择了本白色，室内的整体色调比较统一，这给纺织品设计留下了较大的发挥空间。客厅的自然条件决定了本案家纺产品造型总体应以简约、大气为主，色调宜选择明快、纯净的类型。对多元混搭风格的表现，主要通过面料材质、图案、工艺设计以及这些设计元素相互之间的细节呼应来完成，并确定了以"象"这一吉祥元素形象为贯穿整个设计的灵魂。

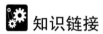 知识链接

一、家用纺织品的分类

家用纺织品的种类很多，由于基本形态、用途、制作方法不同，各类产品表现出不同的风格与特色。

（一）根据产业分类

根据产业分类即根据家用纺织品在纺织行业中的行业类型进行分类，可以用十个字概括：巾、床、厨、帘、艺、毯、帕、线、袋、绒。"巾"是指毛巾、浴巾、毛巾被、沙滩巾及其他盥洗织物；"床"具体指床上用品，同时包括蚊帐类用品；"厨"是指厨房、餐桌用的各种纺织品；"帘"指各种窗帘、装饰帘，包括用于窗帘装饰的绳；"艺"包括各种布艺、抽纱制品、布艺家具、摆设、垫类、花边等；"毯"指各种毯类，包括地毯、装饰毯类；"帕"包括各种手帕、包头巾、装饰巾；"线"指各种原料的缝纫线、绣花线、各种带类；"袋"包括各种以纺织品为材料制成的包、兜、袋（除产业用袋）等；"绒"指各种静电植绒面料（国外将其广泛用于家用纺织品的生产，该行业兴起时就被纳入家纺行业）。

（二）根据用途分类

家用纺织品的基本特性是实用性，根据用途的不同可以将其分为八大类。

1. **地面铺设类**　地面铺设类指覆盖在地面上用于防滑、防尘、保暖的家用纺织品，主要有地毯和地垫两大类。可用于多种室内环境，如盥洗室、客厅、儿童房、卧室、玄关等室内空间。

2. **挂帷遮饰类**　挂帷遮饰类指以悬挂的形式在室内起到遮挡视线、分割空间、装饰等作用的家用纺织品，主要有窗帘、门帘、软质屏风以及帷幔等。这类家用纺织品的面积较大，对室内的装饰效果起着重要的作用。

3. **家具、家用电器覆饰类** 家具、家用电器覆饰类指覆盖在家具和家用电器上,用于遮挡灰尘、保护家具和家用电器或增加使用舒适性的家用纺织品。主要有桌布、椅垫、椅套、沙发套、电视机套、洗衣机盖布、电脑罩、室内空调罩、冰箱盖布、微波炉盖布等。

4. **墙面贴饰类** 墙面贴饰类指覆盖在墙面上,利用纺织品的肌理效果和图案效果起到装饰作用的家用纺织品,如墙布等。

5. **床上用品类** 床上用品类指覆盖在床体上用于睡眠休息的家用纺织品,主要有床单、床罩、被子、被套、枕头、枕套、靠垫、抱枕、床帷、蚊帐、睡袋等。这类家用纺织品一直是家庭的必备品,也是目前家纺市场的主导产品。

6. **卫生盥洗类** 卫生盥洗类指用于清洁、梳理的家用纺织品,主要有盥洗室内的毛巾、浴巾、抽水马桶三件套、卫生纸套等。

7. **餐厨杂饰类** 餐厨杂饰类指用于餐厅、厨房内的家用纺织品,如餐桌布、餐巾、餐垫、杯垫、碗垫、茶壶套、果物篮、锅垫、锅罩等。

8. **艺术纤维类** 艺术纤维类指以纤维为材料,进行纯艺术设计的装饰类壁挂,又被称为"软雕塑"。它体现了纤维的材料语言和结构语言的视觉艺术美。

(三)根据使用空间分类

前文已有介绍。根据使用空间可对家用纺织品进行相应的划分,分为客厅用、卧室用、餐厅厨房用、卫生间用及其他诸如灵活摆设用等家用纺织品。

(四)根据使用者年龄分类

使用者年龄的不同,所使用的家用纺织品在品种、造型上也会有所差异。婴幼儿用家用纺织品,适合于从刚出生的婴儿到6周岁左右的学龄前儿童;儿童用家用纺织品,适合于6~16岁的少年儿童使用;成人用家用纺织品,适合于青年和中老年的消费者使用。

(五)根据制作方式分类

根据制作方法的不同,家用纺织品可以分三大类。包括:工业化制作的家用纺织品,指工业化批量生产的家用纺织品;定制的家用纺织品,指按照个人要求定制的家用纺织品,目前窗帘设计比较常用这种方式;自制的家用纺织品,指使用者自己制作的家用纺织品。

二、家用纺织品在室内空间的作用

(一)空间的分隔和联系

利用帷幔、帘帐、织物屏风划分室内空间是我国传统室内设计中常用的手法,这种设计具有很大的灵活性,能做到空间流动自如、可分可合,提高了空间的利用率和使用质量。如架子床就是在卧室的大空间里利用床架和帘帐创造了一个小的私密空间,人们在安定、私密的空间内会感到舒适与安逸;同时由于织物的透气性和纱帐的半透明性,使得这个小空间并不是完全封闭沉闷的,这正是利用织物进行空间分割的优势所在[图1-7(a)]。再如,地毯可以创造象征性的虚拟空间,地毯上方的空间会自然地从视觉和心理上被划分出来,从而形成一个单独的活动区域[图1-7(b)]。此外,在一些大型室内空间中,还可以用壁挂等饰物进行竖向装饰,增强视觉导向性[图1-7(c)]。

(a) 架子床

(b) 地毯

(c) 挂饰

图1-7　分割空间用室内装饰物

（二）对空间尺度的视觉调整

家用纺织品使用范围广，覆盖面积大，受建筑结构的制约较小，在色彩、图案、质感等方面有很强的灵活性，对调整室内空间尺度起着重要的作用。窗帘的造型能对窗形的空间视觉效果进行调整，不同的窗帘可以分别使窗户产生增宽、拉长、面积增大等视觉效果。如竖向分布的图案能使空间显得高大；而横向分布的图案会使空间显得宽阔。

（三）环境氛围的营造

氛围指洋溢于整个室内空间环境中特殊的气质、气氛。家用纺织品在室内空间的大量使用，通过色调、图案和质感的选择与搭配可对装饰空间的整体氛围产生重要影响。

（四）视觉中心的构成

设计精美的家用纺织品往往可以成为室内环境中的视觉中心，美丽的图案、精致的工艺、生动有趣的造型都能吸引人们的眼球。

📖 课后作业

1. 用户资料分析与整理的方法、要点有哪些？
2. 家用纺织品设计和定位中需要考虑哪些因素？

🔍 学习评价

	能/不能	熟练/不熟练	任务名称
通过学习本模块，你			根据项目描述进行用户资料的搜集
			掌握用户资料分析与整理的方法、要点
			根据资料分析结果确定整体设计构思

	能/不能	熟练/不熟练	任务名称
通过学习本模块，你还			准确地了解、把握消费意向
			灵活地处理设计与需求之间的矛盾

任务2　面料材质的分析与选择

【知识点】

• 能分别描述客厅类家纺产品的常用面料及辅料。

• 能明确区分客厅类家纺产品的面、辅料材质特点。

【技能点】

• 能根据设计定位完成客厅系列家纺产品的面、辅料材质选择。

• 能够在面料选择中合理把握设计理念并体现设计的人文关怀。

🔒 任务描述

进行客厅类家纺产品的面、辅料材质分析，完成"山水印象"小区住户客厅类家纺产品的面、辅料材质选择。

🔑 任务分析

本环节的主要工作目标是根据整体设计构思，考虑风格、产品种类、使用功能等方面的内容，分别进行相关的面料及辅料的选择与搭配。对于家用纺织品来说，面料既是图案和色彩的载体，又是形成产品的必要物质材料。因此，面料的选择合适与否对设计效果的影响至关重要，包括对面料的织造原料、性能特点（薄厚、耐用性、悬垂性、挺括性、手感等）进行综合性考虑，并结合具体的使用功能要求来加以选择。除主面料外，还应选择必需的辅料，如拉链、填充棉、装饰花边以及绳、穗等。

🎯 任务实施

在完成了用户资料分析后，向客户提出了对客厅家纺产品系列设计的整体构思方案。本次任务的核心内容是进行客厅家纺产品的面料选择与确定，这是家纺产品设计的重要步骤之一。合理选择家纺产品的面料，要求设计者熟练掌握各种常用装饰面料的性能知识。

一、本案窗帘材料的选择

窗帘应用面积较大，对室内装饰风格影响显著。窗帘材料的选择重点主要是考虑其面料的遮光性、悬垂性、耐日晒性、防静电性以及隔音效果等。目前市场上销售的窗帘面料基本上都具备前面所提到的这些性能要求，在选择时，主要考虑客户的具体使用要求即可。如纱帘和遮光帘的功能不同，面料质地也有很大的差别：纱帘轻薄、通透；遮光帘比较厚重，不透光。一般来说，客厅用窗帘至少有两层，一层纱帘和一层遮光帘。纱帘一般悬挂于最外层，轻薄、呈半透明，可增加室内的轻柔飘逸感，透光性较好，使光线柔和、室内气氛亲切温馨（图1-8）。纱帘织物主要有机织与经编两种，通常采用涤纶长丝织造，也可采用竹节纱、结子纱、花圈纱、雪尼尔纱等花式纱织造出风格别致的织物。厚帘要求织物厚实，具有较好的遮光、隔音、保温性能，可以提供更为安静的私密环境，并在冬天能起到很好的保温作用（图1-9）。厚帘织物常采用印花织物、色织条格织物、提花织物、提花印花结合织物等，再厚些可以采用绒类织物、大提花双层织物，所选用的纺织材料可以是棉、麻、涤纶、粘胶纤维以及各类混纺纱线织成的面料。

除此之外，为了保证窗帘能够悬挂在挂钩上，在制作窗帘时，还需要配备相应的辅料与配件。辅料有织带、抽带以及花边、流苏、穗子等（图1-10）。配件有窗帘轨道、窗帘杆、窗帘钩、挂钩等。这些辅料和配件，在具有扎系、支撑、悬挂功能的同时，往往可以通过款式的精心设计而具有较好的装饰性，起到画龙点睛的作用。

本案中的客厅窗帘选择了纱帘和遮光帘两层帘的组合方式。根据客户要求简约、时尚的设计定位，纱帘的面料选择了目前常见的、中等通透度的雪尼尔纱；考虑到本案中客厅的面积较小，尤其是室内层高偏低的情况以及房屋主人年轻、时尚且具有艺术范儿的气质特点，同时综合考虑客户能够接受的成本，本案遮光帘选用了具有亚光色泽、质地紧致、厚度适中，并具有良好悬垂性和结构肌理感的小提花涤麻面料。

图1-8　纱帘

图1-9　厚帘

图1-10　窗帘辅料

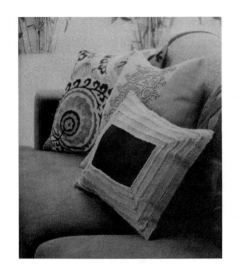

图1-11　靠垫材料

二、本案靠垫材料的选择

靠垫的材料包括面料与辅料。几乎所有的织物都可用于制作靠垫套，常用的有印花棉布、色织条格布、灯芯绒、织锦缎、麻织物、针织布、化纤提花织物等。辅料包括靠垫套辅料与填充物。靠垫套的辅料主要有拉链、纽扣、花边、绳带、流苏等。靠垫的填充物有多种，包括中空的三维卷曲纤维、泡沫塑料粒子、羽绒、蚕丝及其他可填充材料等，最常用的为三维卷曲纤维。用三维卷曲纤维作为填充物的靠垫具有良好的可弯曲度、蓬松度与弹力及良好的手感；用泡沫粒子作为填充物的靠垫具有质轻、内芯吸附能力强、不破碎、脱污能力强、使用寿命长的优点；羽绒作为填充物的靠垫手感舒适柔软、回弹性好，常作为高档产品。靠垫与其他室内家纺产品不同的是，其与人的关系比较亲近，仅次于床上用品，因此，应尽量选择触感舒适的面料（图1-11）。另外，考虑到室内整体配套的需要，靠垫的面料肌理选择与窗帘的面料肌理相类似；在材料选择上，则以触感更为舒适的棉、麻材质面料为主。

三、本案装饰布偶材料的选择

装饰布偶在分类中属于装饰陈设类家用纺织品的范畴，在设计时，往往更多地注重其装饰效果，给设计师留有更大的创作空间。由于几乎不用考虑实用功能，所以其材料的选择面非常广泛，可以说，几乎所有的纺织材料都可以使用。

本案中的装饰布偶材料主要从靠垫主面料中选取，这样做的目的是为了达到各家纺产品之间的呼应效果。同时，为了突出装饰布偶的装饰效果，还选择一些涤/棉、丝/麻类材质的面料以及辅料（如纽扣等）来进行搭配。选择涤/棉、涤/麻类材质的主要原因是考虑到这类面料的染色牢度高，水洗后不易褪色。由于装饰布偶中使用了大量的拼布工艺，因此，避免拼布之间因染料脱落而造成的染花问题，是面料选择中必须要考虑的因素。

⚙ 知识链接

一、家用纺织品面料分类

（一）按面料加工手段分类

1. 机织类装饰用纺织品　机织类装饰用纺织品指用普通织机或特殊织机（如簇绒织机）加工制织的各种装饰用纺织品。

2. 针织类装饰用纺织品　针织类装饰用纺织品指用纬编针织机或经编针织机加工制织

的各种装饰用纺织品。

3. **编织类装饰用纺织品**　编织类装饰用纺织品指用手工方法编织的装饰用纺织品，如手工抽纱制品、编结物等。

4. **非织造布类装饰用纺织品**　非织造布类装饰用纺织品指用非织造方法加工制造的装饰用纺织品，如非织造布等。

（二）按面料用途分类

1. **以建筑物、构筑物地面为主要应用对象的家用纺织品**　如用棉、毛、丝、麻、椰棕及化学纤维等原料加工的软质铺地材料，主要有地毯、人造草坪两类。

2. **以建筑物墙面为主要应用对象的家用纺织品**　如用作墙面包覆材料的丝绸制品、像景、用经编针织机织造的墙面装饰针织布、用类似编织地毯的方法加工织制的墙面装饰织物、壁毯、各种墙布、墙毡等。

3. **以室内门、窗和空间为主要应用对象的家用纺织品**　如各种织法不同、材料不同的窗纱、窗帘、门帘、隔离幕帘、帐幔等。

4. **以各种家具为主要应用对象的家用纺织品**　如沙发及椅子的布艺面料、椅套、台布、餐布、灯饰、靠垫、坐垫等。

5. **以床为主要应用对象的家用纺织品**　俗称床上用品，包括床单、被褥、被面、枕头及床罩、被套、抱枕套和各种毯子、枕巾等。

6. **以满足餐饮、盥洗卫生等需要的家用纺织品**　如各种毛巾、浴巾、浴帘、围裙、餐巾、手帕、抹布、拖布、坐便器圈套、地巾、垫毯等用于餐饮、炊事、卫生间的装饰用纺织品等。

二、家用纺织品面料性能要求

早期家用纺织品使用的面料除了内在质量要求外，只对缩水率和色牢度有一定的要求。随着国内家纺市场的迅速发展，家纺产品对家纺面料的功能性有了更高的要求，用户对家用纺织品的要求也日渐苛刻。对毛巾类而言，大人小孩每天都使用，因此，对面料的吸水性、抗菌除臭性要求较高；对床上用品而言，在追求保暖性的同时，又不能太过厚重；对窗帘类而言，不但要在室内起到装饰的作用，还对防风性、防水性有较高的要求；对沙发布类而言，除美观、手感好等要求外，面料具有良好的防沾、去污性也是一个重要的衡量标准。从纺织技术的角度而言，这些性能的要求是非常苛刻的，甚至很多指标是相互抵触的。任何一种单一的天然或化学纤维都无法满足这些要求，只能通过多种纤维的复合以及多途径化学整理来尽量实现这些功能。

（一）保暖性

虽然保暖性是与织物厚度密切相关的，但是使用者并不希望被子等床上用品过于厚重，因此，既保暖又轻便成为目前床上用品的基本要求。达到这种要求最常见的方法是把涤纶内部做成多孔空心状，使纤维内包含大量不流通的静止空气；外部则做成螺旋卷曲状以保持蓬松性。此外，在涤纶等合成纤维的纺丝液中加入含氧化铬、氧化镁、氧化锆等特殊陶瓷粉末，特别是纳米级的微细陶瓷粉末，它能够吸收太阳光等可见光并将其转化为热能，因此，具有优异的保温、蓄热性能。还有的把远红外陶瓷粉、黏合剂和交联剂配制成整理剂，对面料进行涂层处理，再经干燥和焙烘处理，使纳米陶瓷粉附着于面料表面和纱线之间，这种整理剂具有抑菌、防臭、促进血液循环等保健功能。

（二）抗菌、除臭性

由于毛巾类用品经常蘸水使用，且一般放在相对潮湿的环境中，微生物会大量繁殖，有可能导致毛巾散发异味并引起使用者的瘙痒感。因此，对毛巾类的功能性要求相对较高，最好是经过抗菌、防臭化学处理的。一般的处理途径是使用具有杀菌作用的整理剂，使其具有一定的抗菌性。近年来，日本在天然抗菌整理剂的开发上做了不少探索性研究，如将芦荟、艾叶等具有杀菌作用的芳香油提取物包覆在多孔性有机微胶囊或多孔性陶瓷粉末中，附着在面料上，并加以树脂交联固定，通过摩擦、挤压等机械作用缓慢释放出杀菌剂以达到耐久抗菌整理的目的。这一类天然抗菌剂有一定的保健功能，不过由于目前固定抗菌剂的技术有限，抗菌剂的耐洗性不够好，抗菌性能随着洗涤次数的增加而降低，一般洗涤几十次之后就完全消失。

（三）防污、去污性

沙发布类家用纺织品要求不易被沾污，且易于去污。目前一般采用的技术是改变纤维的表面性能，大幅度提高面料的表面张力，使油污和其他污渍难以渗透到面料内部去，轻微的污渍用湿布揩擦即可除去，较重的污渍也易于清洗。而防污整理不仅能够防止油污的污染，而且具有防水透湿性能，属于比较实用且有效的高级化学整理手段。

（四）防水性

窗帘、沙发布类家用纺织品要求面料具有良好的防水性，防水面料就是利用水的表面张力特性，在织物上涂布一层增强织物表面张力的PTFE［与具有"耐腐蚀纤维之王"之称的聚四氟乙烯（PTFE）的化学成分相同，但物理结构不同］化学涂层，使水珠无法透过面料表面组织上的孔隙，从而达到防水的效果。

（五）透湿性

被套类家用纺织品因本身的使用特性，要求面料具有透湿性。面料的透湿性可利用织物结构实现，如采用双层组织结构，贴身的内层用疏水性纤维，而外层用亲水性纤维，这样汗液就能依靠毛细效应作用，从皮肤转移到内层纤维，再利用外层亲水性纤维与水分子的结合力强于内层疏水性纤维的特性，水分子又再次从织物的内层转移到外层，最后散发出去。

（六）抗静电性

由于家用纺织品中有一部分是由化学纤维面料制成的，每当湿度低、环境比较干燥的季节，就会出现静电问题。静电一般会导致家用纺织品易起毛起球、容易沾染灰尘污垢、贴近皮肤有电击感等。最好的抗静电面料是天然纤维织成的，但是纯天然纤维面料往往价格昂贵，难以满足不同层次的家纺用品消费者的需求，而且天然纤维面料在非常干燥的环境下也会因为含湿率低而产生静电现象。家纺用面料的抗静电整理途径主要是采用具有吸湿作用的抗静电剂，在面料表面涂布一层可以吸附水分子的化学薄膜，使面料表面形成一层连续的导电水膜，将静电传导逸散。这种方法可使面料在具有抗静电功能的同时又不会影响到其本身的柔软性和舒适性。

📖 课后作业

1．常见的窗帘、靠垫、装饰布偶面料有哪些种类？
2．选择客厅类家纺产品的面料主要应考虑哪些因素？

📣 学习评价

	能/不能	熟练/不熟练	任务名称
通过学习本模块，你			按照设计构思进行窗帘面料的选择
			按照设计构思进行靠垫面料的选择
			按照设计构思进行装饰布偶面料的选择
通过学习本模块，你还			在面料选择中体现设计的人文关怀
			灵活地处理设计与需求之间的矛盾
			从设计的角度对消费者进行理性引导

任务3　面料整体色调的调和配比

【知识点】

· 能描述客厅中家纺产品的整体色调配合对环境氛围的影响。
· 能描述不同风格的室内设计与家纺产品色调搭配之间的关系。
· 能描述客厅类家纺产品的图案、色彩设计特点与整体设计原则。

【技能点】

· 能根据设计风格定位进行客厅系列家纺产品的整体色调选择。
· 能合理把握设计原则进行客厅系列家纺产品的图案、色彩设计。

🔒 任务描述

完成"山水印象"小区住户定制案中客厅系列家纺产品面料的图案、色彩设计与确定，并对面料样品进行设计编号。

🔑 任务分析

本环节的主要工作目标是根据设计风格定位以及客户需求，对客厅类家纺产品面料的图案和色彩进行整体的协调性组合与搭配。在进行家用纺织品的面料花色选择时有一句口诀："远看颜色近看花"。事实上，客厅中的家纺产品在面料图案和色彩的选择上也应根据实际的使用情况进行配合。相对来说，窗帘在客厅空间中所占面积比较大，因此，其花型和颜色的选择对整体空间氛围的影响是最大的。本案中的客厅面积很小，因此，不适合选择大花型；色彩也不宜过多，以免造成花乱的效果。

🔧 任务实施

一、客厅家纺产品面料的整体色调选择

客厅是主人用来接人待物的场所，总体色调宜大气、活泼，其家纺面料的色调选择应重点考虑该空间的采光效果。对于窗户比较高、户型较大客厅来说，可以选择比较深、暗的色彩来加重空间的厚重感，如别墅或酒店；但对于一般的家居客厅来说，窗户的尺寸都不是很大，尤其是江南地区的窗户偏小，因此，宜选择较浅的色彩。

本案客厅纵深较大，窗户偏小，因此，适合选择浅亮色的面料。由于客厅的墙壁、书柜、沙发套等家装基本上都选择了本白色，室内的整体色调比较单一，所以配套家纺产品的主色调应选择彩色。根据客户对素雅色彩的偏爱，和2012年纺织服装的色彩流行趋势，最终确定客厅家纺面料的主色调为含有一定灰度成分的蓝色，这种颜色明快而时尚，与白色搭配既能够产生清新舒爽的视觉效果，又能够适度改善空间狭小而引起的局促感。此外，在色彩系列中加入主色调的搭配色（本白）、协调色（蓝绿）、互补色（橙色、橘黄）等作为辅色，用以增强色调的丰富感与视觉的冲击，用以营造现代而时尚的气氛。本案客厅家纺产品的色彩设计如图1-12所示，彩色效果见彩图30（b）。

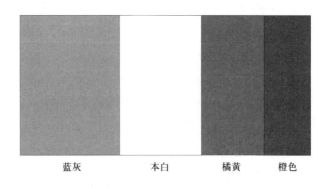

| 蓝灰 | 本白 | 橘黄 | 橙色 |

图1-12 本案客厅家纺面料配色

二、客厅家纺产品面料的图案选择

在面料图案选择时，考虑客户不喜欢复杂图案的特点，主要选择单色面料；为了克服单色面料的呆板，在材质上选择了小提花与经纬编织的面料，这类面料远看为单色效果，但近看却有非常丰富的肌理变化。最终面料确定如图1-13、图1-14及表1-1所示，彩色效果见彩图30（c）。

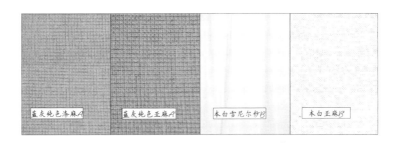

图1-13 本案客厅家纺产品的主面料选择

图1-14 本案客厅家纺产品的辅面料选择

表1-1 客厅家纺产品面料的选用信息

面料编号	A	A′	B	B′	C	D	E	F
材质	涤/麻提花	亚麻	雪尼尔纱	亚麻	亚麻	涤/棉卡其	涤/棉灯芯绒	涤/棉平纹
门幅（cm）	280	150	280	150	150	160	150	150

三、客厅配套家纺产品的色调应用

（一）窗帘

在确定窗帘的图案色彩时，一定要从整体出发，尤其要注重其功能要求，使窗帘设计满足房间的功能。客厅窗帘的色调宜大气、活泼；而卧室窗帘的色彩、图案应柔和、宁静（图1-15，彩色效果见彩图4）；另外，采光不好的房间宜选用明亮色调的窗帘。

窗帘图案的大小也很重要。小房间内的图案不要太大，否则会显得空间局促；高度较低的房间可选用竖条纹图案的窗帘，以使空间在纵向得到视觉上的延伸。此外，窗帘的图案、色彩必须受室内风格的制约，要与客厅总体的装饰风格相一致，与客厅中的其他纺织品相协调。窗帘与沙发、地垫等的配套设计能够呈现出非常宜人的视觉效果，也是现代家居软装饰

图1-15　暖色调客厅窗帘

的发展趋势。

　　本案窗帘中的厚帘主色为含一定灰度的蓝色，纱帘选择本白色，在蓝与白的变奏中产生清新宜人的视觉效果。

　　（二）靠垫

　　单个靠垫的色彩与图案变化自由，但是在与空间其他纺织品配套时就要总体考虑。一般来说，与室内空间相比，靠垫体积小，在色彩、图案的选择上往往与大面积的沙发或地毯等织物构成一定的对比关系。

　　图案花哨的沙发配上素雅的单色靠垫；单色沙发配花色靠垫；素雅的沙发配上色彩亮丽或花纹明显的靠垫；含灰色沙发采用较鲜艳色彩的靠垫。若沙发和靠垫为同色，则要突出质地的对比（图1-16，彩色效果见彩图5）。

　　本案靠垫的色调选择以蓝色、本白色为主，与窗帘色调相呼应，同时也搭配橘黄色、橙色作为撞色，使整体色调更为丰富和活泼。

(a) 含蓄

(b) 明快

(c) 热烈

图1-16　沙发靠垫的色调搭配

（三）装饰布偶

装饰布偶的色彩与图案可以根据创意进行自由发挥，一般来说，除了造型本身的视觉审美外，主要考虑要与居室空间风格配套，从而起到画龙点睛的作用。选用材料时，注意花色繁多的（或有条纹、格子的）要与颜色单纯的相配，肌理粗糙的可以和质地细腻的相配，这样可以产生对比美，达到相得益彰的效果。除此之外，还可以用黑、白、灰等中性色将各个色块间隔开，也可以取得调和的效果（图1-17，彩色效果见彩图6）。

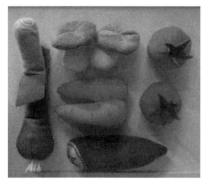

图1-17 装饰布偶的色调应用

本案装饰布偶的色调选择从窗帘和靠垫的色彩中来，以蓝色调为主，再按一定的比例结合本白色、橘黄色、橙色以及蓝调条纹和蓝调大波点面料，这样的处理很好地增强了布偶的装饰性。

📎 知识链接

一、家用纺织品色彩搭配禁忌

不宜黑白等比例使用，长时间在这种色彩环境里，会使人感到压抑、紧张、消极；不宜在儿童房用过于浓重的紫色为主色系，这样会使身在其中的人有一种无奈的感觉；此外，浓艳的粉红色会带给人烦躁不安的情绪等。

二、家用纺织品的色彩与面料材质

家用纺织品的色彩是通过不同材质的面料表现出来的，因此，色彩与面料材质是紧密相关的统一体。面料的纤维材料、织物结构、后整理工艺的不同，必然影响面料呈现的色彩效果。由于不同的材料对色光有不同的反射性，所以同样的色彩用在不同的材料上会产生差异较大的色彩效果，如用在丝绸上的色彩显得鲜艳、华丽、灿烂、耀眼，而用在棉布上的色彩则显得浓郁、质朴、厚重；织物结构会影响织物的色彩效果，如缎纹面料上的色彩比斜纹上的色彩鲜亮，光滑长丝面料上的色彩比短纤维面料上的色彩鲜亮；织物规格的差异也会影响色彩效果，如同样是黑色，厚重面料的感觉是重的、暖的、端庄的，而轻薄面料的感觉是轻

的、柔的、神秘的。所以同属一个色相的颜色应用于不同材质的面料后，会产生不同的色彩感情。在设计时，要充分考虑家用纺织品的材料特点，恰当地处理好色彩关系，才能更好地表现面料特有的质地所带来的色彩美感；利用色彩搭配掩饰面料不协调的因素，才能使最终的色彩效果最大限度地接近设计者的预想。

三、常见颜色的含义

红色代表喜气、热情、大胆进取；绿色则有生机勃勃之意；黄色一向被用来代表财富、温馨；金色的圣诞风格是近年来才兴起的，代表时尚；蓝色是一种令人产生遐想的色彩，还具有调节神经、镇静安神的作用；黑白色是装修时永不过时的颜色，代表时尚简洁；紫色似乎是沉静的、脆弱纤细的，总给人无限浪漫的联想，追求时尚的人最推崇紫色。

四、色彩搭配技巧

（一）单色组合

纯色系设计较为平淡不突出，其选色十分重要。不论哪一种色系，对大面积的整体进行单色处理时，不宜使用重色或者彩度高的颜色，否则会显得过分厚重，色质过强，使人有不适感。一般单色组合皆采用淡色及彩度不过高的颜色为主体。比如办公室和客厅，就经常使用米色或白色。

（二）双色组合

双色组合方式的主要视觉特征表现为活泼与突出。如图1-18（彩色效果见彩图7）所示的组色：绿与橘黄，这两种颜色适合搭配在玩偶中，绿色的清新加橘黄色的温馨，让人感到勃勃生机的同时还有强烈的安全感。

图1-18　双色组合玩偶

（三）多色调和

这种颜色搭配非常考验设计师，用得好的话，设计效果立马上升一个层次，用得不好，则是最大的败笔。一般来说，室内搭配不要超过三色，否则将会很难成功。三色组合中，每种颜色最少要占20%，这样才不会显得很突兀。在实际运用中，色彩的色相、明度、纯度三要素中至少应有一个要素变化是类似的，如果三个要素都缺少共性，则很难取得调和的效果。多色调和主要有两种方法，一是从色调关系上入手，在多色配色中围绕明确的主色调进行配色，这种方法可以使色彩之间存在内在的联系，产生共鸣；二是从色彩构图上入手，运用无彩色系的黑、白、灰进行调和或从比例上加以区分也可以达到多色调和的目的，也可以扩大其中一种色彩的面积，使其在力量上占压倒优势，与其他色彩形成主从关系。

（四）近似色组合（邻近色、类似色组合）

由于是邻近的色彩，所以近似色组合的各色之间有自然相互渗透之处，最大特征是具有明显的统一性。近似色组合运用在产品设计上能给人以温暖、协调的感觉，与单色组合相比又更加富于变化。

（五）对比色组合

对比色组合色彩对比较大，配色鲜艳、明快，是设计儿童类和娱乐场所纺织品的主要配色方式。但这种组合要有主次，应以某种色彩为主色调，其他色彩作陪衬，切忌平均搭配。

（六）补色组合

补色组合中的色彩对比最为强烈，极大地刺激感官。最典型的补色组合有红与绿、蓝与橙、黄与紫，都各有特色。黄与紫的对比组合由于明暗对比强烈，色相个性悬殊，是最冲突的组合；蓝与橙的对比组合明暗居中，冷暖对比最强，是最活跃、生动的组合；红与绿的对比组合明暗近似，冷暖对比居中，两色之间互相强调的效果非常明显。在运用补色组合时，特别要注意色调的主次关系。

📖 课后作业

1. 常见的窗帘、靠垫、装饰布偶的色调应用有哪些规律？
2. 客厅类家纺产品的色调选择应如何配合？

🔦 学习评价

	能/不能	熟练/不熟练	任务名称
通过学习本模块，你			按设计构思进行窗帘图案和色彩的选择
			按设计构思进行靠垫图案和色彩的选择
			按设计构思进行布偶图案和色彩的选择
			根据设计风格进行整体色调的配合设计
通过学习本模块，你还			在色调整体设计中做到主次分明
			灵活地处理设计与需求之间的矛盾

任务4 客厅配套家纺产品的款式设计

【知识点】

· 能描述客厅类家纺产品中窗帘的常见款式。

· 能描述客厅类家纺产品中靠垫的常见款式。

· 能描述客厅类家纺产品款式设计的方法与要点。

【技能点】

· 能完成客厅类家纺产品（窗帘、靠垫、装饰布偶）的单品款式设计。

· 能根据设计构思完成客厅类家纺产品的款式配套设计。

· 能准确把握设计风格并在具体款式设计中进行合理贯彻。

🔓 任务描述

完成"山水印象"小区住户客厅家纺产品定制案中窗帘、靠垫、装饰布偶的款式设计。具体包括各单品的设计说明和设计效果图以及整体应用效果图。

🔑 任务分析

本环节的主要工作目标是根据设计风格定位以及客户需求，对客厅类家纺产品的款式进行设计，包括设计说明、设计手稿和应用效果图等的制作。款式设计是将家纺产品设计构思可视化的过程，因此，手稿的绘制不可缺少。手稿是以草图的形式将每件家纺产品的造型进行描绘，记录的是设计的灵感。在手稿的基础上，对款式进行反复修改后就可以定稿了。将最后确定的款式用软件绘制成款式图，款式图与手稿之间最大的区别是前者的线条干净而确定，不以艺术表现为要义，而是要明确地表达出各部分的造型和结构关系，以便下面工艺环节进行制板。将家纺产品的款式图分别绘制后，继续绘制产品的综合应用效果图，从而直观地让客户看到使用效果。

🌀 任务实施

一、窗帘

窗帘是家用纺织品的重要组成部分，在家居环境中是应用最广的家纺产品。可以说，只要是有窗户的室内空间，就必定有窗帘的存在。窗帘悬挂于窗户、墙面等部分，用以遮挡窗户及两侧的墙，起阻挡视线、调节光线、温度、声音的作用，并使室内环境根据不同的季节与气候多方面地适应人们的需求。窗帘的使用功能决定了其一般形态多呈纵向悬挂式，像墙壁一样可作为衬托家具的背景，同时窗帘松软、柔和的线条与平整、硬挺的墙壁形成对比，创造出优美的韵律。所以室内环境中的窗帘造型往往对整体视觉效果起着举足轻重的作用。

窗帘的款式从开启方式上可分为纵向拉启式和横向开启式。纵向拉启式是利用拉绳使窗帘上升收起的类型，这类窗帘款式简洁随意，可以通过抽拉抽带或系带调整形状与高度，常用的纵向拉启式窗帘有罗马帘、奥地利帘等。罗马帘是利用横杆的作用使窗帘一节节收起，收起后完全不影响视线，其造型简洁，适于窄而高的窗型，罗马帘的下摆是款式设计的要点，可以为直线型、弧线型、锯齿型，或利用花边、穗子进行装饰。奥地利帘在拉启时呈横向的褶皱重叠效果，造型复杂，装饰效果强，适用于较大的空间环境，具有古典美（图1-19）。

横向开启式窗帘横向拉启，一般由遮光帘、系带组成，有些还配有帷幔、垂花饰等。横向开启式窗帘上方可利用其他配件如窗帘滑道、窗帘杆、挂钩等固定，不同的窗帘款式须搭配不同的配件与之相协调。扣袢式、系带式窗帘一般用于有装饰性的窗帘杆上；帷幔常用来遮挡窗帘轨道或窗帘箱，它形成了墙面与窗帘之间的过渡。根据长度与形状的不同，帷幔可以呈平面型、褶裥型、重叠型、自然悬垂型等款式。垂花饰是在窗帘的边缘两侧垂下的装饰物，形成帷幔与遮光帘的过渡，多用于增加窗帘的富丽感（图1-20）。制作窗帘时，还需配用相应的辅料和附件进行画龙点睛，才能做到设计的完美和谐。常用的窗帘附件有挂钩、帐圈、帘襟带、饰带、饰穗、挽带、帘控、饰纽等，但最常用的就是系带，系带起到对窗帘的收拢扎结作用，它可以在整个窗帘上产生点或线的视觉效果（图1-21）。系带可以以穗子或布料为材料，结合色彩、图案的变化起到装饰作用。

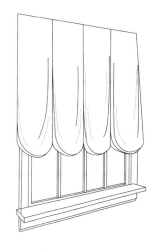

图1-19 奥地利帘

图1-20 帷幔与垂花饰

（一）本案窗帘款式设计的构思

本案客厅窗帘的款式选择主要考虑以下因素。

1. **房屋主人的审美倾向** 本案的房屋主人对简约、大气的风格比较青睐，对罗马杆特别钟情。因此，在窗帘款式选择时，选用罗马杆元素，选用简单、实用的布面穿孔形式。

2. **风格的整体定位** 客厅的整体软装是融合现代、欧美、民族的混搭风格，而欧美风格最大的特点是自然、质朴，因此，窗帘款式不宜选择过于复杂的结构形式，最终窗帘款式确定为顶部打孔套挂罗马杆的双幅横向开启样式。

3. **本案窗帘设计手稿**（图1-22）。

（二）本案窗帘款式设计定案［图1-23，彩色效果见彩图 30（d）］

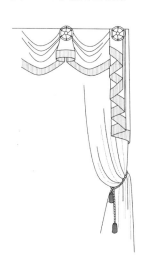

图1-21 窗帘饰带

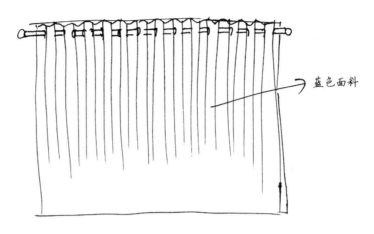

蓝色面料

图1-22　本案窗帘款式设计手稿

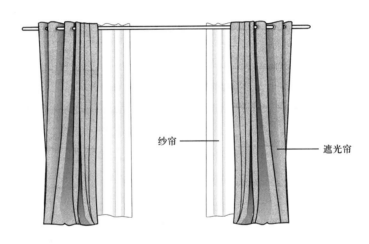

纱帘

遮光帘

图1-23　本案窗帘款式设计

二、靠垫

靠垫是现代居室内必不可少的装饰品，作为沙发、椅子、床上的附属品，靠垫可以用来调节人体的坐卧姿势，使人体更舒适、放松，它的用途极为广泛，既可当枕头，又可抱在怀中，或者直接放置在地毯或地垫上，成为高低变化灵活的坐具，增加生活情趣。靠垫搬动灵活，它是对室内色彩、质感进行调节的重要工具，可以使室内整体的艺术效果达到更好的均衡。如果室内色彩比较单调，用几个色彩鲜艳的靠垫就会使室内的气氛立刻活跃起来，而一系列的靠垫还可以形成节奏感。靠垫的款式设计极其丰富多彩，从形状上看，常见的有方形、长方形、圆形和椭圆形，还有三角形、多角形、圆柱形等，有些仿动物、植物的靠垫更是生动有趣（图1-24、图1-25）。方形、长方形靠垫能增加室内的庄重感；圆形靠垫则有活泼感；仿生形的靠垫可增加活泼、轻松气氛，能唤起人们的童心，多用于儿童房。在样式

图1-24　方形靠垫

图1-25　异形靠垫

上，既可以与室内其他物品的造型相呼应，也可以独立成章，别有趣味。在现代靠垫设计中，常选取中式服装的盘扣或西式的蝴蝶结、花边等作为装饰元素，形成现代设计与传统风格的完美结合。靠垫常用花边、缉线、绳带、荷叶边、蝴蝶结等进行装饰，古典型的靠垫多用装饰性的绳子、珠子、穗子、缎带予以点缀，产生精致华贵的装饰效果；还可通过面料的镶拼形成内部块面的分割或面料质地的对比；靠垫还常用刺绣或绗缝图案进行装饰，如彩绣、贴绣、十字绣、绗缝等都能形成多彩的效果。

（一）本案靠垫款式设计的构思

配合客厅整体风格，尤其是本白色的美式布艺沙发，靠垫的款式以方形和长方形简洁造型为主，尺寸大小配合，一是满足使用功能的需求，二是在视觉上形成秩序美感。本案系列靠垫共分为四组，每组包含一对靠垫。

第一组为大方形纯色款式，蓝灰色主面料A，以蓝色的补色橙色D嵌线镶边。设计草图如图1-26所示。

第二组为小方形纯色款式，橘黄色辅面料C，以本白色B嵌线镶边。在色彩、体量上与第一组形成鲜明对比，增强视觉的悦动性，而在款式、造型上又与上一组统一而呼应。设计草图如图1-27所示。

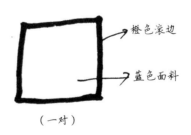

图1-26　本案靠垫款式设计手稿（一）

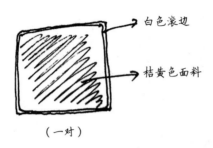

（一对）

图1-27　本案靠垫款式设计手稿（二）

　　第三组为大长方形纯色的贴布图案款式，底布为本白色辅面料B，以橙色D嵌线镶边。这组靠垫是设计的亮点，在靠垫正面采用拼接、贴布工艺，而拼贴的图案则正是本案装饰布偶——象的侧面图形。在这里，靠垫与装饰布偶以有趣的形式产生了呼应。设计草图如图1-28所示。

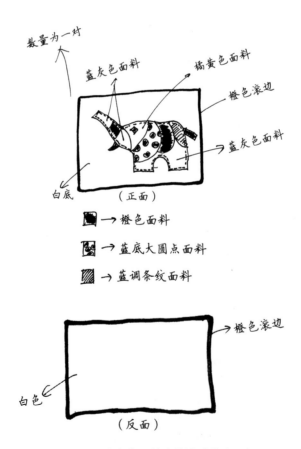

图1-28　本案靠垫款式设计手稿（三）

第四组为两款小扁长方形的拼接条纹款式。通过A、B、C、D面料的色彩、比例、排列变化形成韵律，产生活泼而时尚的视觉效果（图1-29）。

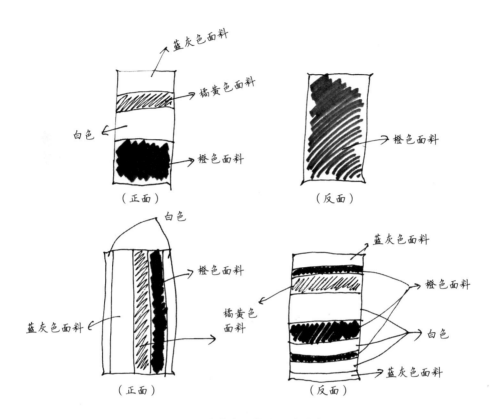

图1-29　本案靠垫款式设计手稿（四）

（二）本案靠垫款式设计定案［图1-30～图1-32，彩色效果见彩图30（d）］。

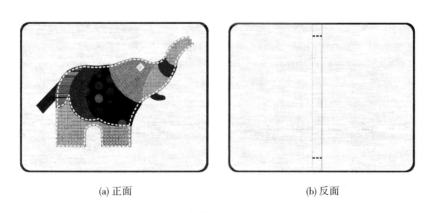

(a) 正面　　　　　　　　　　　　(b) 反面

图1-30　本案贴布图案靠垫款式图

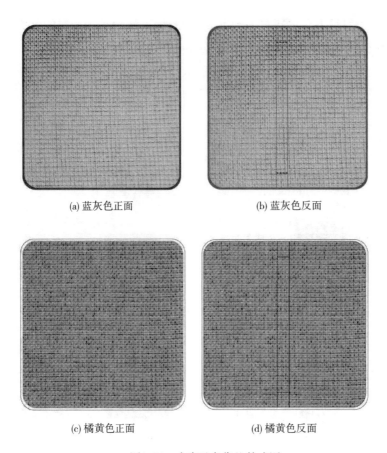

(a) 蓝灰色正面　　　　　　　　(b) 蓝灰色反面

(c) 橘黄色正面　　　　　　　　(d) 橘黄色反面

图1-31　本案纯色靠垫款式图

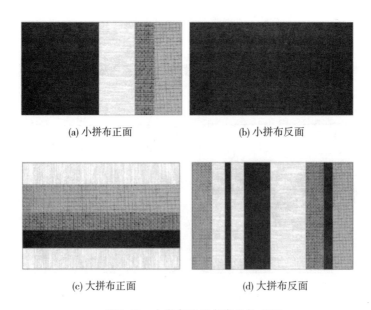

(a) 小拼布正面　　　　　　　　(b) 小拼布反面

(c) 大拼布正面　　　　　　　　(d) 大拼布反面

图1-32　本案条纹拼布靠垫款式图

三、装饰布偶

人物、动物的自然形态往往是比较繁杂的，而布绒玩具造型设计突出的是其主要的特征，这就需要有一个提炼概括、"删繁就简"的加工过程。"删繁就简"就是舍掉人物、动物身上那些可有可无的琐碎细节，突出、扩大最本质的特征及富有趣味性的部位和细节（图1-33）。"以一当十"即以少胜多，是最主要的提炼概括的原则和方法。民间艺术中只用几只果子或几片树叶表示一棵树，用毛绒线"象征性"地表现布娃娃的头发。达到"少而可"的艺术效果，需要将某些局部形象扩大化、具体化、单纯化，这是一种高度的概括。动物形象的概括处理，主要是将对象的正体结构进行概括，首先是使外轮廓形单纯化，然后以圆弧形团块，将物象概括成几部分，动物身上繁多的细节则大大省略了。

图1-33　布偶

装饰布偶的造型设计，决不能如实地照搬自然形态的所有细节，而需要运用大胆的夸张与变形手法进行艺术加工。夸张，是在省略的基础上，突出、加强和夸大表现对象身上最具代表性的、最本质的以及最主要的特征，强调富有趣味性或形式美感的部位和细节。同时，还要注意形状动态（布偶的外形）、色彩、明暗层次（即深浅不同的布料搭配）上的省略与夸张等（图1-34）。通过夸张使对象特征更鲜明，性格更突出，形态更优美。夸张主要特征的同时，还必须减弱、压缩或删掉某些次要的地方和细节部分。每种动物都有与众不同的一些特点和许多夸张的因素，设计者要善于发掘和利用这些夸张因素。装饰布偶设计大多夸张头部，其次是夸张传神的眼睛。夸张与变形彼此有联系也有区别：夸张处理后的形象必然会引起变形，夸张是局部的、有重点的，而变形则是指整体形象的加工创造。变形处理是带有创造性的，以主观想象为前提，以自然真实为基础，有一定规律性可循，最主要的方法是按一定的方向顺势压缩、拉长，或者是变成方形或圆形。有的装饰布偶造型是将动物形象压缩变扁，或三个头的比例，或缩短胳膊和腿的比例。

图1-34　夸张的布偶造型

（一）本案装饰布偶的设计构思

本案装饰布偶以"象"的造型为设计题材。"象"与"祥"发音很接近，在中国传统的吉祥文化中常常会与瓶等结合使用，以求吉祥寓意。本案选择"象"为造型设计参考，结合客户的要求以及布艺制作的特点，对实际的"象"这一形象进行适当的夸张变形，最终得到体态圆润、造型简约的"立象"。该设计造型重点放在象鼻与象耳的设计上，款式重点放在象的拼接设计与嵌线处理上，以使该装饰布偶与其他家纺产品能够很好地融合。应客户的要求，将该装饰布偶设计成可站立摆放，并且尺寸设计为吸引眼球的大型装饰布偶。设计草图如图1-35所示。

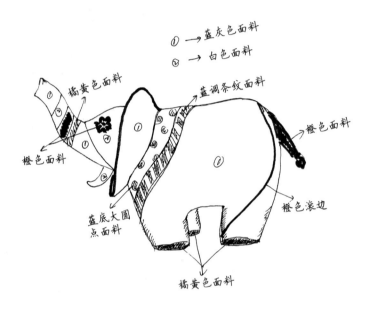

图1-35　本案装饰布偶款式设计手稿

（二）本案装饰布偶设计定案［图1-36，彩色效果见彩图30（d）］

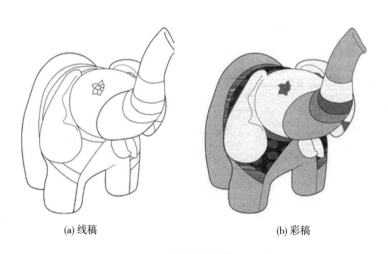

(a) 线稿　　　　　　　　　　　　　　　　　(b) 彩稿

图1-36　本案装饰布偶款式设计图

四、整体设计与应用效果

如图1-37〔彩色效果见彩图30（e）〕所示为本案客厅家纺产品的整体应用效果图。

图1-37 本案客厅家纺产品整体应用效果图

知识链接

一、家纺产品设计图的作用

设计图中要强调设计的新意与产品的具体形态。设计师将新款产品准确、生动地描绘出来，使后续工作人员能够根据设计图所提供的预想效果，较有把握地明确新的设计款式。

设计图除了体现设计师的设计构思外，还为缝制工作提供指示，使制板师和样品缝制人员能够按照设计图的要求制作样品。因此，绘制设计图必须准确把握各部位造型、尺寸及工作要点，从而使成品在艺术上和工艺上都能完美地体现设计构思。

二、家纺产品设计图的基本内容

设计图包括三方面的内容，即效果图、平面结构图和相关的文字说明。

（一）效果图

效果图可以准确地表现整体设计构思的效果、产品的轮廓造型、面料的肌理质感、色彩与图案的装饰效果。同时，效果图还要具有一定的艺术效果，达到美化设计的目的。

（二）平面结构图

平面结构图是将产品的平面形态画出来，包括各部位的比例及结构线。复杂的结构或特别的细节设计、装饰等则可在旁边用附图放大明示，并贴上所选的面料小样。平面结构图要求各个部位的形状、比例符合产品的规格，以单色墨线勾勒，线条准确、流畅。

（三）文字说明

一般而言，一幅完整的设计稿离不开文字说明。有些不能用图形表达的内容，如设计意图、灵感来源、设计重点、工艺制作要求及面料、辅料的要求等可用文字进行清晰的说明，以使人更好地理解设计思路。设计说明要使文字和图片相结合，全面而准确地表达出设计构思的意图。

 课后作业

1. 常见的窗帘、靠垫的款式有哪些？
2. 装饰玩偶的款式设计中常用的表现手法有哪些？
3. 客厅类家纺产品的款式应如何进行系列化配套设计？

 学习评价

	能/不能	熟练/不熟练	任务名称
通过学习本模块，你			按照设计构思进行窗帘的款式设计与选择
			按照设计构思进行靠垫的款式设计与选择
			按照设计构思进行布偶的造型设计与选择
			根据设计风格进行整体款式配套设计
通过学习本模块，你还			在款式整体设计中做到繁简得当
			灵活地处理设计与需求之间的矛盾
			从设计的角度对消费者进行理性引导

模块二　客厅类家用纺织品的结构设计与工艺

相关知识

一、家用纺织品结构设计基本知识

（一）基本概念

1. **结构设计**　结构设计，也叫纸样设计、样板设计，狭义上是指为制作一定款式的家用纺织品，运用一定的计算方法、绘画法则及变化原理来绘制结构平面图；广义上是指为制作家用纺织品而剪裁好各种结构设计纸样。

2. **样板与制板**　样板是指将纸样设计所得到的家纺产品结构平面图按照1∶1的比例绘制、加放一定的缝制余量（缝份），并裁剪而制作成的纸质（或其他材质）样。样板（纸样）有净样、毛样之分，净样板是没有缝份的样板，毛样板是包含了缝份、缩水率等因素在内的样板。一般毛样用于裁剪布料，成为裁剪样板。除此之外，还有用于工艺制作过程中对位、定位的工艺样板。

制板，即样板制作，是为制作一定款式的家用纺织品而设计、制定各种结构样板。行业内常常将样板制作的过程称为打板。

3. **样**　样一般是指样（品）件，是以实现某款式为目的而制作的样品或包含新内容的成品。样的制作、修改与确认是现代化批量生产前的必要环节与重要依据。

（二）制板的材料与工具

制板的材料、工具见表1-2。

表1-2　家用纺织品制板材料、工具一览表

序号	名称	说明
1	纸	制板所用的纸张有厚薄、软硬之分，要求平整、光洁、伸缩性小、不易变形，常用的样板纸有牛皮纸、黄板纸等；牛皮纸较薄，韧性好，用来制作小批量、变化大的家用纺织品样板；黄板纸厚实、硬挺，适合制作长期使用的家用纺织品样板
2	笔	笔在制图、样板制作时使用，常用的有铅笔、针管笔等，绘图铅笔是直接用于绘制结构图的工具；1∶5结构缩图一般标号为HB或H的绘图铅笔；1∶1的结构图，则需要用标号为2B的绘图铅笔或0.5～0.7铅芯的自动铅笔

序号	名称	说明
3	直尺 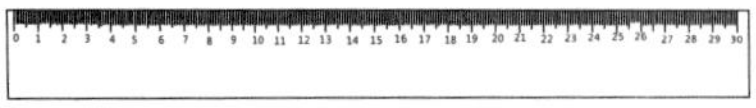	直尺是服装制图、样板制作的必备工具，一般采用不易变形的材料制作，如有机玻璃，直尺的刻度须清晰，长度取60cm和100cm的较适宜
	三角尺 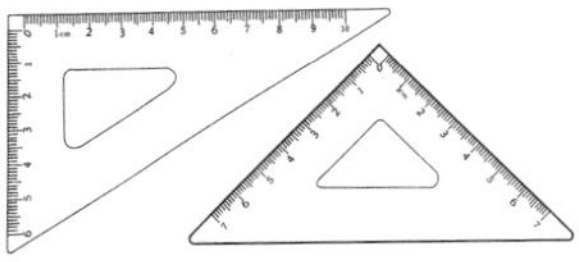	三角尺主要用于结构图中垂直线的绘制，规格不同的三角尺分别用于大图和缩图之用
	放码尺 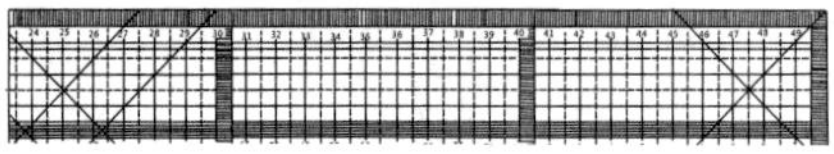	放码尺用来放样或划线等
	卷尺 	一般为测量尺寸所用，但在结构制图中也有所应用，如复核各曲线、拼合部位的长度等，以判定适宜的配合关系
4	曲线板或多用曲线尺 	设计者需备有大小不同规格的整套曲线板，用来绘制结构制图中的曲线和弧线
5	量角器 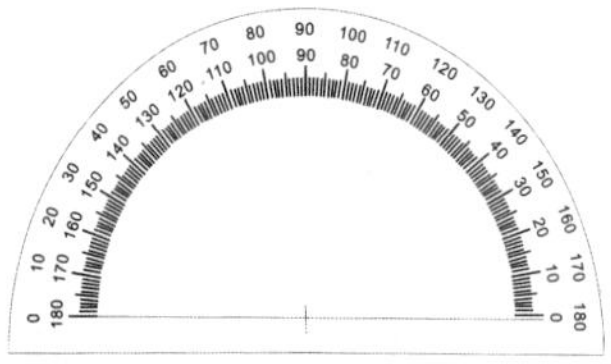	用来测量或绘制某些部位的各种角度
6	剪刀 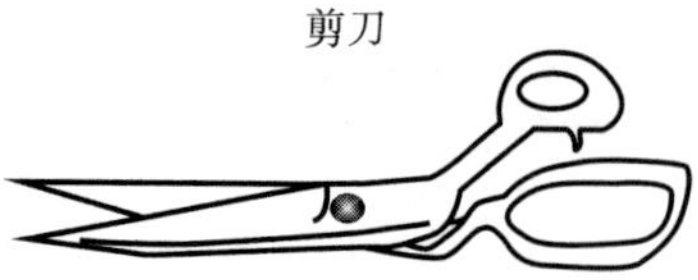	剪刀应选择缝纫专用的剪刀，它是样板制作、裁剪必备的工具，有24cm（9英寸）、28cm（11英寸）和30cm（12英寸）等几种规格，剪纸和剪布的剪刀要分开使用，特别是剪布料的剪刀要专用
7	描线器 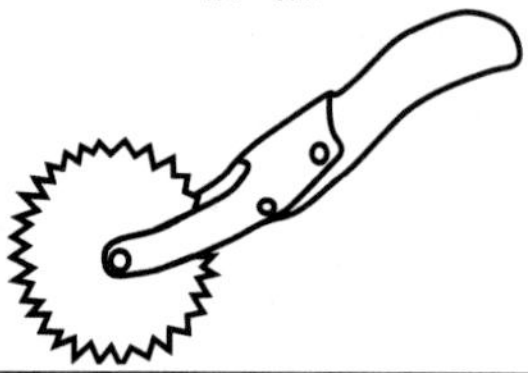	也称点线器、滚轮，它是通过齿轮在线迹上滚动来复制纸样

序号	名称	说明
8	对位器	纸样制成后需要确定做缝的对位记号，一般用剪刀剪个三角缺口，称剪口，在工业化生产中常用对位器来完成
9	锥子	用于纸样中间的定位，如袋位、省位、褶位等，还用于复制纸样
10	橡皮 绘图橡皮	用于修改图纸，橡皮分普通橡皮和香橡皮两种，香橡皮去污效果比较好
11	其他	号码章、订书机、圆规、胶带纸等

（三）家用纺织品结构设计的初步制图

家用纺织品结构设计制图简称结构制图，所获得的图形即为结构图，是传达设计思想、沟通裁剪、缝制、管理等部门的技术语言，是组织和指导生产的桥梁。

家用纺织品的结构图由基础线、结构线和轮廓线组成，其绘制方法有一定的规律可循，制图符号和线条名称也有统一的规定，见表1-3。

表1-3　家用纺织品结构制图符号一览表

序号	名称	形式	用途
1	细实线	——————	基础线、尺寸线、尺寸界线
2	粗实线	——————	轮廓线，宽度是细实线的3倍
3	等分线	⌒⌒⌒	将某一部分划分为若干相等距离的线段
4	点划线	—·—·—·—	对折线（对称部分），宽度与粗实线同
5	虚线	- - - - - - -	层叠轮廓影示线
6	褶位		表示裁片需要收褶的工艺
7	裥位		表示这一部位有规则折叠，斜线方向表示折叠方向
8	塔克线		表示需要缉塔克的部位，细实线表示塔克的梗起部位

序号	名称	形式	用途
9	经向		表示两端箭头对准面料经向
10	倒顺		表示箭头的方向应与毛绒的顺向相同
11	对条		表示该部位对齐条纹裁剪
12	对格		表示该部位对齐格纹裁剪，裁片之间格纹应一致
13	对花		表示该部位对齐纹样裁剪
14	对折		表示该部位对折布料裁剪
15	花边		表示该部位装花边
16	省略		省略裁片某部位，经常用于长度较大而结构图无法全部画出的部位
17	缩缝		表示裁片某一部位需要用缝线抽缩
18	拉伸		表示裁片某一部位需要熨烫拉伸
19	明线		表示裁片表面缉缝线，实线表示产品轮廓，虚线是明线的线迹
20	扣眼		表示产品扣眼的位置与大小
21	纽扣		表示产品纽扣的位置
22	眼刀		表示在相关裁片需要对位的部位所作的标记，开口一侧在裁片的轮廓线上

二、家用纺织品工艺基础

（一）家用纺织品常用工艺名词

家用纺织品常用工艺名词，见表1-4。

表1-4　家用纺织品常用工艺名词

序号	名称	名词解释
1	查色差	检查原、辅料色差级差，按色泽归类
2	查疵点	检查原辅料疵点
3	查污渍	检查原、辅料污渍
4	分幅宽	原、辅料按门幅宽窄分类
5	查纬斜	检查原料纬纱斜度
6	理化试验	原、辅料的伸缩率、耐热度等试验
7	排料	排出用料定额

序号	名称	名词解释
8	铺料	按划样额定的长度要求铺料
9	表层划样	用样板按排料要求在原料上划好裁片
10	复查划样	复查表层划样的数量与质量是否符合要求
11	打粉印	用划粉在裁片上做好缝制标记
12	开剪	按照划样用电剪按顺序裁片
13	查剪刀刀口	检查裁片刀口质量是否符合要求
14	编号	将裁片按顺序编号，同一件产品的号码应保持一致
15	验片	检查裁片的质量（数量、色差、织疵）
16	分片	将裁片按编号或按部件种类配齐
17	换片	调换不符合质量要求的裁片
18	刷花	在裁片需要绣花的部位印刷花印
19	修片	照样板修剪裁片
20	打套结	在需要加固的部位进行套结
21	缉明线	机缉表面线迹

（二）家用纺织品常用手缝工艺

手缝工艺是一项重要的基础工艺，它是操作者主要使用布、线、针及其他材料和工具手工操作的工艺，是家用纺织品生产的传统工艺。随着缝纫机械的发展，制作工艺的不断改革，手缝工艺逐渐被取代，但是家用纺织品生产的很多工序，尤其是装饰工艺制作仍然依赖于手缝工艺来完成，所以，手缝工艺在家用纺织品生产中占有特殊的地位。手缝针法种类较多，变化无穷，有平针、回针、三角针、缲针等。下面介绍家用纺织品中常用的几种针法。

1. **平针法**　左手拿布、右手拿针，由右至左，在布面上形成正、反面相同大小的针距（图1-38）。缝针刺入布0.3~0.4cm后向上挑出，然后过0.3~0.4cm再向下刺入，反复缝刺5~6个回合后将针拔出。要求缝制后缝片上下层平服，针迹疏密均匀、顺直。

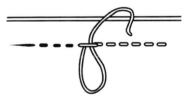

图1-38　平针法

2. **回针法**　回针法（图1-39）是自右向左前进的针法，手针向左（前）缝0.3cm，然后向右（后）退0.2cm，如此循环针步。这种针法前后衔接，形似机缝，要求针脚顺直、针距均匀，缝线有一定的宽松度和伸缩性。要求运针时线略略拉紧，厚料用双线，薄料用单线。

3. **缲针法**　缲针是应用较广的一种针法，一般有明

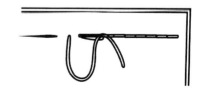

图1-39　回针法

缲针、暗缲针两种形式。明缲针（图1-40）由右向左、由里向外缲，每隔0.2cm缲一针，针迹呈斜扁型。暗缲针（图1-41）也是由右向左方向，但它要求由内向外竖直缲，且缝线隐藏在贴边的夹层中间，每隔0.3cm露一针微小的线迹，正面不露线迹。

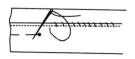

图1-40　明缲针

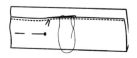

图1-41　暗缲针

4. **三角针**　三角针也称绷三角，操作时用横式横环、内外交叉、由左至右倒退的方法把贴边和面料环牢。要求上针缝住面料的一两根纱线，正面不露针迹，反面可缝透贴边。三角大小相等，呈V字形，以达到坚固美观的效果（图1-42）。

5. **锁针法**　锁针主要用于锁扣眼和其他控制边缘、贴花边缘的毛边锁光（图1-43）。先将扣眼的位置划好，扣眼大小为扣子直径加上扣子的厚度。沿扣眼边缘0.3cm左右缝两行衬线。自扣眼的尾端起针，环绕使针从衬线旁穿出，将针尾的线套住针尖，将针抽出拉线，针针密锁并以此循环，扣眼锁到尾端时要封尾。

图1-42　三角针

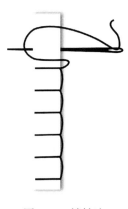

图1-43　锁针法

6. **杨树花针**　杨树花针是一种装饰针法，有一针、二针、三针花型。操作时，左手捏住正面，右手拿针，第1针在底部起针，第2针在第1针向上0.3cm处入针，在第1针出针与第2针入针的垂直平分线上向前0.3cm处出针时，将线顺套在针的前面，然后将针拔出，即完成一个叉，这样向上缝1~3个叉，再向下缝1~3个叉。向下缝时线往下甩，向上缝时线往上甩，如此反复由右向左操作即形成三针花型（图1-44）。工艺上要求每段花距大小相等，松紧适宜，以防面料抽皱。

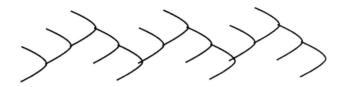

图1-44　杨树花针

7．**钉纽扣**　家纺产品的纽扣有实用扣和装饰扣两种。钉纽扣时，应先做好标记，缝线打结后挑布，在标记点上起针，针拔出后再把缝线穿过扣孔，依此循环2~4次。钉实用扣时缝线要松，使扣眼缝线长度长于止口厚度0.3cm，并使缝线缠绕纽扣脚数圈，最后将线尾结头引入夹层（图1-45）。钉装饰纽不必绕脚，要贴着布片钉平服。

四孔纽扣的穿线方法有平行、交叉、方形几种（图1-46）。

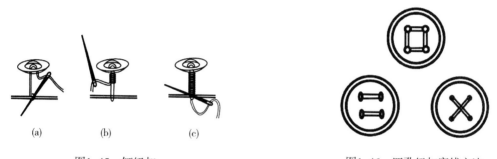

(a)　　　　(b)　　　　(c)

图1-45　钉纽扣

图1-46　四孔纽扣穿线方法

8．**钉按扣和钩扣**　按扣又称子母扣、揿扣，它比纽扣更容易扣合或解开，锁钉方法如图1-47所示。

钩扣的大小和形状有许多种，用于家纺不同部分的配对和连接，其锁钉方法如图1-48所示，操作时使用锁针法。

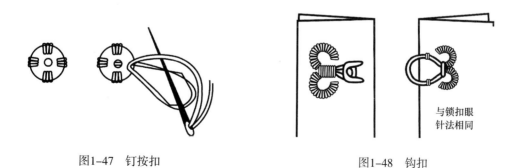

与锁扣眼
针法相同

图1-47　钉按扣

图1-48　钩扣

（三）家用纺织品常用机缝工艺

机缝工艺是家用纺织品制作工艺中的主要组成部分，缝制时，应用各种缝纫机械装置设计、缝制出各种不同的缝制工艺。

1. **平缝** 把两层布料正面相对并按一定的缝份缝合。平缝是缝纫工艺中最基本的缝制方法，应用广泛。

操作方法及要求：平缝时一般要用右手稍拉下层，左手稍推上层，避免产生上层"赶"，下层"吃"的现象，使上下层裁片保持平整（图1-49）。缝制开始与结束时都要做倒回针，以防线头脱落。一般缝份宽度为0.8~1.2cm，线迹密度为12针/3cm。若将缝份倒向一边烫平，称为坐倒缝。

2. **搭接缝** 搭接缝指缝份互相搭接缝合，所放缝份平行缉缝，叠缝量一般为0.4cm（图1-50）。一般用于暗藏部位，要求缝线顺直，松紧一致。

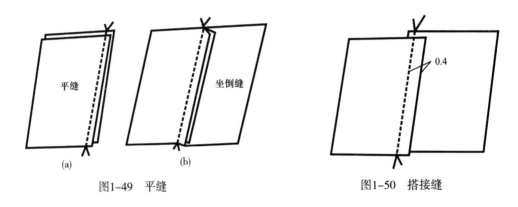

图1-49 平缝 　　　　　　　　图1-50 搭接缝

3. **来去缝** 来去缝可分来缝和去缝两步进行。第一步缝来缝时，将两块面料反面相对，缉0.3~0.4cm宽的缝份。第二步缝去缝，将第一步缝份修齐，反折转，面料正面相对合缉线宽0.5~0.6cm，一般用于薄料（图1-51）。

4. **扣缝** 扣缝又称扣压缝，常用于侧缝、贴袋等部位。操作时先将面料按照规定的缝份倒扣烫平，再按规定的位置搭接，缉0.1cm宽明线（图1-52）。

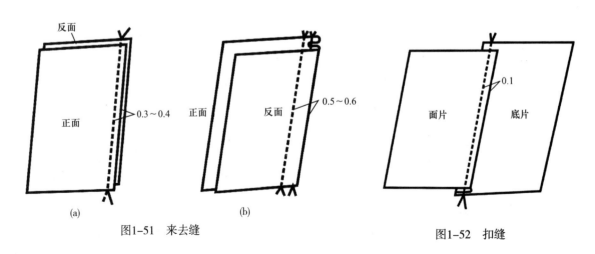

图1-51 来去缝 　　　　　　　　图1-52 扣缝

5. **内包缝**　内包缝又称反包缝，常用于侧缝等部位。操作时将面料的正面相对重叠，在反面按包缝宽度在边缘缉0.1~0.2cm宽的一道线，然后将缝份包转扣齐，翻到正面压第二道线（图1-53）。包缝的宽窄以正面的线迹宽度为依据，有0.4cm、0.6cm、0.8cm、1.2cm等，内包缝的特点是正面可见一根线，反面是两根底线。

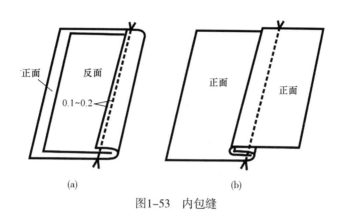

图1-53　内包缝

6. **外包缝**　外包缝又称正包缝。操作方法及要求与内包缝同。先将面料反面与反面叠合，在正面按包缝宽度在边缘缉0.1~0.2cm宽的一道线，然后将缝份包转扣齐，在正面沿转边再缉0.1cm的明线（图1-54）。外包缝宽度一般为0.4~1.2cm，外观特点与内包缝相反，正面有两条线，反面是一条底线。

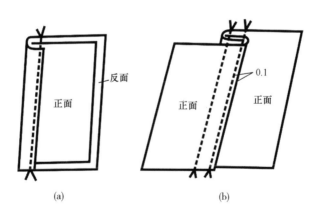

图1-54　外包缝

7. **卷边缝**　卷边缝又称折边缝，用途较广，各种简单边均可用此缝法。操作时先将缝片反面朝上，把毛边折转0.5cm左右，然后根据所需宽度再次折转，沿折光边缉0.1cm线（图1-55）。缉0.1cm线时，应稍拉紧下层面料，保证线迹平服、整齐、不起链形，也可用卷边压脚直接卷。

8. **灌缝**　也称漏落缝，通常用于口袋、滚边、扣眼等处。操作时先平缝，然后将缝份烫开或倒向一边，接着在缝线上做一道不明显的机缝，目的是为了缝住下面那层布（图1-56）。

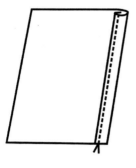

图1-55　卷边缝

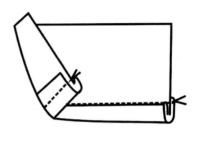

图1-56　灌缝

任务1　靠垫的结构与工艺

【知识点】

- 能描述结构设计的方法与步骤。
- 能理解靠垫的立体形态与平面结构之间的关系。
- 能描述家纺产品制板的方法、步骤和操作要点。
- 能描述家纺产品工艺制作的基本术语。
- 能描述靠垫的工艺质量要求。

【技能点】

- 能完成靠垫的结构设计。
- 能使用制板工具完成靠垫的工业样板制作。
- 能完成靠垫的单件排料与套排，并进行用料估算。
- 能根据实际需要进行辅料的合理选配与使用。
- 能完成靠垫的缝制工艺并进行合理评价。

🔒 任务描述

完成设计方案所设计的客厅类家纺产品——各款靠垫的结构设计、打板与打样。

🔑 任务分析

在设计模块中，客厅类家纺的造型、款式、配套设计已经完成，本任务需要根据设计图完成靠垫的工艺部分，主要包括结构设计、打板与打样。结构设计，如相关知识所述，要设计并绘制靠垫的平面结构图。打板，就是样板制作，是在1∶1结构图的基础上放出缝份，制作成工业样板的操作。打样，也就是成品制作，主要是依据工业样板在面、辅料上划样，完成面料和辅料的排料以及裁剪、缝制、熨烫等工艺操作。

任务实施

本系列共有四组、八个靠垫，其中嵌线式靠垫六个，其结构、工艺方法、原理相似；拼接式靠垫两个。下面以第一组大方形蓝灰色靠垫和第四组扁长形拼接靠垫（腰靠）为例来实施任务。

一、第一组——嵌线式靠垫的结构与工艺

（一）结构设计

1. 款式特征分析　靠垫套为蓝灰色、大方形，正、背面采用与窗帘色彩相同的单色面料A，款式如彩图30（d）所示。四周装嵌条，嵌条内充帽带，嵌条面料采用与A面料色彩对比强烈的单色面料D，背面装拉链。

2. 规格设计　靠垫规格确定时，需要考虑设计效果图中沙发与靠垫、靠垫自身长与宽方向的比例关系，沙发尺寸对靠垫规格的影响与制约，用户既有的使用习惯，以及平面的靠垫套填充棉芯后，因厚度增加而引起的长、宽尺寸变小等因素。最终确定大靠垫的长宽尺寸均为65cm。本书除特别注明的外，所有长度单位均使用cm，为了表述更为清楚，图中标注省略，所以，大靠垫的成品规格记作65cm×65cm。

3. 结构制图　制作结构图有一定的前后顺序，一般遵循先总体，后分段；先主要，再次要；先大片，后部件的原则。靠垫的结构如图1-57所示。

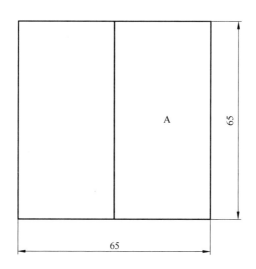

图1-57　嵌线式靠垫结构图

结构图绘制说明：靠垫正面结构为65cm×65cm的正方形，背面在中心断开装拉链。D布是嵌条，要用斜料，内包的帽带直径为0.3cm，斜料的宽度为帽带周长加上缝份，所以宽度为0.3×3.14+2=3（cm），长度为靠垫套周边的总长加上缝份：65×4+2=262（cm）。

（二）样板制作

样板制作是将上述结构设计所得到的家纺平面结构图，按照1：1的比例绘制，并加放一定的缝制余量（缝份）而制作成纸质样的过程，靠垫的裁剪样板如图1-58所示。

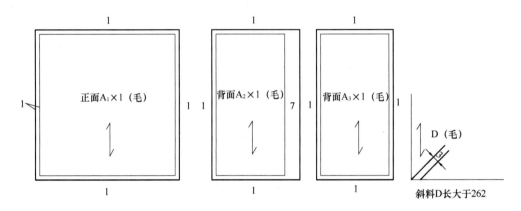

图1-58　嵌线式靠垫样板

样板设计说明：靠垫正面四周采用常规放缝份1cm，靠垫背面因装拉链而分为左、右各一片，左片装拉链处除了常规放缝份1cm外，还需要面料重叠3cm，并折进形成双层部分，所以放缝份量是2×3+1=7（cm），右片四周常规放缝份1cm。

（三）排料

一般来说，排料时要注意面料的经纬纱向、倒顺要求，对条对格等，并在此基础上，尽可能节约使用面料。

由于该系列家纺是客户的单独定制，所以在排料时，采用单件排料。如果是批量生产，则可以采用多件套排，这样能节约成本，降低损耗率。本案靠垫套面料A的单件排料如图1-59所示。

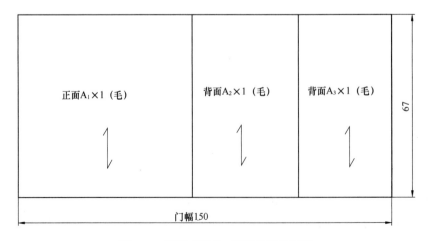

图1-59　嵌线式靠垫A面料单件排料图

系列靠垫采用的面料的材质与幅宽见表1-1。

D布为斜料，以45°斜角进行排料，斜裁滚条面料都如图1-60所示方式进行排料，后续涉及斜裁滚条排料的内容参照图1-60所示，不再赘述。

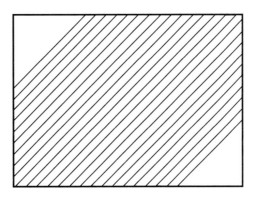

图1-60　嵌线式靠垫D面料排料图

（四）工艺制作

1. **缝制工艺流程**　验片→装拉链→缝制嵌条→拼合面、底布→整烫→检验。

2. **缝制方法及要求**　具体缝制方法及其要求见表1-5。每一件家纺产品缝制前，都需要进行前期的面料整理、排料划线、裁剪、试机等准备工作。面料整理是指先将面料熨烫平整，缩水率大的面料要先进行预缩，然后再熨烫平整。排料划线是指将面料展开铺平，按排

表1-5　嵌线式靠垫的缝制方法与要求

序号	工艺内容	工艺图示	工艺方法	使用工具针距密度（针/3cm）
1	准备	图略	面料整理、排料划线、裁剪、试机、验片等	剪刀、划粉、平缝机等
2	装拉链		a. 背面装拉链两边拷边 b. 先将背面右片A₃折进0.8cm，盖在拉链的右边，缉0.1cm明线清止口，然后将左片A₂折进4.5cm，盖过拉链3cm缉3.5cm宽明线一条，最后封好两头	单针平缝机针距密度为12

序号	工艺内容	工艺图示	工艺方法	使用工具针距密度（针/3cm）
3	装嵌条	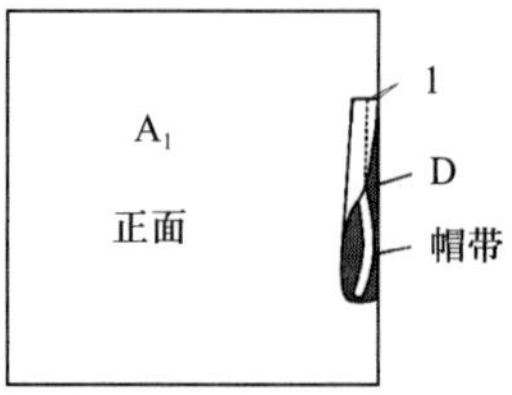 A₁ 正面 1 D 帽带	缝纫机换嵌线压脚，A₁布正面朝上，D布斜条包住帽带以0.8cm缝份沿边车缝固定，拐角处打剪口使转弯圆顺，注意接口处隐蔽良好	单针平缝机、嵌线压脚 针距密度为12~15
4	车缝正背面	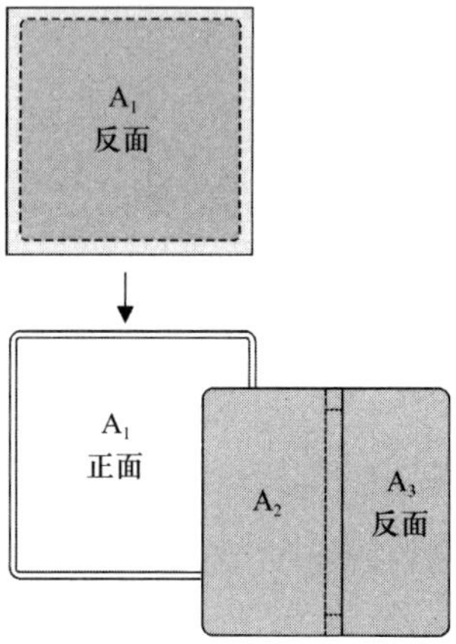 A₁ 反面 → A₁ 正面 A₂ A₃ 反面	A₁与缝好的A₂、A₃正面相对，反面1cm缝份平缝	单针平缝机 针距密度为12~15
5	整烫	图略	剪净缝头，整烫平整	蒸汽熨斗、蒸汽烫台、蒸汽发生器

料图进行排料，注意纱向，用划粉勾画轮廓。裁剪是指沿划好的排料图轮廓线依次裁剪下来备用。试机是指调整平缝机使线迹良好，要求使用与面料色彩相近的缝纫线。验片是检查裁片的数量、质量、有无色差、织疵等。

　　本书后续案例关于准备工作的内容不再赘述。注意，在本书图例中，正面用白色表示，反面用淡灰色表示。

　　在每一件家纺产品缝制后，都需要进行拷边、整烫的后整理工作。最后内里四周毛边处三线包缝机拷边，剪净缝头，从拉链处翻至正面整烫平整。

　　3. 成品质量要求

　　（1）拼缝处缝份1cm，成品规格误差不大于1cm。

　　（2）针距密度为12针/3cm，缝纫轨迹匀、直，缝线牢固，卷边拼缝平服、齐直，宽窄一致，不露毛；接针套正，边口处打回针不少于3针。

　　（3）装嵌条处要松紧、宽窄一致，嵌条圆顺饱满，接口隐藏良好。

（4）拉链缝制平服，不起涟、不起拱。

（5）成品外观无破损、针眼、严重染色不良等疵点。

（6）成品无跳针、浮针、漏针、脱线。

4. 靠垫芯的结构与工艺　靠垫芯的规格尺寸一般比靠垫套略大，这样可以使充芯后各处饱满。一般靠垫芯单边规格比靠垫套大2cm左右，如靠垫套规格为65cm×65cm，则靠垫芯的规格为67cm×67cm。靠垫芯材料一般采用与靠垫套色彩相近、质感柔软的平纹面料。在工艺缝制时，靠垫芯取料后正面相对，沿四周1cm平缝合绵，留出大约长10cm的翻口孔，供塞内胆之用，塞好内胆后将翻口孔用细缲针缝合。

二、第四组——扁长形拼接靠垫（腰靠）的结构与工艺

（一）结构设计

1. 款式特征分析　靠垫套为蓝、白、橘黄、橙四色以一定的方式拼接而成，扁长形。正面采用A、B、C、D面料拼接，背面整体采用D面料，款式如彩图33（d）所示，长侧边装隐形拉链。

2. 规格设计　此靠垫在整个系列中属于小腰靠，根据设计效果图中靠垫之间的比例，本靠垫规格设计为48cm×28cm。

3. 结构制图　扁长腰靠的结构如图1-61所示。

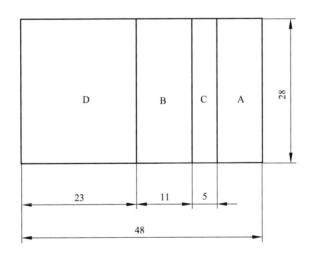

图1-61　扁长形拼接靠垫结构图

结构图绘制说明：靠垫正面为四种面料矩形拼接，尺寸分别为D料28cm×23cm，B料28cm×11cm，C料28cm×5cm，A料28cm×9cm，背面全采用D料，尺寸为48cm×28cm。

（二）样板制作

腰靠的裁剪样板如图1-62所示。

样板设计说明：靠垫正、背面装隐形拉链一边放缝份2cm，其余各边常规放缝份1cm。

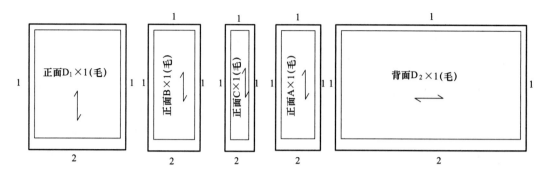

图1-62　扁长形拼接靠垫样板

（三）排料

如果是批量生产，则可以采用多件套排，这样能节约成本，降低损耗率。靠垫套面料D的多件套排排料如图1-63所示，靠垫套面料B的多件套排排料如图1-64所示，靠垫套面料A、C的多件套排排料图同于面料B，不再赘述。

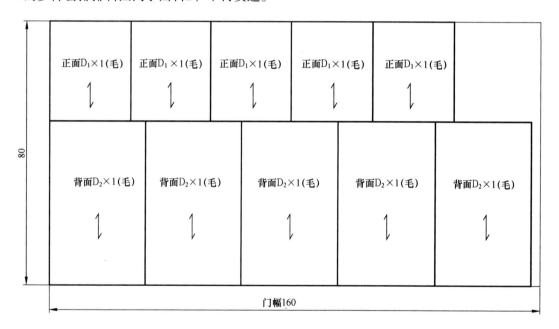

图1-63　扁长形拼接靠垫套面料D多件排料图

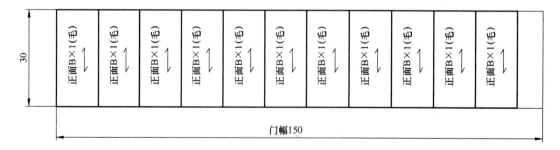

图1-64　扁长形拼接靠垫套面料B多件排料图

（四）工艺制作

1. **缝制工艺流程**　验片→拷边→拼合靠垫套正面并分缝熨烫→大针距合缉靠垫套正背面装拉链一边→装隐形拉链→合缉靠垫套正背面其他边→整烫→检验。

2. **缝制方法及要求**　具体缝制方法及其要求见表1-6。每一件家纺产品缝制前，都需要进行前期的面料整理、排料划线、裁剪、试机等准备工作。

表1-6　拼接式靠垫的缝制方法与要求

序号	工艺内容	工艺图示	工艺方法	使用工具 针距密度 （针/3cm）
1	准备	图略	面料整理、排料划线、裁剪、试机、验片等	剪刀、划粉、平缝机等
2	拷边	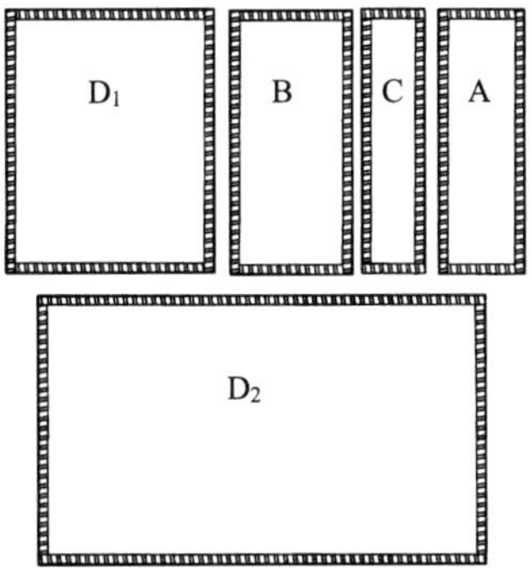 D₁ B C A　D₂	靠垫正、背面裁片，四周拷边	三线包缝机针距密度为9
3	缝制正面	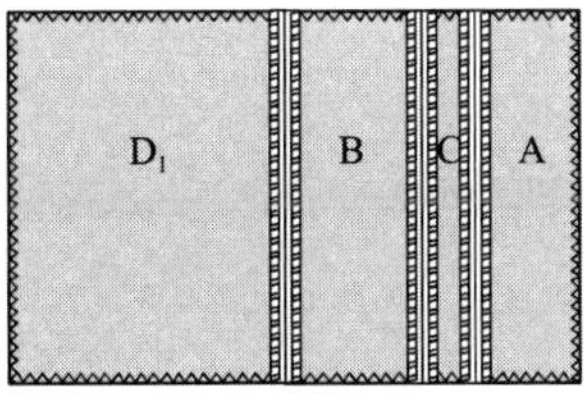 D₁ B C A	1cm缝份缉合正面裁片，分缝熨烫	单针平缝机针距密度为12~15
4	车缝装拉链边	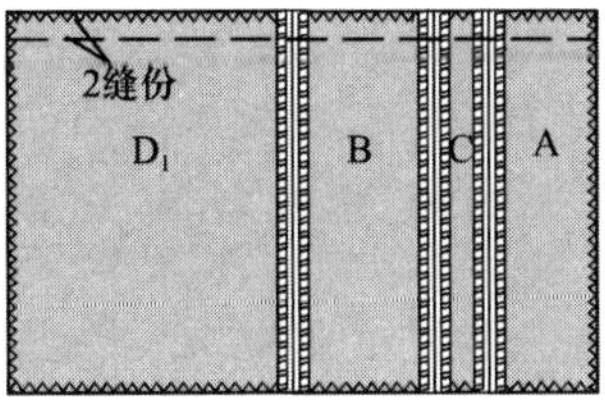 2缝份 D₁ B C A	将正、背面裁片正面相对，装拉链边2cm缝份大针距缝线疏缝缉合	单针平缝机针距密度为7~9

序号	工艺内容	工艺图示	工艺方法	使用工具针距密度（针/3cm）
5	假缝固定拉链	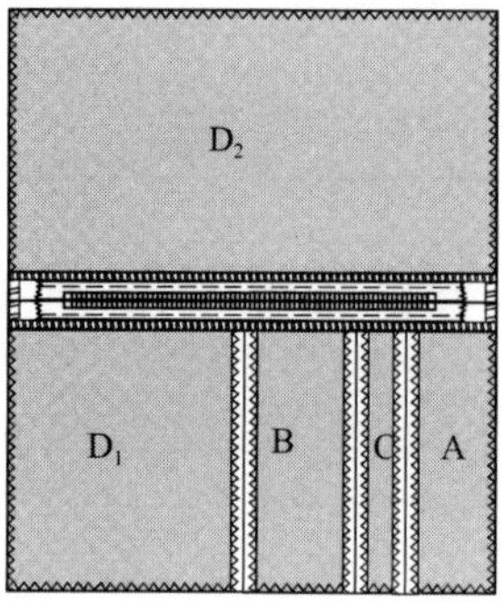	先将靠垫套2cm缝份分缝熨烫，然后将拉链反面朝上，居中平放在缝份上，拉链开缝与分开缝中缝对齐，在外侧手针固定缝份和拉链	9号手缝针针距密度为1~3
6	车缝固定拉链	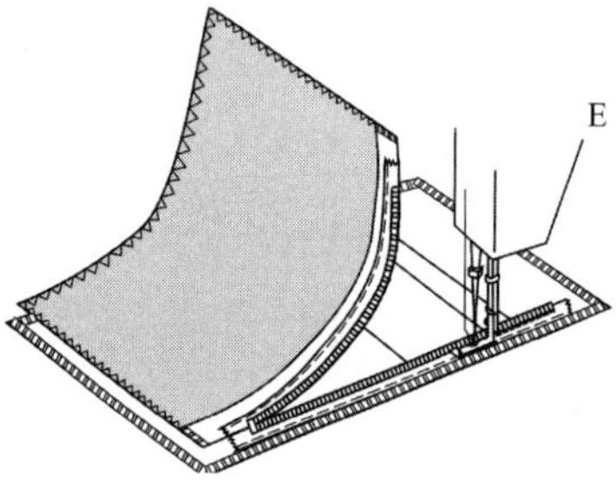	拆开大针距缝线，拉开拉链，使其正面向上，用单边压脚或专业压脚靠近一边拉链牙车缝，用同样的方法缝合另一边拉链，工艺上要求缉线顺直、平服、不露拉链	单针平缝机针距密度为12~15
7	缝合其他三边	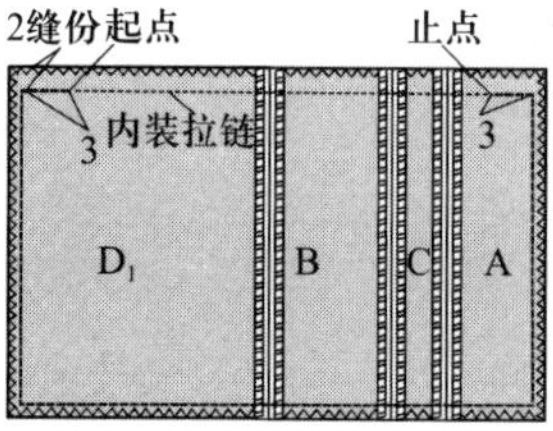	将正、背面裁片正面相对，缝合除拉链之外的余下部分，从起点起至止点止。其中，拉链边2cm缝份缉合，其他三边1cm缝份缉合	单针平缝机针距密度为12~15
8	整烫	图略	剪净缝头，从拉链处翻至正面，整烫平整	蒸汽熨斗、蒸汽烫台、蒸汽发生器

3. 成品质量要求

（1）拼缝处缝份1cm，成品规格误差不大于1cm。

（2）针距密度为12~15针/3cm，缝纫轨迹匀、直，缝线牢固，拼缝平服、齐直，宽窄一致，不露毛；接针套正，边口处打回针不少于3针。

（3）拉链缝制平服，不起涟、不起拱，拉合后正面接合紧密，呈隐形状态。

（4）成品外观无破损、针眼、严重染色不良等疵点。

（5）成品无跳针、浮针、漏针、脱线。

🔩 知识链接

本案第三组靠垫——本白色嵌线式贴布绣靠垫套的结构与工艺比较复杂，是前面所掌握内容的进阶提升。

（一）结构设计

1. **款式特征分析** 靠垫套为本白色、长方形，正、背面采用单色亚麻面料B。最具特色的是，在靠垫套正面镶贴本系列设计的主题形象——拼布象，所用面料为A、C、D、E、F，四周装嵌条，嵌条内充帽带。嵌条面料采用单色面料D，背面装拉链，款式如彩图30（d）所示。

2. **规格设计** 根据设计款式图、效果图以及靠垫的使用空间要求，本靠垫规格设计为60cm×50cm。

3. **结构制图** 贴布绣靠垫套结构如图1-65所示。

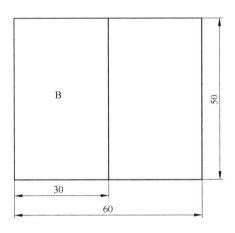

图1-65 贴布绣靠垫套结构图

构图绘制说明：靠垫正面结构为60cm×50cm的长方形，背面在中心断开装拉链。D布是嵌条，要用斜料，内包的帽带直径为0.3cm，斜料的宽度除帽带周长外，还要加上缝份，所以宽度为0.3×3.14+2=3（cm），长度为靠垫套周边的总长加上缝份：60×2+50×2+2=222（cm）。

拼贴象图形如图1-66所示，图中尺寸为贴布象的定位尺寸与关键定型尺寸。

（二）样板制作

贴布绣靠垫套的套面裁剪样板如图1-67所示。

贴布绣靠垫套的套面样板设计说明：靠垫正面四周采用常规放缝1cm，靠垫背面因装拉链而分为左、右各一片，左片装拉链处除了常规放缝1cm外，还需要面料重叠3cm，并折进形成双层部分，所以放缝量是2×3+1=7（cm），右片四周常规放缝1cm。

贴布绣靠垫套的拼贴象裁剪样板如图1-68所示。

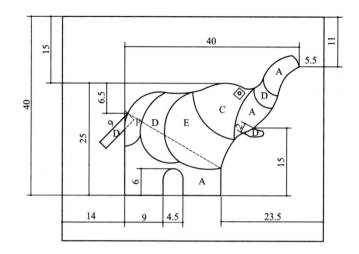

图1-66 贴布图案结构图

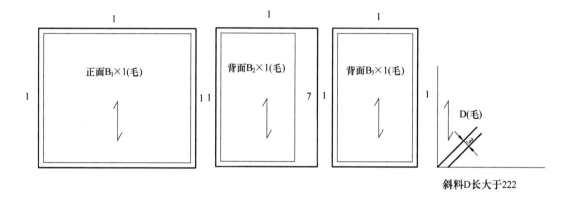

斜料D长大于222

图1-67 贴布绣靠垫裁剪样板

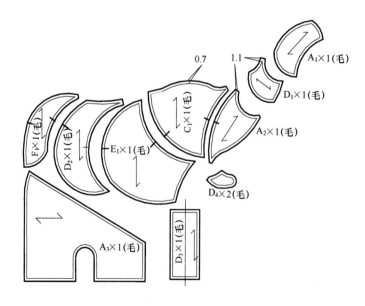

图1-68 贴布绣靠垫套拼贴象裁剪样板

　　拼贴象样板设计说明：拼贴象每块样板四周放缝份0.7cm，尖角处尖角削平并放缝份1.1cm。象牙、象尾在实物中是凸出于表面的立体结构，所以裁片分别为两片和对折处理。拼贴象曲线轮廓居多，为了保证工艺制作时的准确度，较长曲线样板在中部作对位剪口。

　　在家用纺织品生产制作过程中，除了要使用裁剪样板进行面、辅料裁剪之外，有时候还要在制作过程中使用对位、定位的工艺样板。贴布绣靠垫套的拼贴象工艺样板如图1-69所示。

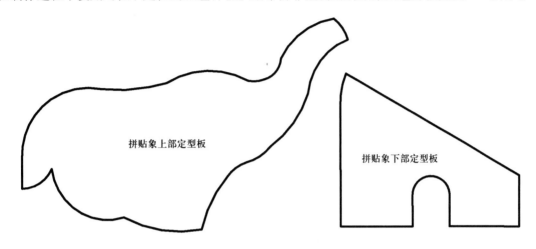

图1-69　拼贴象工艺样板

（三）排料

贴布绣靠垫套面料B的排料如图1-70所示。

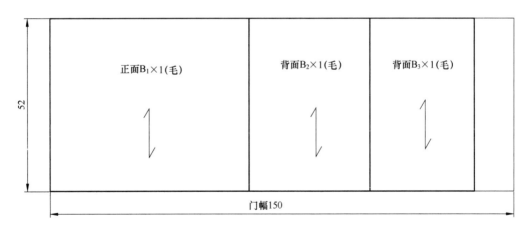

图1-70　贴布绣靠垫套B面料排料图

　　D布为斜料，以45°斜角进行排料，参见图1-60。

　　贴布裁片尽量按照纱向进行裁剪，小的贴布裁片可以使用裁剪过程中的边角料来处理。这里要注意的是，排料时要先大后小，先主后次，弯弯相顺，做好标记。

（四）工艺制作

1. 缝制工艺流程 验片→粘衬、缝制象牙与象尾→合缉拼贴象上部裁片→扣烫拼贴象上部、下部裁片→贴缝裁片→装拉链→缝制嵌条→拼合面、底布→整烫→检验。

2. 缝制方法及要求 具体缝制方法及其要求见表1-7。每一件家纺产品缝制前，都需要进行前期的面料整理、排料划线、裁剪、试机等准备工作。

表1-7 贴布绣靠垫套的缝制方法与要求

序号	工艺内容	工艺图示	工艺方法	使用工具针距密度（针/3cm）
1	准备	图略	面料整理、排料划线、裁剪、试机、验片等	剪刀、划粉、平缝机等
2	粘衬	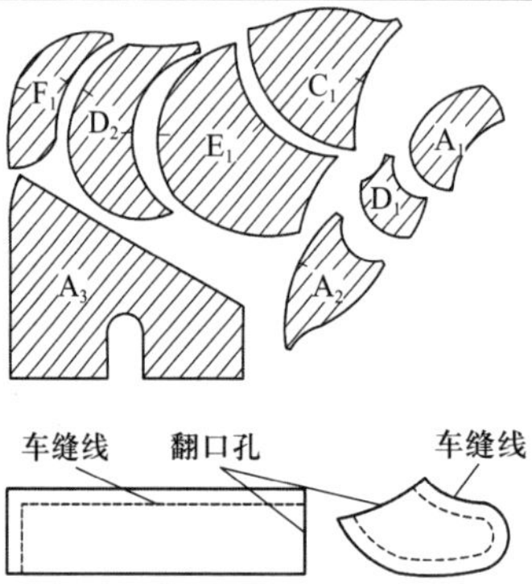	a. 拼贴象裁片粘机织衬，立体形态的象牙与象尾除外 b. 将象牙裁片正面相对0.7cm缉合，留翻口孔翻至正面熨烫 c. 将象尾正面相对对折，0.7cm缉合，留翻口孔翻至正面熨烫	蒸汽熨斗、烫台、单针平缝机针距密度为12
3	合缉上部裁片	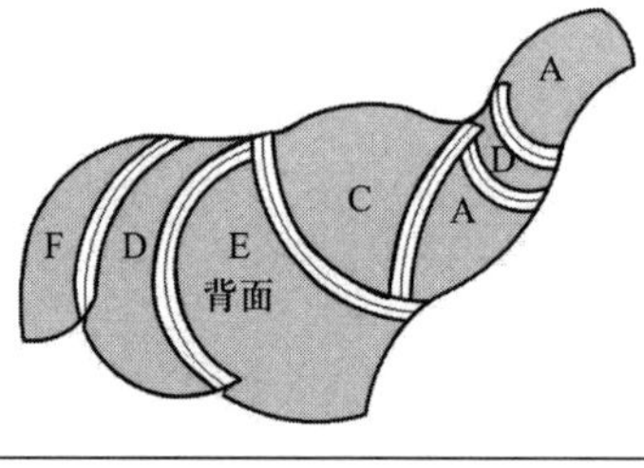	0.7cm合缉拼贴象除A₃之外的上部裁片并分缝熨烫，缉合过程中注意对刀眼，曲线缝份每隔1cm左右打不大于0.5cm的剪口，以利于熨烫之后拼贴象表面平整	蒸汽熨斗、烫台、单针平缝机针距密度为12
4	扣烫	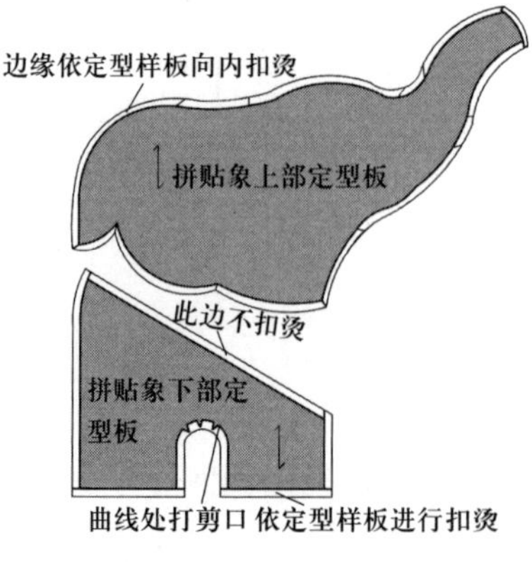	依据工艺样板将拼贴象上部组合裁片、下部裁片向内扣烫，注意在裁片的曲线部分打剪口以利于翻转，下部裁片的顶边在拼贴图案时被上部组合裁片挡住，所以不扣烫	蒸汽熨斗、烫台、工艺样板

序号	工艺内容	工艺图示	工艺方法	使用工具针距密度（针/3cm）
5	贴缝		a. 按结构图将拼贴象上部组合裁片、下部裁片、象牙、象尾位置用大头针固定，然后手缝针粗缝固定，最后沿边缘用多功能花式机、彩线进行装饰性固定车缝，或用手针、彩线进行装饰性固定贴缝 b. 整烫靠垫套拼贴面	单针平缝机、大头针、手缝针或多功能花式机、蒸汽熨斗、烫台
6	车缝正背面	同表1-5	装拉链、装嵌条、车缝正背面同表1-5嵌线式靠垫套的制作	单针平缝机针距密度为12

3. 成品质量要求

（1）拼缝处缝份1cm，成品规格误差不大于1cm。

（2）针距密度为12针/3cm，缝纫轨迹匀、直，缝线牢固，卷边拼缝平服、齐直，宽窄一致，不露毛；接针套正，边口处打回针不少于3针。

（3）拼布图案圆整、平服，贴布针迹距离、宽度均匀平整。

（4）装嵌条处要松紧、宽窄一致，嵌条圆顺饱满，接口隐藏良好。

（5）拉链缝制平服，不起涟、不起拱。

（6）成品外观无破损、针眼、严重染色不良等疵点。

（7）成品无跳针、浮针、漏针、脱线。

📖 课后作业

1. 完成下列（图1-71）立体感靠垫的结构设计、样板制作和工艺流程设计与样品制作。

2. 从工艺角度总结靠垫的种类与风格特征。

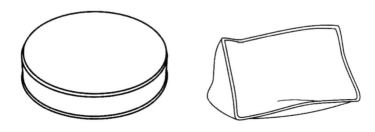

图1-71　贴布绣靠垫套B面料的排料图

学习评价

	能/不能	熟练/不熟练	任务名称
通过学习本模块，你			根据给定款式完成靠垫的结构设计
			独立完成靠垫的样板制作
			独立完成靠垫的排料、裁剪和成品缝制
通过学习本模块，你还			掌握结构设计、制板的步骤和方法
			掌握排料的基本步骤与方法
			掌握靠垫工艺质量的评判标准

任务2 窗帘的结构与工艺

【知识点】

· 能描述窗帘的规格尺寸与窗部空间尺寸的关系。
· 能描述窗帘的立体形态与平面结构之间的关系。
· 能描述窗帘结构设计、制板的操作要点。
· 能描述窗帘工艺制作的工艺程序设计与工艺质量要求。

【技能点】

· 能完成窗帘的结构设计。
· 能使用制板工具完成窗帘的工业样板制作。
· 能完成窗帘的排料并进行用料估算。
· 能根据实际需要进行窗帘辅料的合理选配与使用。
· 能完成窗帘的缝制工艺并进行合理评价。

任务描述

完成设计方案所设计的客厅类家纺产品——窗帘的结构设计、打板与打样。

任务分析

本案的窗帘包括外层的遮光帘和内层的纱帘两部分。其中，外层遮光帘包括遮光帘与系带，为悬挂于整个墙面的落地式，内层纱帘也为悬挂于整个墙面的落地式。

不论是遮光帘还是纱帘，规格尺寸都需要根据窗部空间尺寸来确定。窗帘结构设计需要考虑墙面的长、宽尺寸，玻璃窗的高度、宽度，窗帘形式对规格的影响，窗帷高度与遮光帘长度之间的比例分配等。

同时，为了保证窗帘能够悬挂于墙面或玻璃窗上，在制作窗帘时，需要配备相应的辅料与配件，如织带、抽带以及花边、流苏、穗子等。配件有窗帘轨道、窗帘杆、窗帘钩、挂钩等。这些辅料和配件，在具有扎系、支撑、悬挂功能的同时，往往可以通过款式的精心设计而具有较好的装饰性，起到画龙点睛的作用。

任务实施

一、外层遮光帘的结构设计与工艺

（一）结构设计

1. **款式特征分析** 本案外层遮光帘为悬挂于整个墙面的落地式，采用蓝灰色主面料A，幅宽280cm，悬挂形式采用简约的罗马杆与布面穿孔相结合形式。罗马杆选用客厅系列家纺色调中的本白色，布面穿孔的配件——穿孔环选用有复古色彩的古铜色穿孔环。款式见彩图30（d）所示。

2. **规格设计** 窗帘的规格尺寸受客厅窗部空间尺寸以及窗的空间尺寸制约。从图1-72中南阳台垭口尺寸图，可以得到窗帘的最大长度应为260-10（地板高度）=250（cm），窗帘的成型宽度≤260cm。根据设计效果，本案遮光帘为对开式罗马杆悬挂的落地窗帘，且宽度方向铺满整个垭口，顶部距离屋顶10cm，所以遮光帘高度为250-10（空隙量）=240（cm），成型宽度为260cm，对开式分为左、右两扇，单扇成型宽度为130cm；由于罗马杆布面穿孔的窗帘在宽度方向应有适量的褶皱，一般加放褶皱量应大于1.6倍的成型宽度，取加放褶皱量为成型宽度的2倍，即2×130=260（cm）。最终确定单扇遮光帘的成品规格为260cm×240cm。

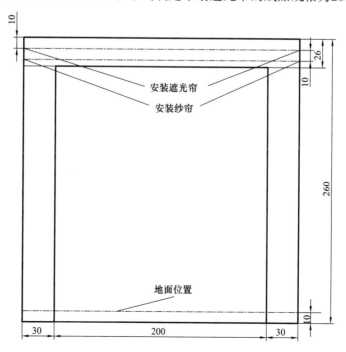

图1-72 南阳台垭口尺寸图

3. **结构制图** 遮光帘的结构如图1-73所示。

结构图绘制说明：遮光帘结构为260cm×240cm的长方形，顶部打孔。打孔位在图中标出，距离窗帘顶部为6cm，首末孔距离窗帘左、右各6cm，孔间距为31cm，共9个孔。搭配的罗马杆选用直径为4cm的铝塑罗马杆，所以顶部孔直接尺寸定为5cm，于是有6×2+31×8=260（cm）。

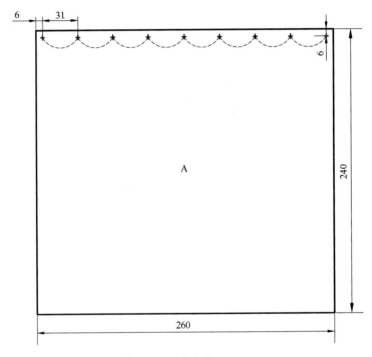

图1-73　遮光帘结构图

（二）遮光帘样板

在样板制作时，先按1:1比例在纸上绘制出窗帘的结构图，得到净样，然后用滚轮沿外轮廓线把净样转移到另一张纸上，并在此基础上根据材料的成分、质地、缩水率、卷边大小等因素进行缝份的加放。一般普通平缝常规放缝份为1cm，而四周的卷边缝则根据实际情况加放2~8cm的量。

当纸样的轮廓线绘制完成后，根据款式的要求，必须标注纸样生产符号（名称、编号、裁片数量、丝缕方向、净样、毛样、面料代号等），从而确保裁剪顺利进行。窗帘的裁剪样板如图1-74所示。

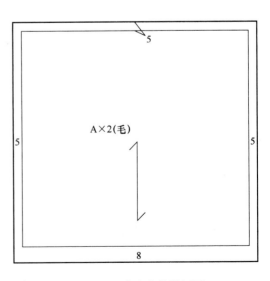

图1-74　遮光帘裁剪样板图

样板设计说明：遮光帘底边放缝份8cm，侧边与顶部放缝份5cm。

遮光帘需制作罗马杆穿入的布面穿孔，孔中心定位需使用工艺样板，如图1-75所示。

（三）遮光帘排料

窗帘排料要注意以面料经向为直丝绺标志，要求顺直。遮光帘面料A排料如图1-76所示。

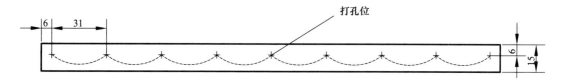

图1-75　遮光帘工艺样板

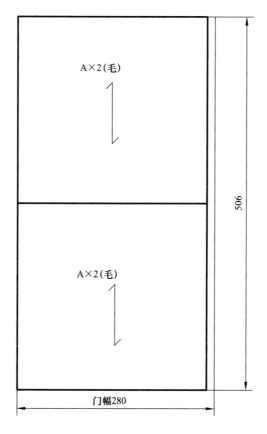

图1-76　遮光帘A面料排料图

（四）工艺制作

1. **缝制工艺流程**　检查裁片、验片→卷边→打孔并装穿杆环→整烫→检验。

2. **缝制方法及要求**　具体缝制方法及其要求见表1-8。在每一件家纺产品缝制前，都需要进行前期的面料整理、排料划线、裁剪、试机等准备工作。

3．成品质量要求

（1）成品外观无破损、针眼及严重色织染色不良等疵点。

（2）成品无跳针、浮针、漏针、脱线。

（3）针迹密度为12~15针/3cm。

（4）缝线轨迹匀、直，缝线牢固，卷边拼缝平服、齐直，宽窄一致，不露毛，接针套正，边口处打回针2~3针。

表1-8　布面穿孔窗帘的缝制方法与要求

序号	工艺内容	工艺图示	工艺方法	使用工具 针距密度 （针/cm）
1	准备	图略	面料整理、排料划线、裁剪、试机、验片等	剪刀、划粉、平缝机等
2	窗帘四周卷边	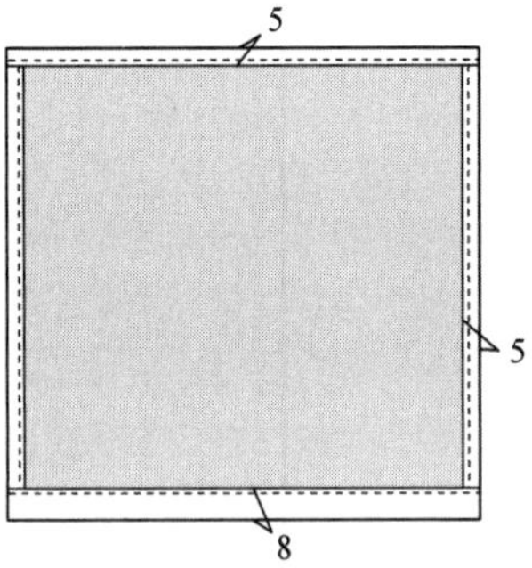 图略	将遮光帘侧边卷边缝，卷边大5cm，顶边卷边大5cm，底边卷边大8cm	单针平缝机针距密度为12~15
3	做窗帘孔	 图略	用打孔定位样板定好眼位并打孔，装穿杆环	打孔冲头、定位样板、划线笔
4	整烫	图略	剪净缝头，整烫平整	蒸汽熨斗、蒸汽烫台、蒸汽发生器

二、内层纱帘的结构设计与工艺

（一）结构设计

1．款式特征分析　内层纱帘材料为本白色雪尼尔纱B，其悬挂形式采用本白色罗马杆配同色窗帘吊环的形式，在纱帘顶端缝制织带以便穿入窗帘钩，然后在窗帘钩中穿入本白色吊环。

2. **规格设计** 内层纱帘为悬挂于整面宽度的落地式,从图1-72南阳台垭口尺寸图中,可以得到纱帘的安装位置比遮光帘低10cm,所以纱帘高度为240-10=230(cm);其总成型宽度也是260cm,双扇对开式,则单扇的成型宽度为130cm,加入褶皱量,单扇纱帘的宽度为2×130=260(cm),最终确定内层纱帘的成品规格为260cm×230cm。

3. **结构制图** 内层纱帘结构如图1-77所示。

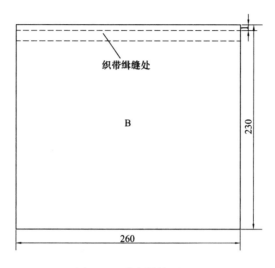

图1-77 纱帘结构图

结构图绘制说明:内层纱帘结构为260cm×230cm的长方形,在顶部反面缉缝织带,织带顶边距窗帘顶边1cm。

（二）内层纱帘样板

内层纱帘样板如图1-78所示。

样板设计说明:内层纱帘底边放缝份8cm;侧边放缝份5cm;顶边装织带,所以只放缝份2cm。

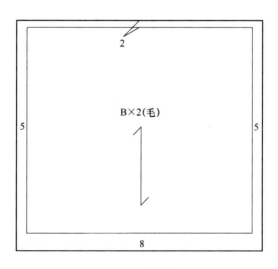

图1-78 纱帘样板

（三）内层纱帘排料

内层纱帘排料如图1-79所示。

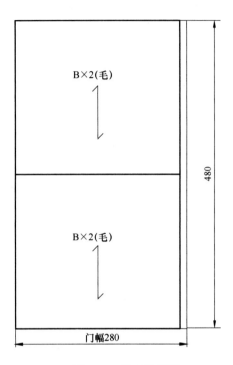

图1-79　纱帘排料图

（四）工艺制作

1. 内层纱帘的工艺流程　检查裁片、验片→卷侧边与底边→装织带→整烫→检验。

2. 缝制方法与要求　内层纱帘的缝制方法、质量要求与外层遮光帘的相似，此处不再赘述。

⚙ 知识链接

窗帘的款式非常丰富，主要与悬挂方式有关。布面穿孔、织带窗帘是最常见的窗帘悬挂结构形式，此外，还有系带式、穿带式窗帘，也是应用非常普遍的一种。

一、穿带式窗帘的结构设计与工艺

（一）结构设计

1. 款式特征分析　穿带式窗帘款式如图1-80所示。整体造型为长方形，从上而下由穿带、楣头、帘体三部分组成，其中，楣头为双层面料，14个等距分布的穿带与帘体被分别夹辑在双层楣头的上下边之间。

2. 结构制图　穿带式窗帘的结构如图1-81所示。

结构图绘制说明：穿带式窗帘结构为188cm×200cm的长方形，由楣头和主体两部

图1-80 穿带式窗帘正面款式图

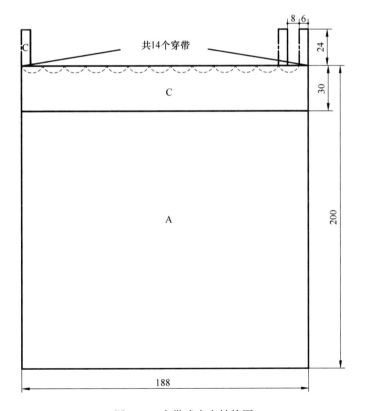

图1-81 穿带式窗帘结构图

分组成：楣头使用面料C，结构为188cm×30cm的长方形；主体使用面料A，结构为188cm×170cm的长方形。顶部14个穿带襻，成型尺寸为24cm×6cm，穿带襻间间距为8cm，采用对折双层面料C缝制，穿带位在图中标出，首末穿带襻与窗帘左右侧边对齐，因此，总长度为14×6（穿带成型宽度）+13（空位数）×8=188（cm）。

（二）穿带式窗帘样板

穿带式窗帘的裁剪样板如图1-82所示。

样板设计说明：穿带式窗帘面分为窗帘楣头与窗帘主体两部分，窗帘主体底边放缝8cm，侧边放缝5cm，顶部与楣头缉合处放缝1cm。窗帘楣头为双层2块裁片，四周常规放缝1cm，并在装穿带处打工艺剪口。穿带襻四周常规放缝1cm。

（三）穿带式窗帘排料

穿带式窗帘面料A排料如图1-83所示，面料C排料如图1-84所示。

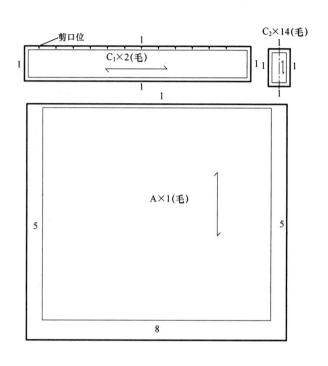

图1-82　穿带式窗帘样板

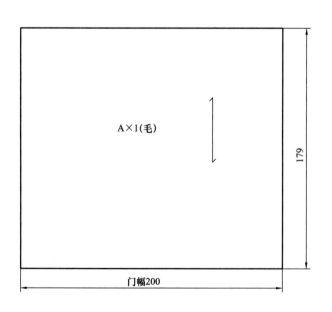

图1-83　穿带式窗帘A面料排料图

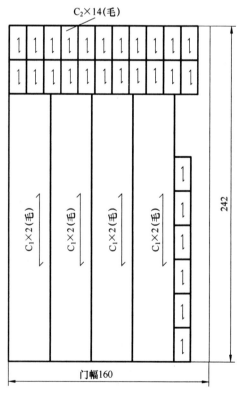

图1-84　穿带式窗帘C面料排料图

（四）工艺制作

1. **缝制工艺流程**　验片→做穿带襻→做楣头装穿带襻→窗帘主体侧边、底边分别卷边→缉合楣头与主体→整烫→检验。

2. **缝制方法及要求**　具体缝制方法及其要求见表1-9。

在每一件家纺产品缝制前，都需要进行前期的面料整理、排料划线、裁剪、试机等准备工作。

表1-9　穿带窗帘的缝制方法与要求

序号	工艺内容	工艺图示	工艺方法	使用工具针距密度（针/3cm）
1	准备	图略	面料整理、排料划线、裁剪、试机、验片等	剪刀、划粉、平缝机等
2	缝制穿带襻	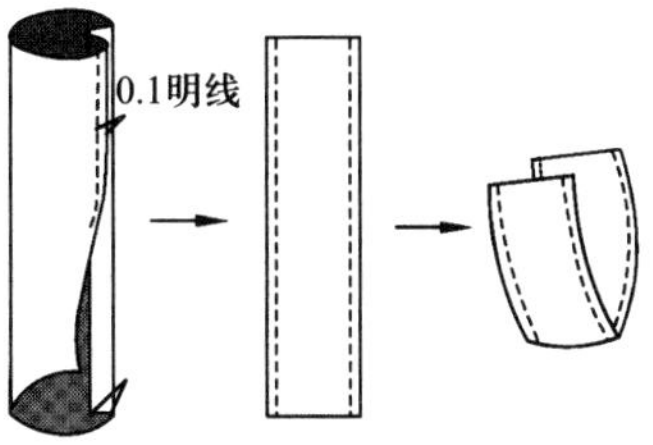 0.1明线	a.将穿带襻对折，两边毛边折进1cm，沿边缘0.1cm缉明线 b.对边沿边缘0.1cm缉明线 c.依次做好14个穿带襻	单针平缝机针距密度为12~15
3	固定穿带襻	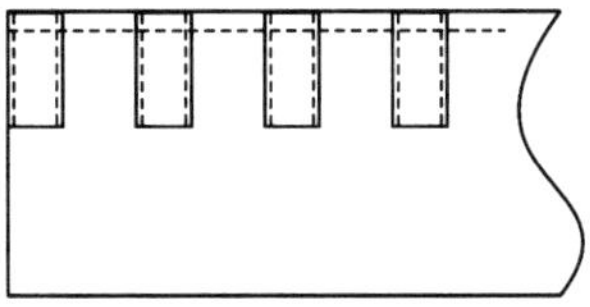	穿带襻上下对折按剪口位0.6cm依次固定在一片窗帘楣头上	单针平缝机针距密度为10~11
4	缝制楣头	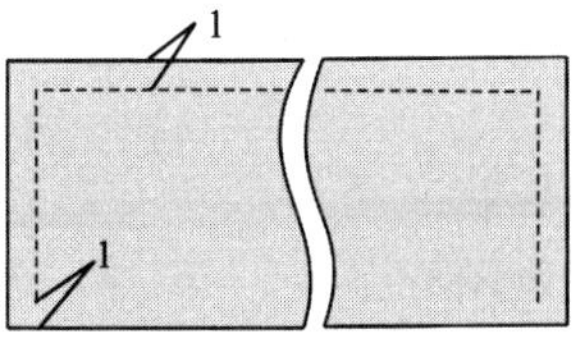	两片窗帘楣头正面相对，沿侧边、顶边1cm缝份缉合，起落针处各空1cm	单针平缝机针距密度为12~15
5	主体卷边		将窗帘主体侧边双折缝卷边5cm，底边双折缝卷边8cm	单针平缝机针距密度为12~15

续表

序号	工艺内容	工艺图示	工艺方法	使用工具 针距密度 （针/3cm）
6	绲缝楣头与主体	楣头	a.将窗帘主体反面与一片窗帘楣头正面相对，1cm缝份绲合 b.将另一片窗帘楣头毛边折进1cm，压平服在刚刚所绲合的缝线处，沿边缘0.1cm绲明线封住	单针平缝机 针距密度为12~15
7	整烫	图略	剪净缝头，整烫平整	蒸汽熨斗、蒸汽烫台、蒸汽发生器

3. 成品质量要求

（1）成品外观无破损、针眼及严重色织染色不良等疵点。

（2）成品无跳针、浮针、漏针、脱线。

（3）针距密度为12~15针/3cm。

（4）缝线轨迹匀、直，缝线牢固，卷边拼缝平服、直齐，宽窄一致，不露毛，接针套正，边口处打回针2~3针。

（5）拼缝处缝份为1cm，成品规格误差不小于2cm。

（6）穿带襻位置正确。

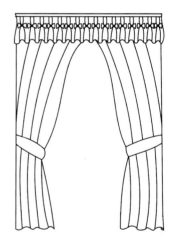

图1-85　对襟窗幔式窗帘款式图

📖 课后作业

1. 完成下列（图1-85）对襟窗幔式窗帘的结构设计。

2. 总结窗帘的款式特征、规格尺寸设计与结构制图特点。

🔍 学习评价

	能/不能	熟练/不熟练	任务名称
通过学习本模块，你			根据给定款式完成窗帘的结构设计
			独立完成窗帘的样板制作
			独立完成窗帘的排料、裁剪和成品缝制
通过学习本模块，你还			掌握窗帘排料的基本步骤与方法
			掌握窗帘工艺质量的评判标准

任务3　布艺玩偶的结构与工艺

【知识点】

- 能描述立体布偶的结构设计原理与方法。
- 能描述拼布象布偶的立体形态到平面结构之间的关系。
- 能描述拼布象布偶的结构设计、打板操作要点。
- 能描述拼布象布偶的工艺程序设计与工艺质量要求。

【技能点】

- 能完成拼布象布偶的结构设计。
- 能使用制板工具完成拼布象布偶的工业样板制作。
- 能完成拼布象布偶的排料并进行用料估算。
- 能完成拼布象布偶的缝制工艺并进行合理评价。

🔒 任务描述

完成设计方案所设计的客厅类家纺产品——拼布象大型布偶的结构设计、打板与打样。

🔑 任务分析

拼布象与靠垫的贴布象形状、比例一致，所以结构的主体部分象身以贴布象的造型为参考进行同比例缩放，并根据款式图进行拼接裁片的结构设计。但拼布象布偶是立体形态的，要能够通过立体的四条腿来站立，这就需要以象身的平面形态为基础，插入象腹和象腿内部结构，使拼布象具有一定的厚度，同时，为了站立的稳定性，在象腿底部采用圆形底面作为象足结构。除此之外，采用单边三个褶裥来设计象耳结构，使扇风的象耳能够活灵活现地表现出来。

🧵 任务实施

一、拼布象的结构与工艺

（一）结构设计

1. **款式特征分析**　拼布象尺寸较一般的布偶大，是整个客厅系列家纺产品中的点睛之物，承载着主人的情感偏好与期望。拼布象是立体形态的布偶，能够非常稳定地站立，形象与抱枕的拼布象图案相呼应，以A面料为主，结合B、C、D、E、F面料，色彩上有相近，也有对比，后部采用橙色D面料嵌线工艺，总体形象生动而富于变化，款式如彩图30（d）所示。

2.**规格设计** 拼布象布偶的规格尺寸设计主要考虑布偶与沙发、靠垫等其他软装饰的纵横向比例关系，和其自身造型所反映出来的长、宽、高比例关系，以及填充棉芯后，因膨胀而引起的各方向尺寸变化因素。最终拼布象成品规格确定为90cm×42cm×70cm。

3.**结构制图** 拼布象的结构如图1-86所示。

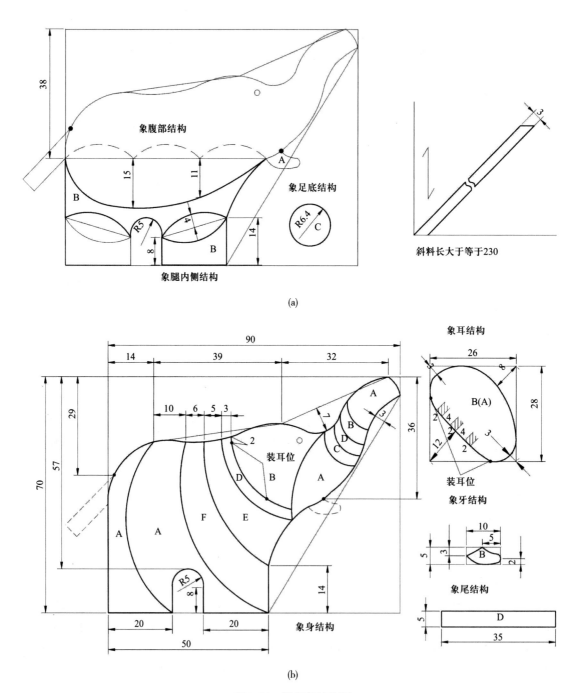

图1-86 拼布象结构图

　　结构图绘制说明：拼布象的结构主要由七部分组成，分别为象身、象腹、象腿内侧、象足底、象耳、象牙和象尾。象身为布偶主体部分，由11块以曲线分割的样板组成，拼布的特色也表现在这一部分。结构图主要给出了象结构的总体尺寸以及各部分的参考尺寸，绘制结构图时，要在参考尺寸的引导下注意对形，尤其是对曲线形态的把握，以便保证象形象与设计图的吻合度。斜料长度为象耳嵌线长（58cm）与象身嵌线长（57cm）之和的2倍。

　　（二）样板制作

　　拼布象布偶的裁剪样板如图1-87所示，布偶的结构线以曲线居多，为了保证缝合的牢度与缝合后形态的圆顺，一般放缝0.7cm。

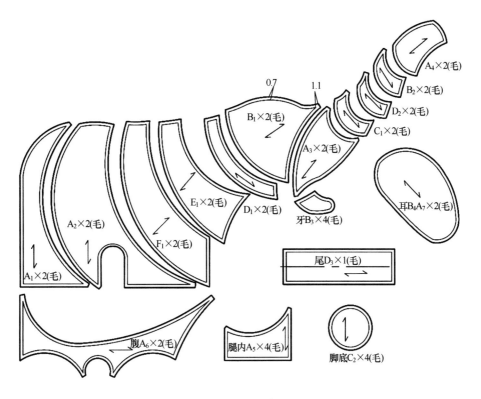

图1-87　拼布象的裁剪样板

　　样板设计说明：布偶所有缝份放缝0.7cm。在尖角处采用削平处理，放缝1.1cm（参见贴布绣嵌线式靠垫套样板）。象身为正、反两面，11块样板都各需要2片相同的裁片；象腹需要对称的2片裁片；象有4条腿，所以象腿内侧、象足底都需要4片裁片；象有双耳、双牙，每个耳朵、牙齿都需要2片裁片，共需要4片象耳、4片象牙裁片；象尾为对折的一片式整体裁片。

　　拼布象布偶的工艺样板如图1-88所示，该样板在工艺制作过程中做象身定形之用。

　　（三）排料

　　拼布象布偶面料A的排料如图1-89所示，布偶裁片曲线多，在排料时很容易造成面料的不合理使用，因此，布偶家纺排料一定要注意弯弯相顺的曲线排料原则。其他面料使用量较少，排料原则同上，不再赘述。

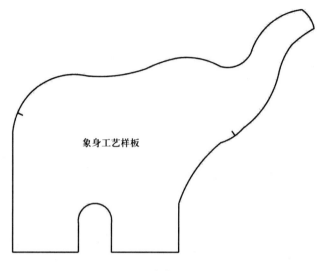

象身工艺样板

图1-88　拼布象的工艺样板

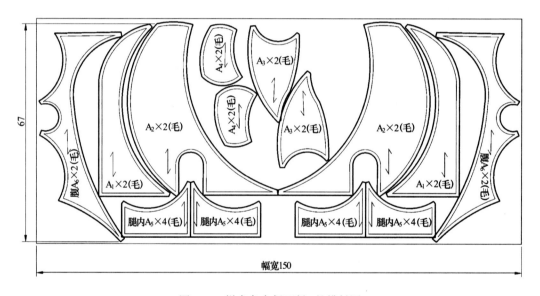

图1-89　拼布象布偶面料A的排料图

（四）工艺制作

1. **缝制工艺流程**　验片→缝制象耳→缝制象身、装象耳→缝制象牙、象尾并充棉→分别拼合象腿内侧与象腹，使其成为整体→分别拼合象身与腿内侧、象腹组合裁片→缝制象足底→合缉象四周，装象尾、象牙，并在象腹留10cm左右翻口孔→翻身并充棉→手针封口→整烫→检验。

2. **缝制方法及要求**　具体缝制方法及其要求见表1-10。

表1-10　拼布象布偶的缝制方法与要求

序号	工艺内容	工艺图示	工艺方法	使用工具针距密度（针/3cm）
1	准备	图略	面料整理、排料划线、裁剪、试机、验片等	剪刀、划粉、平缝机等
2	缝制象耳	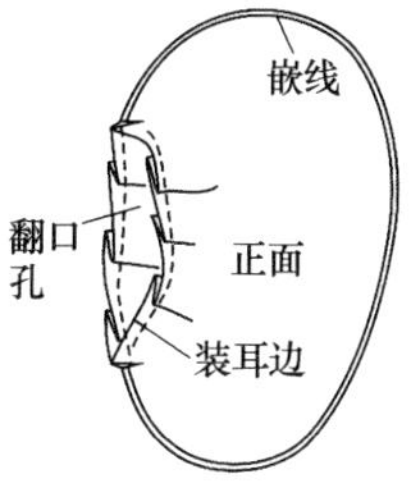	a.象耳裁片反面粘全衬 b.缝纫机换嵌线压脚，象耳装耳边做褶裥，其他边在距边0.8cm处装嵌条 c.象耳裁片正面相对，装耳边作为翻口孔，反面0.7cm缝合缉边装嵌条，修剪缝份0.5cm，曲线处0.3cm，从翻口孔翻至正面并熨烫平整	单针平缝机针距密度为14~15 嵌线压脚
3	缝制象身并装象耳	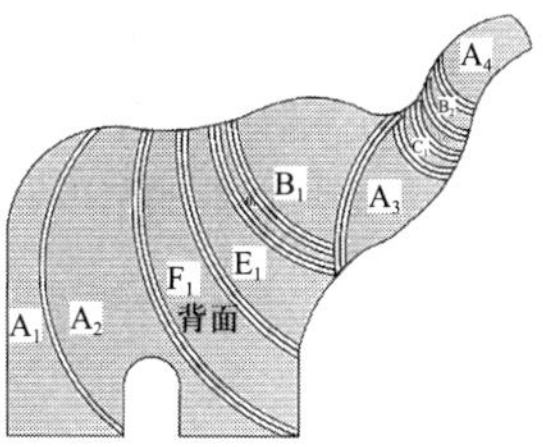	a.将缝制好的象耳缉边0.5cm固定在象身裁片B₁上 b.在A₁裁片上0.5cm处装嵌条 c.两两裁片正面相对，按照从A₄到A₁的裁片顺序，0.7cm缝份合缉象身并分缝熨烫	单针平缝机针距密度为14~15
4	清拣象身作标记	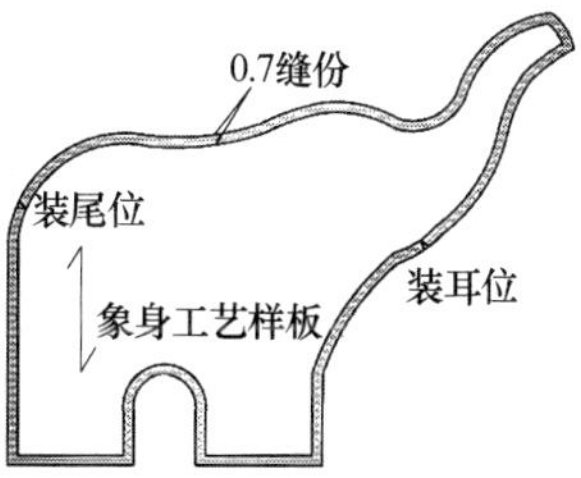	依象身工艺样板清拣拼好的象身裁片，标注出装象牙、象尾以及裁片的拼接位，并打好对位刀眼	工艺样板、画粉或白蜡笔
5	做象牙、象尾	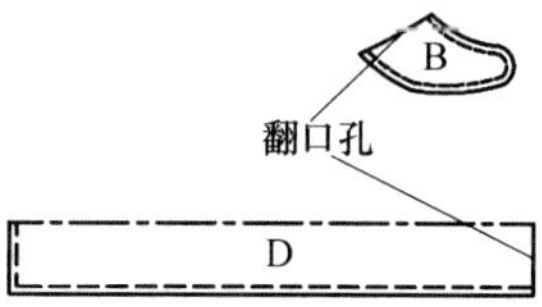	a.象牙裁片正面相对，0.7cm缝份合缉，留翻口孔，修剪缝份0.5cm，翻至正面，充棉 b.象尾裁片对折，0.7cm合缉，留翻口孔，翻至正面，充棉	单针平缝机针距密度为14~15

序号	工艺内容	工艺图示	工艺方法	使用工具针距密度（针/3cm）
6	拼合象腿内侧、象腹、象身裁片	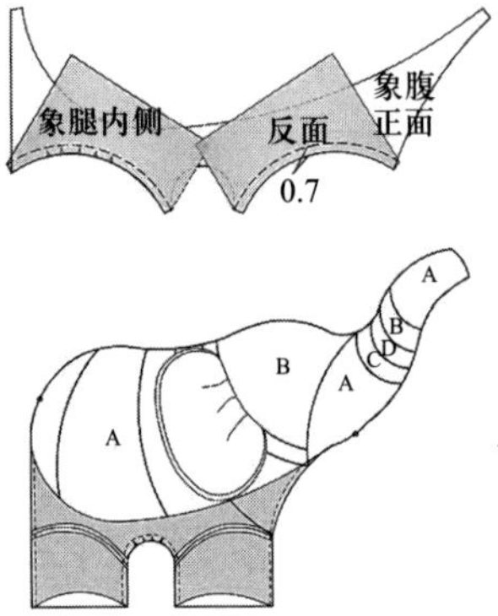	a.将象腿内侧与象腹裁片正面相对，0.7cm缝份绲合，曲线部分打碎剪口并分缝熨烫 b.将象身裁片与象腿内侧和象腹的组合裁片正面相对，0.7cm缝份绲合，曲线部分打碎剪口并分缝熨烫	单针平缝机针距密度为14~15 蒸汽熨斗、烫台
7	做象足底	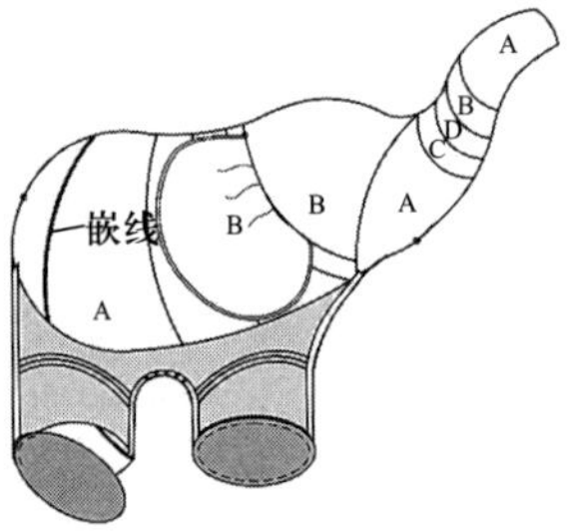	将象身与象腿内侧裁片形成的圆柱孔与足底裁片正面相对，0.7cm缝份绲合，曲线部分打碎剪口	单针平缝机针距密度为14~15 蒸汽熨斗、烫台
8	合绲象四周	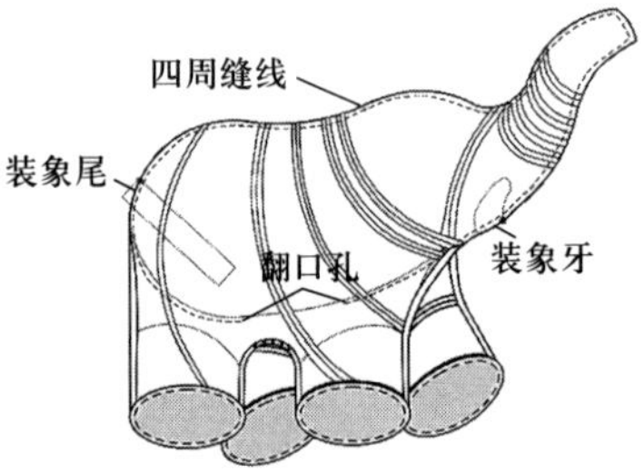	将象身、象腿内侧、象腹、足底组合裁片正面相对，从象腹左边起，0.7cm缝份合绲象四周，依据刀眼位装好象尾、象牙，至象腹右边止，在象腹中部留10cm左右翻口孔，缝份曲线部分打碎剪口	单针平缝机针距密度为14~15 蒸汽熨斗、烫台
9	充棉	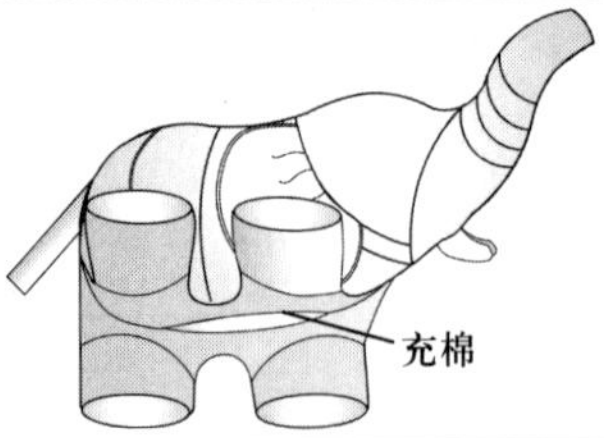	从翻口孔翻至正面，整理好各部分边角，充棉直至饱满而紧实；站姿大型布偶腿部要有一定的坚挺度，所以象腿内充棉中部需加支架或者坯布做成的、有一定硬度的圆柱形内芯	锥子
10	手针缝口	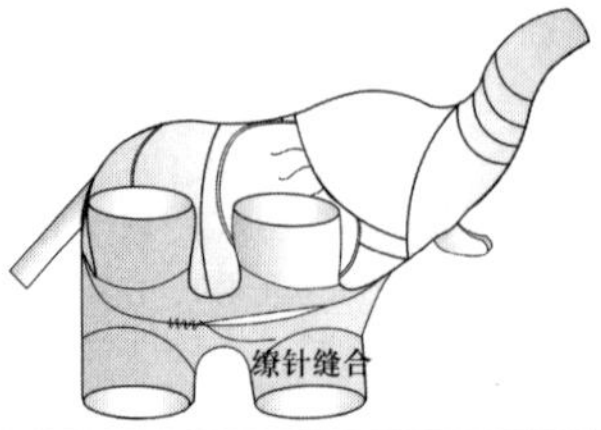	用缭针缝制法手针封口，出入针尽量相互对正，以便线迹里藏，将线拉紧后，表面不露痕迹	手缝针

续表

序号	工艺内容	工艺图示	工艺方法	使用工具针距密度（针/3cm）
11	做眼、装眼	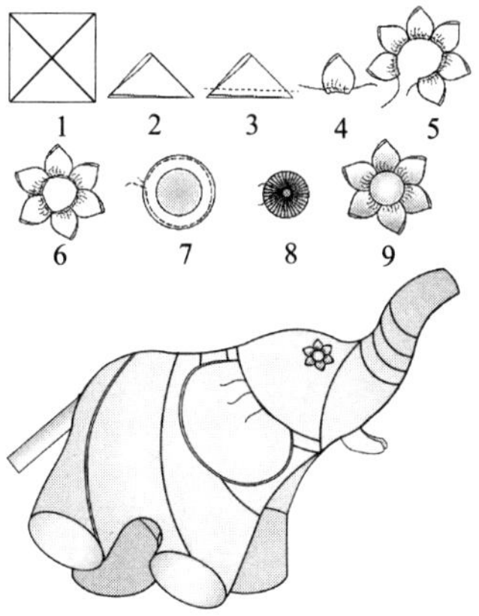	a.使用D面料做太阳花两枚 b.用暗式手缝针将太阳花眼缝在拼布象眼所在的位置，注意要有一定的坚固度，且缝线不外露	手缝针
12	整烫	图略	剪净缝头，整烫平整	蒸汽熨斗、蒸汽烫台、蒸汽发生器

3. 成品质量要求

（1）拼缝处缝份0.7cm，成品规格误差不大于1cm。

（2）机缝针距密度为15针/3cm，缝纫迹线匀、直，缝线牢固，宽窄一致，充棉后针迹不外露，接针套正，边口处打回针不少于3针。

（3）装嵌条处要松紧、宽窄一致，嵌条圆顺饱满，接口隐藏良好。

（4）曲线连接处圆顺、饱满，充棉坚挺、有弹性，站姿稳定。

（5）手缝针针距均匀、平服，线迹不外露。

（6）成品外观无破损、针眼、严重染色不良等疵点。

（7）成品无跳针、浮针、漏针、脱线。

📎 知识链接

一、布偶的结构、工艺概述

布偶按其结构形式可以分为扁平布偶、半立体布偶与立体布偶三类。

（一）扁平布偶

扁平布偶是指各部件均由两片相同裁片缝合而成的布偶，其结构、工艺简单（图1-90所示的快乐兔）。扁平布偶在制作时均为各部件的两片裁片缝合，翻至正面后充填棉花，然后再组合成形。

（二）半立体布偶

半立体布偶是在扁平布偶的基础上，在底部增加一个底片后，更加便于立放的布偶（图1-91所示的乖乖鸡）。半立体布偶的结构、工艺与扁平布偶的基本相同，只是在结构上，需要增加一个底片的结构设计。半立体布偶最早多见于日本的布偶，现在，以其简洁的造型、简单的立放、乖憨的神态、多变的风格而受到各国民众的青睐。

图1-90 扁平布偶

图1-91 半立体布偶

（三）立体布偶

立体布偶是指整个布偶呈现立体的形态。通过布片与布片的组合，结构中曲线的合理设计，缝制时的特别工艺，布偶可以呈现出站、蹲、卧等姿态，也可以拥有立体感很强的五官与表情，如图1-92所示。立体布偶最早多见于欧美布偶或玩具，现在以其千变万化的形态越来越受到大众的喜爱。

(a)

(b)

图1-92 立体布偶

二、布偶的结构设计示例

布偶的结构是布偶工艺环节难度较大的部分，需要透彻理解平面和立体的关系。站立式布偶的结构以本案的拼布象为一类，其结构设计方法是在平面的主要形态（象身）内加入一定的厚度结构（象腹、象腿），依据这个原理，设计师可以设计出一系列的四腿站立的布偶形象。

还有一类是坐式的形象，其结构是在上述结构上的变形，如图1-93所示坐姿兔款式图和1-94所示坐姿兔结构图。

图1-93　坐姿兔

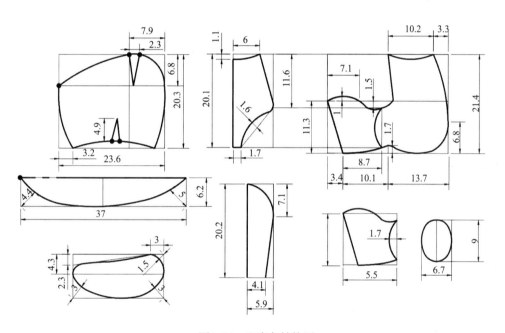

图1-94　坐姿兔结构图

还有一类是其各部件都是独立的结构，在缝制时，先分别缝合，然后再利用装饰纽扣等组合在一起，如图1-95所示坐姿熊款式图和图1-96所示坐姿熊结构图。

图1-95　坐姿熊

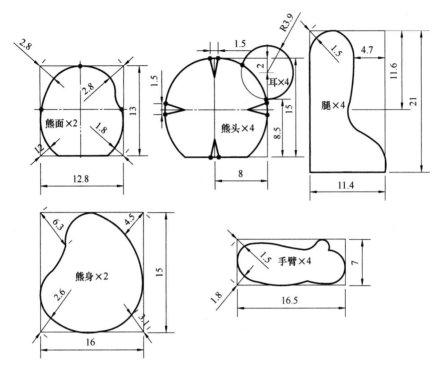

图1-96　坐姿熊结构图

📖 **课后作业**

1. 完成如图1-92所示立体布艺玩偶的结构设计、样板与成品制作。

2. 总结布艺玩偶的款式特征、规格尺寸设计与结构制图之间的关系。

🔍 **学习评价**

	能/不能	熟练/不熟练	任务名称
通过学习本模块，你			根据给定款式完成布偶的结构设计
			独立完成布偶的样板制作
			独立完成布偶的排料、裁剪和成品缝制
通过学习本模块，你还			掌握布艺玩偶结构设计的规律
			掌握布艺玩偶工艺质量的评判标准

任务4　客厅配套家纺产品的展示与评价

【知识点】

• 项目一设计与工艺模块中知识的综合运用。

【技能点】

- 能进行本项目组客厅类家纺产品设计成果的展示。
- 能完成对本项目组成果的自我评价。
- 能完成对其他项目组成果的客观评价。

🔐 任务描述

进行本项目组配套客厅类家纺产品设计与工艺成果的展示、汇报与自评，并进行其他项目组系列客厅类家纺产品设计与工艺成果的客观评价。

🔑 任务分析

这个任务的目的是在前面专业训练的基础上，锻炼学生的表达、展示、归纳、分析、评判能力，进一步提升其综合能力。

🗝 任务实施

一、明确展示与评价环节的意义

客厅配套定制家纺产品的最终成品效果如图1-97所示。

图1-97　客厅配套定制家纺最终成品

展示与评价环节是对前期学习、工作成果的一个总结，通过这个环节，学生不仅能够对前期所学的专业知识、技能有一个更清楚、全面的认识，还能从中获得综合能力的提升，获得成就与满足感，为下一项目的学习做好充分的准备。

二、展示与评价过程

展示与评价流程：完成客厅配套家用纺织品成品拍照；展示现场布置；汇报课件制作；项目组组长代表本组汇报；获得其他项目组评价并对其他项目组成果进行评价；企业点评、教师点评、总结。

在成品拍照、展示现场布置完成之后，各项目组成员在项目组组长的带领下准备本组的项目成果汇报材料。

在集中展示评价时，首先，项目组组长向其他项目组展示本项目组的成果，包括成品，项目完成过程的各种草图、部件、初样等；并讲述项目组的工作过程及遇到的问题，采取的解决方法，最终的心得等；对本项目组的工作、成果给出自我评价。然后，其他项目组提问，可以要求正在展示的项目组解答一些自身感兴趣的，与项目实施有关的技术、方法问题，并就展示项目组的解答及成果展示情况给出对其他项目组评价。全部展示完成之后，通过小组之间的互评，选出学生心目中最优的项目成果。最后，教师对项目教学进程进行一个综合评价，对项目工作的成绩检查评分，并给出教师认为最优的项目成果，同时，也给出企业对项目成果的反馈，以及企业最终的选择结果。对比评选结果，教师和学生共同交流、讨论、分析项目工作中出现的问题、学生采取的处理方法以及造成评价结果差异的原因，为更好地学习下一轮做充足的准备。

📖 课后作业

1. 就前期项目学习与成果展示评价过程写一篇心得，突出其中最有感触或最为难或最兴奋的点。

2. 选择一套客厅类系列家纺产品设计进行鉴赏与评价。

🔍 学习评价

	能/不能	熟练/不熟练	任务名称
通过学习本模块，你			对前期学习状态和收获给出明确的评价
			对前期项目组工作进行客观的总结与评价
			对其他项目组成果给出评价与建议
通过学习本模块，你还			对经典客厅配套家纺产品设计案例进行客观的分析

项目二　卧室类家用纺织品的设计与工艺

【教学目标】

- 了解卧室类家纺产品的设计原则与方法。
- 掌握卧室类家纺产品的材料、图案及款式特点，具有单品与配套设计能力。
- 掌握卧室类家纺产品的纸样设计原理，并具备制板能力。
- 掌握卧室类家纺产品的缝制工艺与技能，并具备成品制作的能力。

【技能要求】

- 能完成卧室类家纺产品的单品设计并进行设计表现。
- 能完成卧室类家纺产品的配套设计并进行设计表现。
- 能完成卧室类家纺产品的纸样设计与制板。
- 能完成卧室类家纺产品的工艺制作。

【项目描述】

本项目将以卧室类家用纺织品设计大赛的形式来完成，学生以团队的形式参加比赛。所有的项目内容和形式都严格按照比赛的要求，项目的开始和结束以比赛要求的时间为准。通过完整地参加一次专业设计大赛，锻炼学生独立分析问题、解决问题以及团队合作的能力。

【项目分析】

本案的设计目标是参加"2012中国国际家用纺织品创意设计大赛"。根据参赛方向，首先应确定卧室的虚拟用户和装修风格，然后项目组根据卧室风格、用户特点来设计并制作床上用品小配套产品。本次大赛活动以传统纺织文化为切入点，倡导科学发展观，提倡自然、环保、人文的设计理念，以"上善若水"为设计主题。本次参赛设计项目属于室内纺织品设计（数码转移印花床上用品）大类，主要包括：床单、被套、枕套以及抱枕的系列设计。本项目的工作内容主要包括卧室类家纺产品的造型设计和工艺两大模块，其中设计模块主要完成以下任务：对大赛相关资料进行分析与整理，并提出设计方案；进行床单、被套、枕套以及抱枕的面料选择与定案，包括面料的材质、图案和色彩；对床单、被套、枕套以及抱枕的款式进行设计。工艺模块主要完成的任务包括床单、被套、枕套以及抱枕的样板制作与缝制工艺，具体包括：结构设计、样板制作、成品缝制等内容。

模块一　卧室类家用纺织品的造型与配套设计

相关知识

一、卧室的基本功能

卧室是一个家庭中非常私密的场所，是家庭成员主要的休息空间。对于忙碌了一天的人们来说，最渴望的就是能够拥有一个可以令疲惫身心得以舒展的温馨港湾，而卧室正是充当了这样一个对身心进行抚慰的角色。卧室内的家纺产品主要包括窗帘、床上用品（套件）、抱枕、地垫或地毯、帷幔、桌幔、电视机罩、电话机套等。

二、床上用品的种类

卧室床上用品一般是按照套件进行分类的，套件主要包括：床盖、床罩、床单、被套、被芯、保洁垫、枕套、抱枕等。

当然也可以按照床上用品的品种进行分类，主要包括：枕类、被类及周边产品等。枕类主要包括睡眠用枕和抱枕、靠枕等；被类包括冬被、夏被等；周边产品包括床搭、床笠等。

床搭是床上用品套件外的延伸产品，是集装饰与实用于一身的卧室类家纺产品。床搭一般面积不大，展开面积为床面的1/3～1/2。其作用主要体现在三个方面，一是装饰床面；二是调和环境色；三是具有一定保洁功能。装饰床面是床搭的首要功能，尤其在卧室样板间的陈设中是不可或缺的内容。床品的高度配套设计一方面使其呈现出良好的整体感，但同时也会造成一定的面积对比缺失。尽管设计师通常通过使用各种抱枕来加以调和，但抱枕的陈设位置和造型局限都只对床头起到较好的点缀作用，而大面积的床面则显得较为单调。此种情况下，在靠近床尾部铺上一条造型协调的床搭就可以巧妙地解决这个问题。床搭的存在不仅使床面不显单调，同时还与床头的抱枕、靠垫等遥相呼应，起到了视觉平衡的作用（图2-1）。除此之外，床搭还有一个作用就是调和卧室内的整体环境色调：当室内环境色调过于单调时，对比色调的床搭可以起到活跃色彩环境的作用；当室内环境色调过于复杂时，与环境色呼应的单色床搭可以为室内增添一份纯净。而在实用层面，床搭还能起到一定的保洁功能：如人们有时候会在床上吃水果、点心、饮料等，有时会在床边坐着交谈，这些生活习惯都可能钻污床品，导致清洗困难，如果在床上铺上一条床搭的话，即使是弄脏了，也比较容易清洗。床搭的款式设计比较简单，可以专门定制，也可以用现成的纺织品代替。定制的床搭基本上分包边和光边两种，分为里和面两层，也可以加流苏类的穗子。造型基本上都是几何造型，可以是规则的，也可以是不规则的。设计与选择床搭的关键是考虑材质、色调、风格与室内其他部分的整体风格协调一致，起到画龙点睛的作用（图2-2，彩色效果见彩图8）。

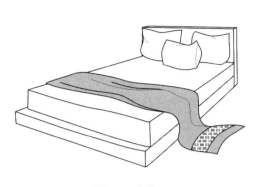

图2-1　床搭

图2-2　床搭与室内环境色彩的统一

三、床上用品的造型设计

由于床在卧室中占的面积比较大，所以床的装饰是卧室装饰的一个中心点；而床上用品通过对整个床面进行铺罩遮盖，使房间整齐、美观，也一直是家用纺织品中的主导产品。目前常用的床上用品有床罩、床单、床芨、被套、毯子、枕头、枕巾、枕套、蚊帐等。床罩是遮挡整个床面、起防尘作用的纺织品，有床裙和自然披盖式：床裙类似于一件给床穿上的裙子；自然披盖式如同床单一样披盖在床体上，四周自由悬垂下来。床芨是用于包覆席梦思床垫的。床上用品的造型设计主要包括：面料、款式、色彩与图案三个方面。

（一）面料

因为床单和被套等一般是在睡眠时贴身使用，所以要求织物有良好的贴体性、吸湿性和透气性，使人产生舒适感；而且这类产品需要多次洗涤，所以织物的色牢度要好，避免掉色。纯棉、棉/麻、丝类等天然纤维构成的面料最适合制作床上用品。

（二）款式设计

以床裙的款式细节设计为例，床裙主要依附于床体，因而形状主要是长方形。床裙的款式细节变化主要体现在三个侧面或面与面相交的结构线的变化上，如用褶裥、蝴蝶结、装饰线、重叠效果或利用花边等饰物进行装饰（图2-3）。由于床罩或被套在展开时几乎覆盖整个床面，所以它们的款式效果是床上用品中最为明显的，设计时多采用两种不同色彩、不同图案、不同质地的面料组合形成块面对比或运用拼接工艺构造美丽的拼接图案；还常使用刺绣图案进行装饰，装饰形式有四周边缘呈二方连续纹样的图案或均匀分布呈散点排列的图案，也可用单独纹样形成视觉中心；一些配色的纽扣也常作为点要素使用起装饰效果；此外，利用缎、花边装饰的被套会产

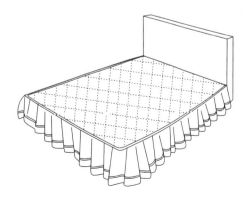

图2-3　床裙

生华贵、精致的效果。

相对而言，枕套的面积较小，它的装饰手段则更加丰富，除上述的装饰手段以外，枕套还常用花边、绲线、荷叶边等进行装饰（图2-4）。

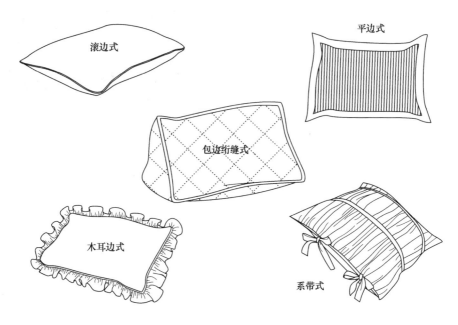

图2-4 不同款式的枕套设计

（三）色彩与图案

床上用品用于卧室，与其他的家用纺织品相比有很强的个人特征，所以，在确定床上用品的色彩与图案时，既要考虑个人的性别、年龄、个性和审美的要求，又要使之与周围的家具环境相协调。在选择色彩与图案时，既要使每个单品美观，又要使产品组合成套后的色彩与图案的比例协调（图2-5，彩色效果见彩图9）。

图2-5 卧室家纺产品整体配套设计

任务1　参赛资料的分析与整理

【知识点】

- 能描述参赛资料分析与整理的方法、要点。
- 能描述卧室用家用纺织品设计与定位的方法、要点。

【技能点】

- 能完成对参赛资料的分析。
- 能通过参赛资料分析确定卧室系列家纺产品的总体风格与设计构思。

任务描述

本项目是以参加纺织品设计大赛的形式来完成，因此，在资料的分析与整理环节主要是收集大赛的参赛要求以及相关通知文件，并针对大赛的设计主题和设计要求进行设计构思分析，确定本案卧室系列家纺产品的总体风格、设计内容与设计要素；此外，为了确保项目能按时完成并参加比赛，还要把握好各环节的起始与结束的时间点，明确各阶段应提交的设计内容以及形式。

任务分析

本环节的主要工作目标是收集、整理参赛的相关资料，并在此基础上完成对资料的分析与整理。目前，项目组所掌握的资料主要是比赛通知和比赛要求，首先应明确的内容是大赛的设计主题和合适的参赛类别；然后根据主题和参赛类别对设计目标进行分析，得出结论后进行整体设计构思的确定，包括设计内容，设计风格，设计重点、难点、要点等；此外，还应确定参赛各阶段的时间节点、设计作品的报送格式以及精度要求等。

任务实施

一、大赛主题分析

本次比赛提倡自然、环保、人文，以"上善若水"为本届大赛的设计主题。"自然""环保"是近些年来各类设计大赛主题中出现频率比较高的两个关键词。随着自然环境和自然资源的不断被破坏和浪费，人们对环保问题的思考也越来越多，设计师们从设计的角度开始实践着自己对这一问题的认识。我国先秦道家学说的创立者、哲学家老子十分推崇"上善如水"。老子在《道德经》里说："上善若水，泽被万物而不争名利。"意思是：人类最美好的品行、最高境界的善行就是像水的品性一样，泽被万物而不争名利。项目组理解这个主题主要从水的随遇而安、水的透明洁净、水的博大精深等几个方面入手，同时这几个方面都反映了水的自然、人文的特性。

二、设计主题的确定

根据这一主题，我们从"自然"和"水"这两个概念开始入手，运用发散思维，经自由联想而得到了"海"这一概念点；而后再进行深入联想，得到了"海洋"主题。在这个主题中，项目组选择了海洋中的各种贝壳类造型作为主要的图案，表现技法主要以手绘为主，很好地契合了"自然"的主题。色彩则选择简单、清淡的素色，以突出"人文""环保"的主题。

三、设计内容的确定

本次参赛的设计类别选择了室内纺织品作为设计方向，具体设计内容为卧室类床上用品系列设计，设计过程主要分造型设计与工艺设计两个模块，其中造型设计模块的具体任务包括以下四个方面：被套、床单、枕套、抱枕的面料、色彩、图案、款式设计。

由于这四个方面通常意义上被称为"床品"，因此，下面的具体任务实施环节都将从床上用品这个整体出发，进行设计的统一考虑。

四、设计风格的确定

鉴于对大赛的设计主题"上善若水"进行分析，可以从中国传统的哲学理念出发，设计一款传统中式风格的床上用品配套。但由于项目组确定的是"海洋"主题，针对的是自然、环保的理念，因此，选择现代简约风格最为适合。

⚙ 知识链接

一、家用纺织品设计的灵感、构思与设计形式

（一）设计的灵感

灵感在所有的创作过程中都起着非常重要的作用，设计师从生活的各个方面寻找、挖掘灵感。家用纺织品的设计灵感来源主要包括以下几个方面。

1. **自然** 奇妙的大自然在人们的心目中始终充满诗意。自然界中的事物都蕴含着生命力且千变万化，花草随着季节的交替而变换色彩，山川河流因地质的变动而更改形貌，斗转星移，风雨雷电都可能激发人的灵感。

2. **文化艺术** 家用纺织品设计中所包含的艺术成分使之与其他艺术之间有许多共通的地方。绘画、雕塑、服装、诗歌、文学、电影、音乐、戏剧等都融合了激越情感和精湛技艺的艺术形态，以其独特的内涵特质及生动魅力为其他种类的艺术设计在题材上和表现手段上提供了可以互相借鉴、互相启发的灵感。从文化艺术中寻找灵感的最直接表现是将某种艺术作品转化成符合家用纺织品特点的形态，如将一些绘画大师、服装大师的作品经过修改运用到家用纺织品设计上。

（1）民族文化。不同的民族有不同的语言、信仰、习俗等，它们是人类古老文化的积

淀，这些特点反映在住宅、装饰、饮食等生活习惯上，为家用纺织品的设计提供了大量灵感源。对民族文化的深入探索，会使设计者拥有无穷的设计构思。

（2）社会动态。社会政治、经济、文化活动中的重大事件和变革将影响家用纺织品设计领域。设计师要充分利用形形色色的社会动态，拓宽自己的灵感来源，如利用对环境和人类健康的关注使绿色设计理念逐渐树立。

（二）构思的途径

构思的方法和角度因人而异，没有一定的模式。家用纺织品设计构思的途径是多方面的，可以从造型、面料花色、装饰手法上产生各种新的构思。

1. 从材料方面进行构思　各种材料的质地、特征、肌理、加工手段的不同，会使材料具有不同的特征，使人产生联想，触发设计师的灵感。如材料的并置、重叠、覆盖、镂空等都是构思的方式，通过几块小面积材料的试样来构思整体效果是常用的方法，辅料与面料的结合也是从材料方面构思的重要途径。

2. 从形态结构方面进行构思　和谐的自然形态、丰富的人造形态等都可以给设计师提供构思途径。多种思维方式的运用，如仿生构思、联想构思、趣味构思等都可以丰富家用纺织品的形态设计。

3. 从色彩纹样方面进行构思　有的家用纺织品设计受实际用途的限制，款式变化不多，因而色彩和装饰纹样就成为设计的主要元素。民族图案和民间艺术中的色彩、纹样具有独特的风格，以不同的方式诠释着浓郁的风土人情和精神风貌，是设计师构思的源泉之一。

（三）设计的形式

从设计的形式上来看，不同的设计师，最先考虑的方面也不尽相同，如有的是先有设想，再选择面料、辅料，然后逐步完善构思；也有的是从面料着手引发构思，以下是三种不同的设计形式。

1. 面料为先　面料为先即根据面料进行设计，以设计来配合面料，通常，企业的设计师较多采用这种设计形式。这种方式的优点是方便实在，设计的针对性强，可以节省寻找面料的时间和精力；但是，也在很大程度上限制了设计师的自由发挥。设计中要注重面料和辅料搭配上的创新，构思重点也可放在形态和装饰图案的设计上。

2. 造型为先　造型为先即先进行设计，然后为设计搭配满意的面料，这是让面料服从设计的形式。由于没有面料的限制，这种设计方式往往可以使设计师充分发挥想象力，创造出设计巧妙的作品；但是，也可能存在设想中的面料无法采用或采购不到理想的面料的情况，导致实物效果与设想效果差距甚远。

3. 造型与材料并重　为了既发挥设计的艺术创造力，又能与实际相结合，现代设计往往是两种方法并用。在接受任务后，设计师边构思边寻找合适的面料，根据面料的实际情况，对造型和面料的结合方式不断地进行调整，寻找两者最佳的结合点。

二、家用纺织品图案的分类

家用纺织品图案涉及广泛，从不同的角度有不同的分类，不同的图案特点有不同的设计要求。

（一）按图案的构成形式分类

家用纺织品图案的形式可分为两类：单独纹样和连续纹样。单独纹样是指具有相对独立性、完整性，并能独立用于装饰的纹样，主要包括自由纹样和适合纹样两种。自由纹样是指可以自由处理外形的独立纹样，其不受外形轮廓的约束，讲究构图均等、自由、活泼，多用于靠垫、地毯、床单、桌布以及枕套等产品中［图2-6（a）］。适合纹样是指在某一特定的形状内配置的纹样，且纹样需与其外部轮廓相吻合，当外形的轮廓线去掉后依然可以保持该形状的特征。适合纹样的轮廓形主要有圆形、椭圆形、三角形、方形、长方形、多边形等［图2-6（b）］。

(a) 自由纹样　　　　　　　　　　　　　　(b) 适合纹样

图2-6　单独纹样

连续纹样是将单位纹样按一定的格式有规律地重复排列而成的纹样，具有强烈的节奏感和韵律感，主要有二方连续和四方连续两种。二方连续纹样也叫带状纹样或花边纹样，由一个或两个单位纹样沿二维方向进行延伸而成。在家用纺织品中，二方连续纹样多用于产品的边饰，如桌布、床单等的下摆处［图2-7（a）］。四方连续纹样是将一个或两个单位纹样向

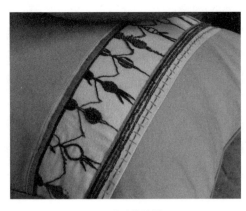

(a) 二方连续纹样　　　　　　　　　　　　(b) 四方连续纹样

图2-7　连续纹样

上、下、左、右四个方向有规律地延伸而成，可以无限扩展［图2-7（b）］。四方连续纹样主要有散点式、连缀式和重叠式等构成样式。

（二）按工艺特点分类

家用纺织品的图案工艺目前主要有印染类图案、刺绣类图案、编结类图案以及拼贴类图案等，随着工艺技术和材料的发展，今后还将会不断地有新工艺出现。

1. 印染类图案工艺　印染类图案工艺主要包括印花、扎染、蜡染、夹染、手绘等工艺。其中印花工艺在四方连续图案等面积较大的纺织品面料中应用最多；扎染、蜡染、夹染和手绘工艺主要适合小面积图案的制作。

（1）印花图案。除了常用的批量面料印染形成的印花图案外，还有用手工或机器印制在单个裁片上的印花图案，对设计师来说后者更适合体现个性，常用的方法有丝网印花、专业印花、喷墨印花等（图2-8）。

图2-8　印花图案

（2）扎染图案。扎染工艺在古代称为绞缬，是指用捆扎、缝线、缠绕、打结、折叠等方法使织物无需染色的部分获得防染作用后再浸染，待固色后松开扎线，便形成了如图2-9所示有多层次晕色效果的花纹布。扎染图案自然抽象、风格淳朴、清新素雅、韵味独特、含蓄而神秘，而且每一幅手工扎染作品都是不一样的，相比之下，其他印染技术都无法达到扎染图案的色晕纹理的效

图2-9　扎染工艺在家纺产品中的应用

果。利用扎染工艺设计家用纺织品时，应充分体现出图案的特点，款式一般相对简洁。

（3）手绘图案。是指用一定的工具以手工蘸取染料在织物上直接描绘花纹的印花方法。手绘图案不受机械印染中图案套色与接回头的限制，方便灵活，可按设计需要绘制出有特色、有个性的面料。织物手绘艺术不仅要求作者具有较高的绘画技巧，了解各种织物的特性，还要有娴熟的使用涂料的技巧。手绘技法极为多变，可运用国画、水彩画的表现技法，呈现出各种不同的抽象似为具象，具象似为抽象的形象。手绘技艺的自由度和独特的后处理工艺使作品既有绘画般的艺术效果，又是实用的佳品（图2-10，彩色效果见彩图10）。

（4）蜡染图案。蜡染即涂蜡防染，在中国古代被称为蜡缬，是一项具有悠久历史的印染技术。它用蜡作防染材料，在织物上需显示花纹的部分进行涂绘，再进行染色，涂蜡部位在染色过程中产生裂纹，染液顺着裂纹渗入后形成自然的冰纹（图2-11）。

图2-10　手绘图案靠垫

图2-11　蜡染图案

（5）夹染图案。夹染在古代被称为夹缬，是指以镂空花版将织物夹住，先涂浆粉（豆浆和石灰拌成的防染剂），干后再染色，染后吹干、去浆，便可显示出花纹。夹染图案一般为对称花纹，多显示为四方连续纹样图案，分蓝底白花和白底蓝花两种。夹染采用手工镂空刻花版，花版要求整体相连而不断开，因此，其镂空部分应尽量缩小，必须是以短线、圆点等基本造型组成的图案（图2-12）。

2. **刺绣类图案工艺**　刺绣就是绣花的意思，是用针和线在布、编织物、皮革等材料上表现图案装饰技巧的工艺。刺绣历史悠久，应用广泛，派别风格明确。根据使用材料和技法的不同，大致可分为彩色刺绣、十字绣、雕绣、抽丝绣、褶绣、绗绣、缎带绣、珠绣、贴线绣等。不同的刺绣技法需要设计出与之相匹配的纹样（图2-13）。

图2-12 传统夹染图案

图2-13 刺绣图案

3. **编结类图案工艺** 编结图案是用绳、线、条带类纤维材料经过结、织、钩等技巧形成的图案。在编结的过程中，通过变换各种针法能够显现出变化丰富的图案，布条材料采用编结方式能形成别致的装饰效果（图2-14）。

4. **拼贴类图案工艺**

（1）贴花图案。贴花是指将剪成各种各样形状的布贴或绗缝在底布上，绣成具有浮雕感的图案。贴花图案要根据不同织物的特性，运用整体构思来设计。贴花是平面补绣，适合大面积的装饰。根据贴花的特点，该类花型要避免有太尖锐的边缘，适合选择边缘为圆滑线条的花型和大方而又有立体感的图案（图2-15）。

图2-14　编结图案

图2-15　贴花图案

图2-16　拼接图案

（2）拼接图案。是指利用不同色彩、不同图案、不同肌理的材料拼接成规律或不规律的图案。这种工艺起源于多余零碎布料的缝接，如我国民间有做"百衲被"的习俗，当家中有小孩满月时，亲朋好友都会送来一片片手掌大的布，由小孩的母亲将这些布缝缀起来给孩子做成"百衲衣"或"百衲被"，以希望孩子不娇惯、好养育、长命百岁等。现在，拼接图案已成为时尚艺术品，利用五颜六色的小布片和不同的拼接方法表现出各种风格（图2-16）。

📖 **课后作业**

1. 如何对大赛设计主题进行从概念到形象设计的艺术分析？
2. 家用纺织品设计的灵感、构思与设计形式主要有哪些？

🔦 **学习评价**

	能/不能	熟练/不熟练	任务名称
通过学习本模块，你			准确地了解、把握比赛主题
			掌握分析、解读比赛主题的方法
			根据抽象的设计主题进行设计思维联想
			清晰、完整地表达设计意图
通过学习本模块，你还			独立进行设计比赛，完成各项程序
			合理地控制项目进程和合理分配时间

任务2　面料材质的分析与选择

【知识点】

· 能分别描述卧室类家纺产品的常用面料及辅料。
· 能明确区分卧室类家纺产品的面、辅料材质特点。

【技能点】

· 能根据设计定位完成卧室系列家纺产品的面、辅料材质的选择。
· 能够在面料选择中合理把握设计理念并体现大赛的设计主题。

🔒 **任务描述**

进行卧室床上用品的面、辅料材质分析，完成参赛大类中室内纺织品设计——卧室类家纺产品（床单、被套、枕套、抱枕）的面料、辅料等材质选择。

🔑 **任务分析**

本环节的主要工作目标是根据整体设计构思，综合考虑风格、产品种类、使用功能等方面的内容，分别进行相关的面料及辅料的选择与搭配。本次参赛的类别选择为卧室类家用纺织品设计，具体任务是床上用品的小配套设计。因此，在面料材质选择上主要以纯天然面料为主，如棉类、麻类和丝类等；另外，在面料材质的选择中，原料以及染色工艺等方面都尽量紧扣本次大赛的"人文"和"环保"主题。主要任务包括：完成床单、被套、枕套、抱枕的面辅料选择与搭配。

✍ 任务实施

家纺设计所运用的材料根据主次关系可分为面料和辅料两种。面料是指构成家纺产品的主要用料，其他的辅助材料称为辅料，如衬料、填充物、缝纫线、纽扣、拉链、花边等。在完成了对相关参赛资料的分析后，项目组提出了对卧室类家纺产品系列设计的整体构思方案：以海洋风为设计主题，本次任务的核心内容是进行卧室类家纺产品——床上用品小配套（床单、被套、枕套、抱枕）的面料、辅料的选择与确定。

一、本案床单面、辅料的材质选择

床单是床用纺织品之一，也称被单。是覆盖于床面上的家纺产品，一般采用阔幅、手感柔软、保暖性好的织物，以纯棉或混纺纱线为原料，采用平纹、斜纹、变化组织或提花组织，在宽幅织机上独幅织制（图2-17）。其布面平整，手感挺爽，坚牢耐用，是兼有实用性和装饰性的纺织品。在床品面料中，纯棉材质是最佳选择，理由如下：一是棉的质地柔和，对肌肤来讲具有非常好的亲切感；二是棉布的价格相对较低，成本低。在面料的组织结构中，平纹、斜纹和缎纹是纯棉面料中最常见的三种织物组织类型，以光泽效果评价，缎纹最好、斜纹次之、平纹最差。本案中床单的面料选择斜纹，主要是为了兼顾床单的肌肤触感、耐洗牢度以及织物厚度、光泽等因素，以便更好地体现纯棉材质的质朴和天然质感。本案中的床单除缝纫线外无特别辅料。

图2-17　纯棉床单

二、本案被套面、辅料的材质选择

被套，也叫被罩，指套在被子外面的罩子，可以随时换洗。被套在使用中与人体肌肤接触的一面多选择纯棉面料，以提供舒适的触感；而朝外的一面则可以使用装饰性较强的面料，如真丝提花面料、绣花面料或印花面料（图2-18）。本案中被套的面料选择纯棉斜纹印花织物（两种花型），主要是考虑到被套是与人的身体直接接触，并且需要经常洗涤，而斜纹织物光泽较好，手感较为柔软，其弹性以及牢度都较好，因此，斜纹更适合。此外，由于被套是套在被子外面使用的，因此，常用的辅料主要有纽扣、细带或长拉链等。本案中的被套辅料选择拉链，以使造型更加简洁、大方。

图2-18　被套的面料应亲和肌肤

三、本案枕套面、辅料的材质选择

枕套是指包裹在枕芯外面的家纺产品，其造型如同一个布口袋。枕套是现代枕头的一个重要组成部分，其替代了传统枕巾的角色。棉布、棉/涤和人造纤维都可以用来缝制枕套，但是，最舒适的枕套材料是纯棉质地的布料，其透气性和吸湿性好，并且不刺激皮肤。现代人还喜欢使用真丝枕套，也叫蚕丝枕套，该类枕套主要是利用蚕丝所具有的透气、透湿、爽滑、贴身等性能达到获取良好肌肤触感的目的，特别适合敏感性皮肤人群、婴幼儿及老年人使用（图2-19）。本案的枕套面料选择主要是结合大赛的人文、环保主题以及展示等要求，在面料质地选择上，除了注重肌肤触感的舒适度外，也考虑了面料质地厚度和光泽感因素。最终，枕套的面料选择采用与被套相同的纯棉斜纹面料。

图2-19　丝质枕套

四、本案抱枕面、辅料的材质选择

抱枕是家居生活中的常见用品，类似枕头，常见的类型仅有一般枕头的一半大小，抱在怀中可以保暖，还具有一定的保护作用，也能给人以温馨的感觉。抱枕按照其面料质地可分为棉质抱枕、桃皮绒抱枕、蚕丝抱枕等。不同面料质地的抱枕给人的肌肤触感不同，人们也会根据不同的风格需求进行材料选择（图2-20）。抱枕在床上用品中的主要功能是垫、靠的作用，平时则作为装饰品陈列在床头部位，因此，抱枕的主面料选择上可以突出一些面料质地的特点。结合本次大赛的环保主题要求，项目组选择了棉麻混纺的纺织品，一方面契合了肌肤触感要求；另一方面也在面料质地方面做了一定的差别化调整，以使整个床上用品在面料材质上有一定的变化。抱枕的辅料选择主要是功能上的选择，包括填充用的腈纶棉和拉链、按扣以及嵌线帽带等。

图2-20　抱枕

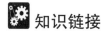 知识链接

一、家用纺织品面料的分类

（一）按纤维原料分类

1. **棉织物**　棉织物又称棉布，是以棉纤维为原料的织物。棉纤维具有强力高、吸湿性好、透气、柔软、舒适、肌肤触感好的特点。棉织物染色性好，能染成各种鲜艳的颜色，风格朴素自然，有亲切温暖的感觉；但同时存在弹性较差，制品易起皱，缩水率较大等缺点。棉织物以其价廉物美的特点而成为最常用的家用纺织品材料之一。

2. **羊毛织物**　羊毛纤维具有优良的保暖性、吸湿性和弹性，光泽柔和，手感温暖、柔软而富有弹性。粗纺的毛织物表面有丰满厚实的绒毛。

3. **丝织物**　丝织物是指以蚕丝为原料织成的纺织品。蚕丝纤细、柔软、轻盈、滑爽，富有优雅、悦目的光泽以及华丽、精致、富贵的风格，是其他原料所不能及的；但其不易保存打理、易起皱、易发黄、耐日晒牢度差、易霉、易蛀，因而不能广泛应用。丝织物的品种非常丰富，从轻薄透明到质地厚实，风格各异。

4. **麻织物** 在家用纺织品中应用的麻织物主要是亚麻纤维，它舒适透气，触感凉爽，风格粗犷，自然独特，色彩一般比较浅淡，与现代人追求的返璞归真、随意自然的风格相吻合。

5. **化纤织物** 化纤织物分为再生纤维织物和合成纤维织物。再生纤维织物有人造丝织物、人造棉织物等，特点是吸湿、透气、柔软、悬垂感好，但弹性差、湿强低。由于再生纤维价格低廉，所以常用来与一些较高档的纤维混纺或交织以降低成本。合成纤维抗皱性好，易打理，价格较天然纤维低，常被制成各种仿天然纤维织物；还可与天然纤维进行混纺或交织制成织物，如各种仿棉、仿麻、仿丝、仿毛织物以及絮棉等；也可利用合成纤维热可塑性大的特点进行皱褶、水洗等整理，使之产生独特的布面效果。

（二）按纱线构成分类

纱线对织物的外观肌理和面料触感有直接的影响。纱线的构成要素包括纱线的捻度、捻向、纱的粗细、纱线结构等，其中对织物外观效果影响最大的是纱线结构中的花式纱线。花式纱线是指将两股以上不同材质、细度、捻向、色彩的线材以各种花式造型的形式组合成一根线，具有较强的装饰性、丰富的色彩和变化多端的形态。自20世纪70年代兴起后，花式纱线很快风靡了国际纺织品市场，被广泛应用于家用纺织品中，常用的有圈圈纱、竹节纱、结子纱、雪尼尔纱、金银丝等。

1. **圈圈纱织物** 圈圈纱表面呈现出许多连续、完整的透空圈形，圈圈的大小、距离、色泽等变化多样。由圈圈纱构成的织物毛感强，具有蓬松、柔软、丰厚、保暖等特点。

2. **竹节纱织物** 竹节纱是具有一段一段的不规则竹节式粗细节的花式纱，由竹节纱构成的织物表面呈现出竹节样纹理，风格别致。

3. **结子纱织物** 由有许多小结子缠绕于整根纱线而构成的织物，又称疙瘩线织物。结子大小、色彩、疏密的变化使织物表面呈现出各种小斑点，立体感强。

4. **雪尼尔纱织物** 雪尼尔纱又称绳绒，其结构特点是两根芯线夹持着平行排列的短绒，外形似试管刷。由雪尼尔纱构成的织物具有丝绒效果，较厚实。

5. **金银丝织物** 在涤纶薄膜上镀上一层铝箔，铝箔上涂上不同的色彩就形成金丝、银丝、彩色丝等具有各种效果的花式纱线。由金银丝构成的织物外观明亮，闪闪发光，如同漫天星光闪烁，具有豪华感，装饰效果强。

（三）按纺织方法分类

按纺织方法分类，织物可分为机织物、针织物和非织造织物。

1. **机织物** 机织物是由互相垂直的经纱和纬纱按照一定的交织规律织造而成。织物的结构、形态稳定，强度高。

2. **针织物** 针织物是指由一根或一组纱线弯曲形成线圈，然后由线圈互相串套而成的织物。按其织造方式的不同，可分为经编针织物和纬编针织物；按照织造工具的不同，可分为机织针织物和手编针织物。针织物质地松软、多孔、透气，有较大的弹性和延伸性，但保形性和尺寸稳定性较差。

3. **非织造织物**　非织造织物可称为非织造布，是指不经过传统的纺纱和织造工序，直接由纺织纤维铺置成网，然后经过黏合、熔合等化学或机械加工方法加工而成的织物。

（四）按织物组织分类

组织是指机织物中经纱和纬纱的交织规律，按其构成原理可分为原组织、变化组织、联合组织、复杂组织和大提花组织五大类。其中三原组织是一切组织的基础，它包括平纹组织、斜纹组织和缎纹组织。

1. **平纹组织**　平纹组织是由经纱和纬纱一上一下交织而成的。织物表面平坦，质地紧密坚牢，耐磨挺括，表面光泽较差，手感较硬挺。

2. **斜纹组织**　斜纹织物的经纱或纬纱在织物表面形成连续的左斜或右斜斜纹线。织物光泽较好，手感较为柔软，弹性较好。

3. **缎纹组织**　缎纹织物表面几乎呈现经纱或纬纱的外观效果。织物表面平整、光滑，富有光泽，质地柔软，悬垂性好。

（五）按印染方式分类

1. **染色织物**　染色织物是指由坯布经匹染加工，着色均匀的织物。

2. **印花织物**　印花织物是指坯布经过练漂加工后，由于染料或颜料的作用产生图案效果的织物。根据加工方法的不同，印花织物可分为一般的坯布印花织物，花色朦胧的纱线印花织物，花纹透明、立体的烂花织物。

3. **色织条格织物**　色织条格织物是指经纬纱线按照设计分别染色，然后按照组织织造，显现出条纹或格子图案的织物。

4. **漂白织物**　漂白织物是将坯布经练漂加工后所获得的织物。

（六）按后整理工艺分类

后整理工艺可以改善织物的外观、手感和性能，提高产品的附加值，它包括织物外观风格整理和功能整理两大类。

1. **按外观风格整理分类**

（1）轧光织物。经轧光整理后的织物表面被轧出平行的细密斜线，光泽感增强。

（2）轧纹织物。经轧纹整理后，织物表面被轧出凹凸花纹效果。

（3）磨绒、磨毛织物。织物表面经磨纹、磨毛整理后被磨出一层短而密的绒毛，变得厚实、柔软、温暖。

（4）折皱整理织物。通过机械加压或揉搓起皱整理使织物表面形成形状各异且无规律的皱纹。

（5）涂层织物。是指表面或背面涂敷或黏合一层高聚物而具有独特外观的织物，如仿羽绒织物、仿皮革等。

2. **按功能整理分类**

功能整理能赋予织物新的性能，这些性能对某些家用纺织品的应用来说是非常重要的。

（1）阻燃织物。织物经过某些化学品处理后遇火不易燃烧，或一旦燃烧随即熄灭，如美国对老人及儿童的寝具都有严格的阻燃要求。

（2）抗静电织物。用化学助剂对纤维表面进行处理，增加其亲水性以防止纤维上积聚静电，达到抗静电的效果。

（3）防霉防腐织物。在织物上施加化学防腐剂，杀死或阻止微生物的生长。

二、床品面料知识

床品是直接与人的皮肤接触的家纺产品，其面料的舒适性是影响使用效果的主要指标。在所有的天然材料中，棉类材料是床品面料的最佳选择。棉的吸汗、透汗性都是所有材料中最好的；棉的纤维表面有一层细小的羽毛状绒毛，因此，亲肤感很强。棉类面料的纱线支数越高，其各项舒适性指标也就越高，所以，在强度许可范围内，选择高支棉效果会更好。

（一）相关面料工艺概念

1. **素色**　素色面料是指经练漂后的布放进加入染料的染缸里，在一定酸碱度下，经过一系列染色工艺使染料着色在布上，即为素色布，也称什色布。

2. **印花**　印花面料是指将一种或多种染料或涂料按一定的花型印在布上，这样就得到了具有印花效果的面料。传统的印花工艺有筛网印花和滚筒印花，现代的印花工艺有数码印花、热转移印花等。

3. **提花**　提花织物是指在织布时，使经纬纱按一定的花型织制而成的布，即面料上的图案形成与布的织造同时进行。

4. **刺绣**　刺绣面料是指以特殊的针法用绣线在布面上进行绣制。一般分为匹绣、片绣、贴布绣三种。

（二）家用纺织品常用面料种类

1. **贡缎面料**　缎纹织物的密度高，织物比较厚实。此类产品比同类斜纹组织产品成本高。其特点是：有正反之分；一个完全组织循环内的交织点最少，浮线最长，织物表面几乎全由经纱或纬纱的浮线所构成；质地松软、布面平滑且富有光泽。最常见的贡缎面料是条纹贡缎，简称缎条。采用先织后染工艺，此种面料一般为纯色，为横条延伸，不易起球，不易掉色。

2. **提花面料**　面料织造时，利用经纬组织变化形成花纹图案，用纱纱支精细，对原料棉的要求极高。

3. **磨毛印花面料**　该类属于高档精梳棉，这种面料在后处理的过程中，进行磨毛处理，使面料的表面呈现一定的绒感，绒面平整，手感丰满、柔软，光泽柔和、无极光。磨毛面料蓬松、厚实、保暖性能好，夏季又可当作薄被使用，同时具有不起球、不褪色等优点。

📖 **课后作业**

1. 床品小配套中一般包含哪些内容？

2. 卧室类家纺产品的面料选择主要应考虑哪些因素？

学习评价

	能/不能	熟练/不熟练	任务名称
通过学习本模块，你			掌握卧室类家纺产品的常用面料
			按照设计构思进行床单、被套、枕套、抱枕等的面料选择
通过学习本模块，你还			在面料选择中体现设计的人文关怀理念
			根据大赛的主题要求结合自己的设计构思，清晰而准确地表达出面料选择的理由

任务3　面料整体色调的调和配比

【知识点】

- 能描述卧室中家纺产品的整体色调配合对环境氛围的影响。
- 能描述不同风格的卧室设计与家纺产品色调搭配之间的关系。
- 能描述卧室类家纺产品的图案、色彩设计特点与系列设计原则。

【技能点】

- 能根据设计风格定位进行卧室类系列家纺产品的整体色调选择。
- 能合理把握设计原则进行卧室类系列家纺产品的图案、色彩设计。

任务描述

完成参赛大类中卧室类系列家纺产品面料的图案、色彩设计与确定，并对面料样品进行设计编号。

任务分析

本环节的主要工作目标是根据本次参赛的设计风格定位以及虚拟客户需求，对卧室类家纺产品的面料图案和色彩，进行整体的色调组合与搭配。卧室是为人们提供休息、睡眠环境的空间，因此，这个空间中的色彩应有利于人的情绪平稳。另外，由于床上用品是一个小的配套设计，因此，在各产品的面料色彩和图片选择上应考虑搭配组合的合理性。具体的工作任务是：确定床单、被套、枕套、抱枕的面料色彩和图案。

任务实施

一、床品面料整体色调的设计构思

卧室是为人们提供休息、睡眠的场所，而床上用品则是睡眠中人们最亲近的物品。通常，将床上纺织用品的搭配称为床品小配套，因为这一配套只针对床这一家具。为了给人提供一个静谧的环境，床上用品的整体色调组合应有利于柔和、沉静、平缓等氛围的营造，且应避免刺激性的色彩组合，如图2-21（彩色效果见彩图11）所示。同时，还应考虑到色彩搭配给人以清洁感，因此，白色等素雅的色调常被使用。由于床是卧室中的主要家具，其所占据的面积也是最大的，因此，床上用品的整体色调对卧室的色调的影响也是最重要的。床品的色调设计主要包括两个关键步骤：一是确定主色调，这一步非常重要。确定主色调就相当于给整个床上用品确定了色彩基调，可以保证众多的床上用品色调一致、和谐，有统一感；而没有主色调的床上用品陈列在一起会给人以花乱、烦躁的感觉，很难让人安然入睡；因此，床上用品的主色调应选择易于使人安静、入睡的色彩为佳。二是以主色调为中心进行色彩的辅助设计。单色组合虽然最容易取得调和的效果，但是容易显得单调，这时可以通过调整色彩明度和纯度来获得变化效果。单色组合在床上用品造型设计中较为常见，配色效果以柔和、雅致、含蓄为主，组合的关键在于色彩明度和纯度的级别选择，一般以相差3~4级为宜，同时还要考虑两色所占的比例。两色面积相同时，明度对比可稍弱；两色面积相差较大时，明度对比应较强。本案面料的色调设计主要考虑的是大赛的主题要求和设计的整体构思要求。大赛的设计主题为"上善若水"，水体现出来的是洁净、纯洁和包容，而且参赛资料分析环节中已经确定了设计构思是以"海洋"为主题，因此，将白色和蓝色定为床品的主色调。结合面料质地等因素，白色选择了象牙白，蓝色选择了海军蓝。确定了床品面料主色调后，为了丰富视觉效果，在海军蓝的基础上进行了色彩明度和纯度上的系列变化与组合。

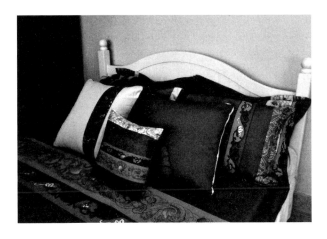

图2-21　卧室家纺产品配套

二、床品面料图案的设计构思

家用纺织品图案的重要作用就是修饰、美化所依附的产品，通过图案本身生动的造型与款式、材料、色彩、工艺的协调配合来突出设计主题。它与款式都是造型设计的重点，起到装饰、强化、提醒和突出的作用，形成视觉中心。对于床上用纺织品的图案设计来说，"远看颜色近看花"的设计口诀依然有效。但相对于床这一具体的卧室内家具来说，纺织品的图案设计应重点考虑花型的数量、主次、大小和表现技法等对风格的反映（图2-22）。同一花

图2-22　床品图案设计

型的图案应通过大小、数量来进行变化处理；不同花型的图案应通过色彩的统一进行协调搭配，同时应注意主次关系。

本案床上用品的面料图案设计灵感来自"海洋"主题，通过联想得到了诸如水、云、海鸟、鱼、沙滩、贝壳、岩石等概念点。在这些概念点中项目组选择了贝壳作为设计的主要图案素材，具体形象以贝壳、海螺、珊瑚、海星等造型优美的海洋生物为主。同时，为了综合整体视觉效果，在辅助图案中设计了条纹，取其简约、条理。此外，考虑本次大赛的主题中有自然、环保的概念，同时也为了突出"水"的纯净本性，最终选择设计一款白地上蓝色系印花图案的面料。在图案表现技法上选择了手绘风格，这种风格最大的特点是自由、活泼，很好地弥补了色彩单一的不足。图案的制作工艺采用数码印刷模式，因此前期应完成图案设计的电子稿。

（一）床单面料图案与色彩的构思

单纯从使用的角度来讲，床单多数时间都被被套所覆盖，因此，基本不需要过多的图案设计，采用纯色是最好的选择。同时，为了契合大赛环保、自然的理念要求，在床单的图案选择上进行了简约化处理，即不使用任何色彩与图案，而是采用单纯的象牙白色，以最大限度来体现水的纯净、自然本质以及设计中节约印染成本的环保理念。

（二）被套面料图案与色彩的构思

被套的图案设计为AB版，即内侧与人体接触的一面为蓝白相间的条纹图案，外侧为白地蓝色印花图案。具体为在白色面料上以蓝色手绘风格表现各种样式的贝壳和海星，赋予其夏天的清新、凉爽感觉。被套整体以蓝、白为色调，视觉效果简约；而手绘风格的贝壳图案丰富而活泼，以绘画的细节处理弥补了色彩的单一。不但实现了图案与色彩设计的形式美感，又突出了大赛"环保""自然"的主题。

（三）枕套面料图案与色彩的构思

枕套的图案设计考虑到与被套配合，因此，设计了两款，一款是蓝白相间的条纹图案（与被套内侧面料相同）；另一款是白底蓝色印花图案（与被套外侧面料相同）。

（四）抱枕面料图案与色彩的构思

抱枕的面料图案设计相对来说比较自由一些，主要是为了在床品中起到色彩呼应、调和以及点缀的作用。本案抱枕的色彩设计依然延续象牙白与海军蓝两个主调，重点在图案设计上进行了较多的衍生设计。主要包括：蓝白相间的条纹图案、白底蓝色印花图案、纯蓝色、纯白色以及刺绣风格的珊瑚图案。

三、床品面料图案的制作步骤

（一）设计主题确定

本次大赛的设计主题是"上善若水"，我们选择了"水"为构思方向，进一步由"水"联想到"海洋"主题。海洋的宽广与包容、自由与深沉、其蕴含的巨大能量以及其提供的充足物质资源等都充分契合了一个"善"字。

（二）发散思维联想

发散思维联想就是指以一个具体的词汇为中心点进行自由的、无目的性的联想活动，同时将每次联想的结果进行记录，最后形成一个类似思维网络的图示（图2-23）。这种以图示记录思维过程的方法在设计构思中非常实用，它能有效地帮助设计师找到事物或者概念之间的内在联系，使那些看似不相关的信息成为最终的设计素材而被组合在一起。如本例中的"条纹"与"海螺"，如果不通过这样的思维发散联想，我们很难将两者联系在一起。

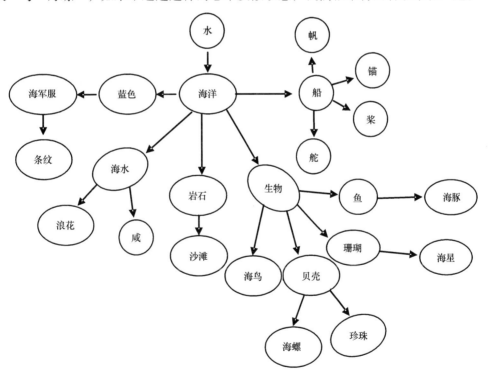

图2-23　本案床品面料图案的设计思维导图

（三）花型设计的素材选择

本例中的床上用品面料花型的素材最终选择了"条纹"和"贝壳""海螺""海星""珊瑚"（图2-24）。条纹图案在家具装饰中使用得比较多，且主要以直线条组成，在

图2-24　本案床品面料图案花型素材

视觉实践中不会对感官造成刺激或跳跃感，因此，能给人以条理、规则、整齐的感觉，用在床上用品中会产生很好的精神舒缓作用。条纹图案的设计采用了宽窄适中的粗细相间样式，这样使图案效果既有变化又简约大方；贝壳、海螺、海星这三种生物在造型上比较适合组合在一起使用，它们将被应用在白底蓝色印花面料图案中；珊瑚的造型非常优美，适合作为独立纹样进行装饰应用，因此，决定将其应用在抱枕图案的设计中。

（四）花型设计手稿的绘制

本案床品面料图案花型设计手稿的绘制如图2-25所示。

图2-25　本案床品面料图案花型的设计手稿

（五）花型设计定稿

本案床品面料图案花型的设计定稿如图2-26［彩色效果见彩图31（b）］所示。

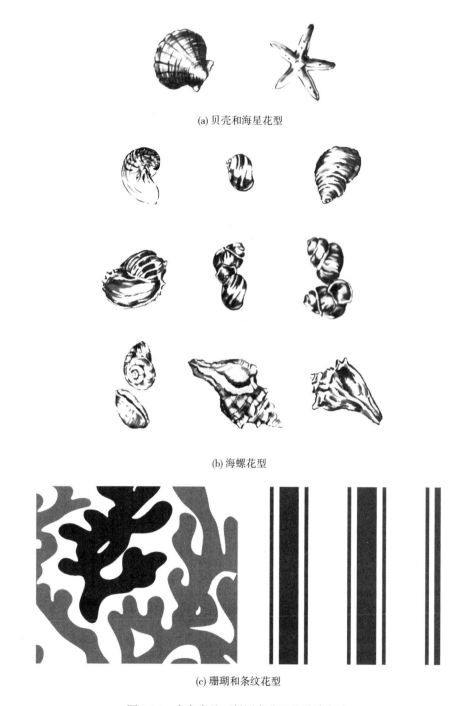

(a) 贝壳和海星花型

(b) 海螺花型

(c) 珊瑚和条纹花型

图2-26　本案床品面料图案花型的设计定稿

（六）连续纹样设计

　　本案中被套外侧面料图案采用连续印花纹样设计，其中包括海螺、海星和贝壳。纹样采用散点式组合，散点数为11，花型的循环单元如图2-27所示。

图2-27　本案床品面料图案花型的循环单元

（七）面料图案的设计定稿

本案床品面料图案的设计定稿如图2-28所示。

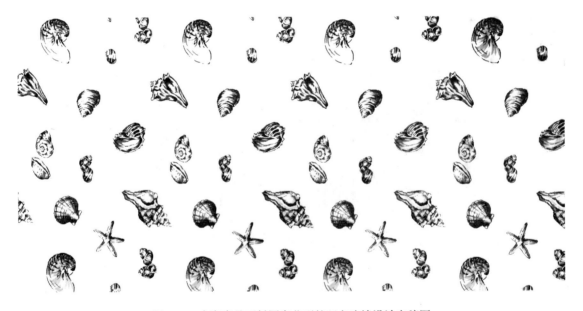

图2-28　本案床品面料图案花型的四方连续设计定稿图

（八）本案床品面料定案

本案面料设计定案如图2-29［彩色效果见彩图31（c）］所示，面料材质、门幅见表2-1。

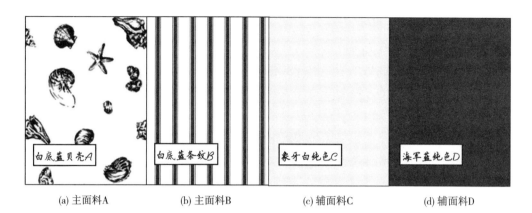

| (a) 主面料A | (b) 主面料B | (c) 辅面料C | (d) 辅面料D |

图2-29　床品面料定案

表2-1　本案卧室家纺产品的面料选用信息

面料编号	A	B	C	D
材质	纯棉（斜纹）	纯棉（斜纹）	纯棉（斜纹）	棉麻混纺
门幅（cm）	210	210	250	160

🔧 知识链接

一、床品色调应用原则

由于床在卧室中所占的面积比较大，所以床的装饰是卧室装饰的一个中心点。床上用品通过对整个床面进行铺罩遮盖，使房间整齐、美观，它一直是家用纺织品中的主导产品。由于床的主要功能是为人提供睡眠类深层次的休息条件，因此，床品的图案在色彩和纹样形式上都应符合有利于睡眠这一原则（图2-30，彩色效果见彩图12）。

图2-30　床品色调设计

二、床品图案设计的题材

床品图案在题材的选择上多以自然气息浓厚的花卉为主，纹样的尺寸一般较窗帘要小很多。色调多选用柔和的中性色系列，饱和度和纯度一般较低。点、线、面及其相结合组成的几何图案也是较常被采用的，因为几何图案充分展示的是一种视觉上的秩序性，所以对于统一室内的视觉效果，增强室内的规整性有非常显著的效果。在床品设计中，配套设计是非常必要的。室内的整体风格主要是靠床品和窗帘来体现，而床品相对窗帘来说比较零散，在图案设计中应考虑整体感，从而营造舒适和谐的环境气氛（图2-31）。

图2-31　床品图案设计

三、床品配套设计与风格

相对于整体室内配套设计来说，床品配套设计可以称为小配套，即在小范围内进行整体构思设计，使之更有统一感。配套设计的关键是把握整体效果，而利用风格来进行统一是最好也是最常用的手段之一（图2-32）。常见的风格有：古典风格、田园风格、民族风格、现代简约风格等，这是对风格的大类划分，每一种风格因地域、文化的不同还存在着具体的不同，如古典风格就是一个比较笼统的概念，还可以划分得更细致一些，比如：中式古典、欧式古典等。欧式古典风格床品实际上主要是指欧洲皇室和贵族的典型室内装饰风格，这种类型的装饰中最主要的特点是深受欧洲巴洛克艺术和洛可可艺术的影响，在图案设计方面多采用涡旋纹、卷草纹、缠枝纹，组合形式上多采用条形和复杂的几何形状，表现手法有写实画法和抽象画法等，体现高雅、富丽、精致讲究的风格。在面料质感方面多选择华丽的丝织物和厚重的绒类织物。当多种图案的面料进行组合使用时，更增添了浓厚的华贵气息。传统的欧式古典风格床品在色彩方面主要是以比较厚重、深沉的颜色为主，比如：土黄色系、绿色系、红褐色系等，众多色彩浓淡配合，分外华美。这样的色彩审美主要与建筑内部的空间特征有直接关系，欧洲的传统建筑多以石头为主要材料，室内空间高大而宽阔，因此，需要使用复杂的图案和造型来丰满这个大空间。而深沉、厚重的色彩与建筑的体量相当，能够充分营造出贵族们所追求的庄重、华丽的效果。但是随着时代的变迁，人们的居住环境发生了巨大的变化，文化审美心理也随之发生了改变。对于室内色彩的心理需求方面更加开放、自由和大胆。因此，在现代欧式古典风格的床品设计中，柔和淡雅的色调非常受消费者的欢迎（图2-33）。

图2-32　民族风格床品配套设计

图2-33　素雅的简约风格床品

📖 课后作业

1. 常见的床上用品的色调应用有哪些规律？
2. 卧室类家纺产品的色调选择应如何配合？

🔍 学习评价

	能/不能	熟练/不熟练	任务名称
通过学习本模块，你			按照设计构思进行被套的图案和色彩选择
			按照设计构思进行床单的图案和色彩选择
			按照设计构思进行枕套、抱枕的图案和色彩选择
			根据设计风格进行整体色调配合设计
通过学习本模块，你还			在色调整体设计中做到主次分明
			在设计中表现人文关怀

任务4　卧室配套家纺产品的款式设计

【知识点】

- 能描述卧室类家纺产品的常见款式。
- 能描述卧室中床上用品的常见款式。
- 能描述卧室类家纺产品整体款式设计的方法与要点。

【技能点】

- 能完成卧室类家纺产品（被套、抱枕、枕套、床单）的单品款式设计。
- 能根据设计构思完成卧室类家纺产品的款式系列化设计。
- 能准确把握设计风格并在具体款式设计中进行合理贯彻。

任务描述

完成本次大赛中卧室床上用品小配套的款式设计与制作，包括床单、被套、枕套、抱枕等的款式设计，包括各单品的设计说明和设计效果图以及整体应用效果图。

任务分析

本环节的主要工作目标是根据本次参赛所确定的现代简约设计风格定位以及客户需求对卧室类家纺产品（床上用品）的款式进行设计，包括设计说明、设计手稿和应用效果图等的制作。具体包括床单款式图、AB板被套款式图、AB板枕套款式图、抱枕款式图。

任务实施

一、床单

（一）本案床单款式设计构思

1. **色彩**　为充分体现大赛设计理念中的低碳、环保内容，同时结合床单产品的具体使用需求，本案床单的色彩定为纯色，省去印花工艺环节，确定为象牙白色，无图案。

2. **款式**　本案的床品设计整体风格定位是自然清新的海洋风，所以床单款式设计为简约、自然、大气的长方形，结构上不添加装饰，只做最简单的卷边缝。设计手稿如图2-34所示。

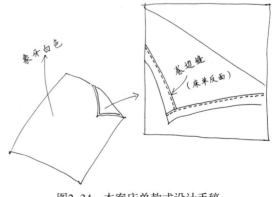

图2-34　本案床单款式设计手稿

3. **本案床单款式定案**　经过与客户沟通床单设计手稿后，将床尾部分的两个角改为如图2-35所示的圆角边样式，以使床单铺设时更为美观。

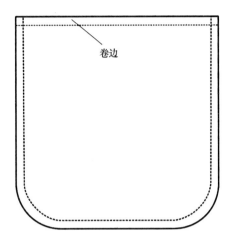

图2-35　本案床单款式图

二、被套

（一）本案被套款式的设计构思

1. **色彩**　本案被套的整体色彩设计为清新海洋主题，即在纯白色的底上用蓝色手绘风格表现各种样式的海洋生物图案。

2. **款式**　本案的被套的款式设计为AB板面料拼合形式，被套的正面为白地手绘图案面料，被套反面为蓝色条纹设计，扣子封口。

3. **风格的整体定位**　本案的床品设计整体风格定位是自然清新的海洋风，所以被套款式结构均以简约、自然、大气为主，结构上不添加装饰。

（二）设计手稿

本案被套款式设计的手稿如图2-36所示。

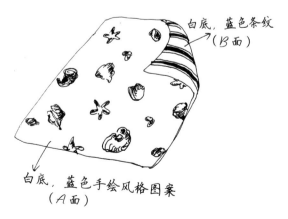

图2-36　本案被套款式设计手稿

（三）被套款式定稿

本案被套款式的设计定稿如图2-37［彩色效果见彩图31（d）所示］。

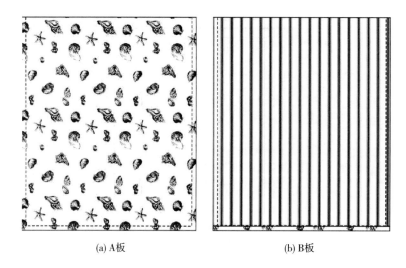

(a) A板　　　　　　　　　　　　　　(b) B板

图2-37　本案被套款式图

三、枕套

（一）本案枕套款式的设计构思

为配合项目的整体风格，本案枕套设计共分为两款，均为长方形，造型简洁、大方。款式主要是因面料而作区分，一是蓝白两色手绘风格的贝壳面料，二是蓝白相间条纹面料。这样的搭配设计除了满足自然、环保的要求外，同时也在视觉上形成变化，增强视觉的形式美感。

（二）设计手稿

本案枕套款式的设计手稿如图2-38所示。

(a) 贝壳图案　　　　　　　　　　　　(b) 条纹图案

图2-38　本案枕套款式的设计手稿

（三）枕套款式定稿

本案枕套款式的定稿图如图2-39［彩色效果见彩图31（d）］所示。

(a) 正面图案

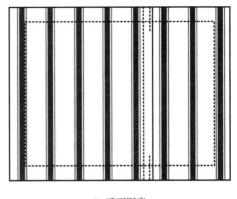

(b) 反面图案

图2-39　本案枕套款式图

四、靠垫

（一）本案靠垫的设计构思

本案靠垫共六只，均为正方形。珊瑚图案（反面为白色）一只，纯棉面料，内填充腈纶棉；贝壳图案（正反面相同）一只，纯棉面料，内填充腈纶棉；条纹图案（正反面相同）一只，纯棉面料，内填充腈纶棉；纯蓝色（正反面相同）三只，纯棉面料，内填充腈纶棉。

（二）设计手稿

本案靠垫的设计手稿如图2-40所示。

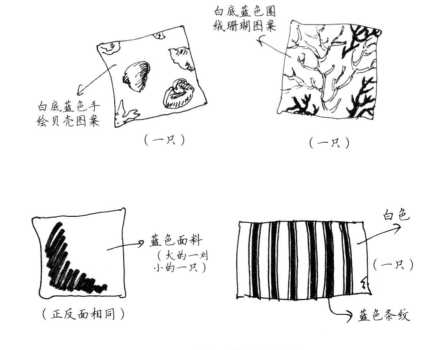

图2-40　本案靠垫款式设计手稿

（三）靠垫款式设计定稿

靠垫款式的设计定稿如图2-41［彩色效果见彩图31（d）］所示。

(a) 蓝色靠垫款式图（正面、反面、效果图）

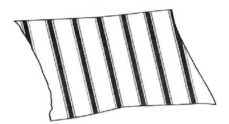

(b) 条纹靠垫

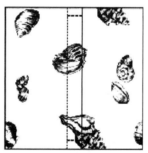

(c) 海螺靠垫

(d) 珊瑚靠垫

图2-41　靠垫款式设计定稿

五、整体设计与应用效果图

本案床品款式设计应用效果图如图2-42［彩色效果见彩图31（e）］所示。

图2-42　本案床品款式设计应用效果图

⚙️知识链接

一、卧室家用纺织品的风格配套

在卧室的家用纺织品配套设计中，常用的风格主要有：中式古典风格、欧式古典风格、新古典风格、自然风格、民族风格、现代风格、后现代风格等。

（一）中式古典风格

在项目一的相关知识中已经对中式古典风格的基本样式特点进行了阐述，关于其基本概念就不再赘述了。对于大多数中国消费者来说，中式风格还是很受欢迎的。目前，中式古典风格可分为传统式和新中式两大类。前者更注重对中式风格传统韵味的追求，以中老年消费者为主要客户；而后者则主要是将中式元素用现代手段加以演绎，既有中式味道又有时尚气息，比较受年轻消费者的欢迎。

卧室家纺配套的重点内容是床品，利用传统中式风格进行家纺配套主要是从色彩和图案两个方面入手。色彩多以低纯度的褐色系和红色系为主色调，局部采用纯度较高且鲜艳明亮的大红、翠绿、明黄、金色等作为点缀。图案一般选择中国传统的有吉祥寓意的题材，或是以龙、凤、虎、花鸟、书法、人物、车马等为题材。面料多采用素色或带有简单的纹样的装饰提花或印花织物。中国传统的丝织物如织锦缎、古香缎等色彩绚丽、光泽华丽，常用作局部点缀的面料。装饰手法常采用有民族特色的工艺，如刺绣和编结工艺等［图2-43（a），彩色效果见彩图13（a）所示］。

(a) 传统中式　　　　　　　　　　　　　　(b) 新中式

图2-43　传统中式与新中式床品配套设计

值得一提的是，在现代家居风格中，出现了与中式古典风格一脉相承，又有别于它的新中式风格，这种风格包括了两方面的要素，一是中国传统文化在当前时代背景下的演绎，二是在此基础上的现代形式设计。色彩、造型在总体上保持了中式的基本特点，但在面料的材质上更追求产品的舒适性和实用性。在视觉效果方面更加时尚、简约、大气，但古朴犹存［图2-43（b），彩色效果见彩图13（b）所示］。

（二）欧式古典风格

欧式古典风格床品与欧式窗帘一样，都具有繁缛、复杂的结构特点。

首先，床头的装饰性帷幔是这种风格的典型造型之一。这种帷幔的主要作用是装饰床头部分的墙面，以配合华丽的床和床品。在款式上突出繁复、庞杂的细节设计，多采用有装饰花边的帷幔、大面积的褶皱、层层叠叠的木耳边来体现富丽堂皇的装饰效果。色彩采用体现欧洲古典风情的金黄、米黄、深红色、深橄榄绿、深蓝色、深紫色、深棕色等。整体配色纯度较高，图案多用繁杂、凝重、富丽、精致的卷草纹样，充满古典气息。面料多为较厚实的提花装饰面料。典型的装饰物有绳带、穗子、流苏以及精致的蝴蝶结、立体感突出的徽章、图案绣花工艺等。

其次，欧式古典的床品造型非常复杂，无论是枕套、床罩还是抱枕等都极尽奢华之能事。蕾丝、木耳边、褶皱等都是常用的结构设计手段。在工艺手段方面，提花和刺绣的使用是最多的。提花面料图案一般庄重、大气，织物表面具有一定的浅浮雕效果，手感厚实。这种特别的质地特点与欧式古典室内空间和家具相得益彰，充分体现了雍容华贵和上乘的品质（图2-44，彩色效果见彩图14）。

最后，刺绣面料也是欧式古典风格床品中所常见的，刺绣的细腻和华美为室内增添了一份雅致而亲切的情调。

（三）新古典风格

新古典风格是指从18世纪60年代开始，在欧美盛行的一种古典样式。这种风格强调整体的美感和实用性，善于营造一种清淡优雅的风韵，精练、简朴而雅致。新古典主义风格在款式上摒弃了洛可可过分矫饰的曲线与华丽的装饰，追求更为简洁的款式和合理的结构，而在某些细部喜用古典的典型图案进行点缀。一般采用玫瑰、水果、叶形、竖琴、花环、花束、丝带为题材。色彩选择上比欧式古典风格更为广泛且色调更为清新（如图2-45所示）。

（四）自然风格

自然风格的床品在市场上是最常见的产品之一，受到老、中、青各个年龄层消费者的普遍喜爱。自然风格的床品配套在设计中一般都选择比较清新淡雅的色调，如淡粉色、淡紫色以及淡绿色、淡蓝色等。根据年龄阶段的不同，人们对自然风格的家纺色彩需求也不尽相同，高明度、高纯度的色彩更适合青年、儿童卧室的床品设计；而高明度、低纯度的色彩更适合中老年卧室的床品设计。在图案方面，花卉、条纹和格子是最常见的类型。从卧室的空间面积方面来考虑，一般卧室面积较大的别墅适宜使用较大的花型，而一般的公寓类家居卧室都比较小，床的尺寸也不是很大，因此，小花型图案比较适合。在宜家卧室商品区，可以见到众多的采用小碎花图案的床品设计。如图2-46所示，在图示的床品配套中，花型的大小存在着细微的变化，枕套的花型最小、被套的花型次之、靠枕的花型最大。这样的花型尺寸设计主要是根据单品的使用面积和使用目的而定，枕头的装饰面积小，因此，花型选择也相应最小；被套的装饰面积最大，因此，花型略大些，而靠枕的主要作用是靠、垫，其花型最大、色彩也最浓艳以凸显个体的装饰效果，并对整体白色地的单薄感进行了有效的中和作用。

（五）民族风格

民族风格的卧室家纺配套设计在大众消费市场中不是很普遍，一般喜欢这种风格的人群多具有艺术气息，喜欢浓郁的民族风情，有着深

图2-44　欧式古典风格的床品配套设计

图2-45　新古典床品配套设计

图2-46　自然风格床品配套设计

图2-47 民族风格床品配套设计

厚的民族艺术审美情结。近些年来，民族风的再度刮起使得时尚界也将具有民族元素的设计视为潮流趋势，因此，在家纺设计中对民族风格的需求也会呈现上升趋势。民族艺术是一个民族长期生活实践的积淀，更是一个民族文化厚重感的体现。因此，不同民族风格的审美特色亦很鲜明。如东南亚地区的对浓艳、鲜美色彩的热爱，日本人对宁静和禅宗意境的追求等。在我国，有众多的少数民族，他们的审美特色也深受汉族同胞的喜爱，如我国西南少数民族地区人们一直使用的蜡染、扎染等传统手工艺，就因其民族特点浓烈而经常被应用在纺织品的图案设计中（图2-47，彩色效果见彩图15）。图中床品的图案和色彩设计取材于传统的蜡染审美风格，整体色调鲜艳、活泼，具有浓厚的手工艺术品位，充满了文化气息。

（六）现代风格

现代风格在家用纺织品的设计中应用最为广泛，其简约、大方、实用，既与现代家居建筑的室内结构特性相契合，同时又满足了现代人快节奏、高效率的生活诉求。在色彩选择上，现代风格多采用黑、白、灰以及一些纯度较低的色彩，形成沉着、冷静而有力的艺术效果，或采用一些鲜艳、流行的色彩，与室内家具形成鲜明对比，达到出人意料的利落、明快的效果。图案多采用随意的点、线、块面以及不规则或抽象的几何图案，与天然的肌理纹样相衬托，可以产生以少胜多的艺术效果。面料采用各种常见的家纺织物，也可搭配一定的光感面料，如皮革、涂层等，用于营造简约而有内涵的现代艺术氛围（图2-48，彩色效果见彩图16）。

图2-48 现代风格床品配套设计

（七）后现代风格

后现代风格是从绘画艺术的表现主义运动演变而来的，现代风格具有塑造形态的倾向，而后现代风格则具有表达倾向。这种风格的装饰织物运用、组合十分复杂，突破完整的立方体、长方体组合，多呈现模糊不清的状态，运用多种手法来制造空间层次的含混，形成空间层次的深远感。还常将墙布图案等处理成各种形式的波浪状，形成隐喻象征性较强的居室装饰格调。后现代的家纺设计主要是体现在对色彩、图形的混搭方面，对传统的装饰原则常常做颠覆性的改变，以充分彰显个性（如图2-49所示）。这种风格往往更适合青少年消费者或是个性鲜明的人，他们的审美情趣主要表现为追求与众不同、喜欢个性化和小众化。

图2-49 后现代风格床品配套设计

二、靠垫的造型设计

靠垫是现代居室内必不可少的装饰品。作为沙发、椅子、床上的附属品，靠垫可以用来调节人体的坐卧姿势，使人体更舒适、放松。它的用途极为广泛，既可当枕头，又可以抱在怀中；或者直接放置在地毯或地垫上，成为高低变化灵活的坐具，增加生活情趣。靠垫移动灵活，所以它是对室内色彩、质感进行调节的重要工具，可以使室内整体的艺术效果达到更好的均衡。如果室内色彩比较单调，用几个色彩鲜艳的靠垫就会使室内的气氛立刻活跃起来，且成系列的靠垫还可以形成节奏感。

（一）面料

几乎所有的织物都可用于制作靠垫，常用的面料有印花棉布、色织条格布、灯芯绒、织锦缎、麻织物、针织布、化纤提花织物等。

（二）款式设计

靠垫的款式设计极其丰富多彩，从形状上看，常见的有方形、长方形和圆形，还有三角形、多角形、圆柱形等，仿动物、植物造型的靠垫更是生动有趣。方形、长方形靠垫能增加室内的庄重感，圆形靠垫则有活泼感，仿生型靠垫可营造活泼、轻松气氛，能唤起人们的童心，多用于儿童房。靠垫常用花边、缉线、绳带、荷叶边、蝴蝶结进行装饰，还可以通过面料的镶拼形成内部块面的分割或面料质地的对比。古典型的靠垫多采用装饰性的绳带、珠子、穗子、缎带予以点缀，产生精致华贵的装饰效果。靠垫还常使用刺绣图案进行装饰，贴绣、彩绣、十字绣、手绣、机绣图案都适合（图2-50）。

图2-50　靠垫的不同造型

（三）色彩与图案

靠垫体积较小，在色彩、图案的选择上往往与大面积的沙发或地毯等织物形成一定的对比关系。图案花哨的床上用品可搭配素雅的靠垫；素雅的床上用品可搭配花纹明显的靠垫；含灰色的床上用品则宜采用色彩较鲜艳的靠垫；若床上用品和靠垫为同色，则要突出质地的对比（图2-51）。

图2-51　靠垫的面料质地与图案配合

三、常见床品的款式设计

从一般意义上来讲，现代床上用品的款式变化并不是很多。在款式设计时，首先应考虑的是实用效果。目前，常用的床上用品有床罩、床单、床笠、被套、被子、毯子、枕头、枕巾、枕套、蚊帐等。枕头基本上都是扁长方体，尺寸规格基本根据床的尺寸确定，因此，枕套的造型基本上就是扁长方体，主要是在边缘区域进行结构变化，比如采用镶嵌结构或褶皱飞边结构。被套款式主要是反映在正反面的AB板组合方面以及隐形拉链部分的结构处理上。床罩是遮挡整个床面、起防尘作用的纺织品，有床裙和自然披盖式两种：床裙类似于一件给床体穿上的裙子；自然披盖式如同床单一样披盖在床体上，四周自由悬挂下来。床罩的款式变化主要是反映在床裙结构的处理上，床裙由于要依附于床体，因而形状主要是长方形。床裙的款式细节变化主要体现在三个侧面或面与面相交的结构线的变化上，如用褶裥、装饰线、重叠效果或利用蝴蝶结、花边等饰物进行装饰（图2-52）。床笠是用于包覆床垫的、类似床单的物品，其可以简约而利落地将床垫包裹住。

图2-52　床裙

📖 课后作业

1. 常见的卧室类家纺产品的款式有哪些？
2. 床上用品的款式设计中常用的表现手法有哪些？
3. 卧室类家纺产品的款式应如何进行系列化设计？

🔍 学习评价

	能/不能	熟练/不熟练	任务名称
通过学习本模块，你			按照设计构思进行床品中各单品的款式设计与选择
			在设计中将艺术表现和实用性合理结合
			根据设计风格进行整体款式配套设计
通过学习本模块，你还			在款式整体设计中做到繁简得当
			解决参赛过程中所遇到的问题并按时完成设计任务
			从设计的角度对消费进行理性引导

模块二 卧室类家用纺织品的结构设计与工艺

相关知识

卧室类家用纺织品以床上用品为主，而床上用品一直是家用纺织品中的主导，是我国家纺行业发展得最好、市场份额占有量最大的一类产品。目前，市场上的床上用品多以套件组合的形式进行销售，品牌不同，其组合形式也有不同，但核心都是围绕消费者需求，与配套使用的家具相匹配。按照常见的家具规格，市场上的床上用品规格如下。

一、床上用品的常见组合及规格

床上用品的常见组合及规格见表2-2。其中，被套、枕套、抱枕套的规格是指可以填充内芯部分的尺寸，如果有边框或荷叶边装饰物，则需加上加号后的尺寸。

表2-2 床上用品常见组合及规格一览表　　　　　　　　单位：cm

规格 床品名称	120×200 床	150×200 床	180×200 床
床单	180×240 200×250 210×270	220×250 230×250 240×260 250×270	240×260 250×270 260×270 270×270
床罩 （床裙）	120×200+45 122×204+45 124×206+45	150×200+45 152×204+45 154×206+48	180×200+45 182×204+45 184×206+45
床盖 （床铺）	180×230 200×250	218×218 230×250 240×260	248×248 250×260 260×260 270×270
被套	150×200 160×210 180×210 180×220	200×230 200×220 210×230	200×230 220×240 230×250 235×245
枕套	45×70（或+5） 48×72（或+5） 50×70（或+5） 50×75（或+6） 50×80（或+6）	48×72（或+5） 50×70（或+5） 50×75（或+6） 50×80（或+6） 55×80（或+6）	48×72（或+5） 50×70（或+5） 50×75（或+6） 50×80（或+6） 55×80（或+6）

规格 床品名称	120×200 床	150×200 床	180×200 床
抱枕套	40×40（或+5） 45×45（或+5） 50×50（或+6） 60×60 65×65	45×45（或+5） 50×50（或+5） 55×55（或+6） 60×60 65×65	50×50（或+5） 55×55（或+6） 60×60（或+8） 65×65 75×75

二、面料缩水率

床在卧室中占的面积较大，床上用品的尺寸也往往较大，对于床上用品来说，织物的缩水率对结构、工艺的影响是必须考虑和注重的因素，所以，卧室类家纺产品的结构工艺环节首先要了解织物的缩水率知识。

织物的缩水率是指织物在洗涤或浸水后，织物收缩的百分率。一般来说，缩水率最小的织物是合成纤维及其混纺织品，其次是毛织品、麻织品，棉织品，而最大的是粘胶纤维、人造棉、人造毛类织品。一般而言，全棉面料都存在着缩水褪色的问题，所以后道整理工艺是关键，一般家用纺织品的面料都要经过预缩处理。值得注意的是，经过预缩处理不等于不缩水，而是指缩水率控制在国标规定的3%～4%以内。纯棉类面料的床上用品，在结构设计的规格尺寸确定时，一般在成品尺寸上加放1%的织物缩水量。

三、家用纺织品结构设计知识进阶

（一）结构设计的步骤

日常工作中所说的结构设计，常常是狭义范畴的结构设计，有一定的方法可循，一般包括特征分析、规格设计与结构制图三个步骤。

特征分析主要是对家纺产品的款式、面料等构成要素进行细化认识，包括对轮廓、线条、块面、体积和空间的逐一分析，以便使制成的图形恰当、线条美观、成型科学。

规格设计是依据款式的造型进行纺织品的尺寸设计，包括长、宽、高等各部尺寸，不仅仅是总体尺寸，还有许多局部尺寸和比例也需通过对款式图的仔细观察、反复比较来确定。

在进行了特征分析、规格设计之后，就可进入结构制图阶段，即依据款式与规格绘制出相应的结构平面图，俗称裁剪图。家用纺织品的结构图比例有1∶1和1∶4、1∶5、1∶10等几种，其中比例为1∶4、1∶5、1∶10的结构图为缩图，用于设计思想传达、沟通之用。

（二）结构制图的原则

制图的过程要有一定的前后顺序，遵循六先六后原则。

1. **先基础，后分段**　制图时，先画出纸样最长、最宽的基础线，然后再根据款式要求，在基础线的范围内，根据长、宽方向的其他小规格尺寸，绘制结构图。

2. **先横后纵**　以靠近自身的横线为起点，先画横向的线条，再画纵向的线条。

3. **先直后曲** 先画图面中直线部分的结构，再根据直线部分的位置、尺寸完成曲线部分的绘制。

4. **先主后次** 先画主要、明显的部位，再画次要、边缘的部位，保证纸样尺寸的协调性。

5. **先大后小** 先画出大片纸样，在保证主要纸样正确的前提下，再绘制小部件的纸样。

6. **先净后毛** 先根据规格尺寸画出净样的结构线、轮廓线，在此基础上，通过加放缝份，获得能用于排料裁剪的毛样板。

四、排料与用料估算

（一）排料

排料是整个家用纺织品制作过程中的重要组成部分，排料技能的高低对原料的利用率起着决定性作用，而且会直接影响产品的质量。因此，排料前必须对产品的设计要求和制作工艺了解清楚，对使用的材料性能特点有所认识。排料中产品的每个部件必须根据设计的工艺要求来决定其排放位置。

1. 排料前的准备

（1）核对技术文件。在实际生产中，在排料前要认真阅读、核对相关的技术文件，如生产通知单、领料单等。了解产品的款号、款式造型、花色、条格、颜色搭配等。

（2）检查样板数。一系列家用纺织品的毛板要求每块样板上都要有裁片名称、编号、丝缕标注等，目的是样板在排料或保管时不易搞错。

（3）熟悉排料小样。在排料前，可以先排出小样图稿，掌握正确、合理的排料方法后，再参照排料小样进行最终的1∶1排板。

（4）整理面料。在排料前要整理样布，注意面料的正反面、倒顺毛、花色纹样、鸳鸯条格及原料性能等。还要清楚布料是否需要熨烫、自然回缩等。

2. 排料的注意事项

（1）裁片的对称性。大多数裁片需要左右对称，排料时应注意正反排放，不要出现"同顺"现象。

（2）经纬纱向。一般面料的长度方向为经向，宽度方向为纬向，经向是面料变形量最小的方向，所以是关键纱向。排料时，一定要严格按照样板上所标的纱向（丝缕方向）排置，不可随意更改。

（3）倒顺要求。排料时，要注意面料的倒顺毛或有倒顺光感等特殊情况。倒顺毛的布料在排料时一般为全部顺向一边倒，长毛面料全部向下，顺向一致。有方向性的，如花草、数目、山水、人物、动物、文字等图案进行排料时，要注意面料的方向性。具体排料要求如下。

①顺毛排板。绒毛较长的织物在排料时一般要求毛峰一致向下，这样效果会光洁、顺畅而美观。

②倒毛排板。绒毛较短的织物，如灯芯绒等可以倒毛排料，这样会使织物色彩更为饱满、柔顺。

③倒顺组合排板。对于一些倒顺没有明显差别的面料，为了节省用料，可以一件顺排、一件倒排。

④拼接。对于某些不重要的部位，在不影响美观和产品质量的前提下，允许有一定的拼接（主要应用在里布与内胆的拼接）。

（4）对格对条。排料时，条格面料要注意左右对称、横竖对准。在主要和明显的部位，格形的横竖线条上、下不能错位。

3. **排料的基本方法**　排料的方法很多，可以根据工厂场地的条件、生产工艺要求来安排，其核心在于：在保证裁片质量的前提下，进行合理套排。排料应遵循的规律为：先长后短、先大后小、先主后次、大小搭配、弯弯相顺、缺口合拼、见缝插针、做好标记、紧密套排。常见的排料方法有单件排料和套排，单件排料适合样品生产与个人制作，套排适合大批量生产。套排是将两件或两件以上的家用纺织品同时排放的方法，能够通过裁片之间的有效穿插而提高面料利用率，降低成本，尤其在工业化生产中，面料全部平面展开，并多层重叠，然后用电动裁剪刀按照最上层的划样开剪，如果一个铺层能够节约几厘米面料，多层铺层就可节约几米面料，这必将使生产成本大幅降低。

（二）用料估算

进行用料估算首先要清楚门幅的概念。

门幅又称幅宽，是指面料的有效宽度，即织物横向两边最外缘经纱之间的距离。一般习惯用厘米或英寸表示。门幅可以根据客户的要求而定，目前，我国的面料生产商一般能够织造320cm以内门幅的面料。市场上常见的门幅尺寸有：90cm（36英寸）、110cm（44英寸）、120cm（48英寸）、140cm（56英寸）、150cm（60英寸）、160cm（64英寸）、180cm（72英寸）、200cm（80英寸）、220cm（88英寸）、250cm（100英寸）、280cm（112英寸）等，分别称作窄幅、中幅与宽幅，高于150cm的面料为特宽幅。一般用于家纺产品的面料门幅在150cm以上，用于卧室类家纺产品的面料门幅在180cm以上。

用料估算时，一般需要考虑2%的面料损耗率。对于固定门幅面料，用料计算公式为：单件用料=用料长度×（1+2%）/件数。比如某款靠垫，针对160cm门幅的A面料，五件套排，排料长度为80cm，则A面料单件用料为：80×（1+2%）/5=16.3（cm）。

任务1　被套的结构与工艺

【知识点】

- 能描述被套的结构设计、制板方法与步骤。
- 能描述被套家纺产品的工艺流程。
- 能描述被套的工艺质量要求。

【技能点】

- 能完成被套的结构设计。
- 能使用制板工具完成被套的工业样板制作。
- 能完成被套的单件排料与套排并进行用料估算。
- 能根据实际进行辅料的合理选配与使用。
- 能完成被套的缝制工艺并进行合理评价。

任务描述

完成设计方案所设计的卧室类家纺产品——被套的结构设计、打板与打样。

任务分析

在设计模块中，卧室类家纺产品的造型、款式、配套设计已经完成，本任务需要根据设计图完成被套的结构设计、打板与打样。被套是由两层织物以一定的方式缝制而成的，内充被芯用于保暖，基本结构简单，各部分结构关系容易理解，是偏平面的一种结构。在结构设计时，要特别注重对规格的把握。被套的规格尺寸与使用的卧具相关，结构设计时，要注意被套尺寸与床本身尺寸的合理配置，要符合消费者约定俗成的使用习惯。

任务实施

一、被套的结构设计与工艺

（一）结构设计

1. **款式特征分析**　被套正面采用白底蓝花的印花主面料A，背面采用白底蓝条的印花辅面料B。被套正背面相拼，款式如彩图31（d）所示。闭合方式为正背面缝合处的纽扣式闭合。

2. **规格设计**　被套规格确定时，需要考虑使用的卧具尺寸及消费者约定俗成的使用习惯。本案针对宽180cm，长200cm的床，最终确定被套成品规格为200cm×230cm。

3. **结构制图**　被套的结构如图2-53所示。

结构图绘制说明：被套规格为200cm×230cm，考虑全棉面料的缩水现象，对于尺寸大的产品一般要进行缩水放量，因此，长宽方向各加2cm的缩水量。同时，被套左、右边各加2cm压框，宽度变为200+2+2×2=206（cm）；被套正面下边向下加4cm，向背面对折2cm后形成下边2cm压框。最终，被套正面A料的实际规格为206cm×236cm，被套背面B料的实际规格变为206cm×232cm。

（二）样板制作

被套的裁剪样板如图2-54所示。

样板设计说明：被套正面上、左、右三边常规放缝份1cm，下边为纽扣式闭合结构，纽扣贴边宽5cm，对折需要10cm并加1cm缝份，共放缝份11cm。被套背面放缝份量与正面

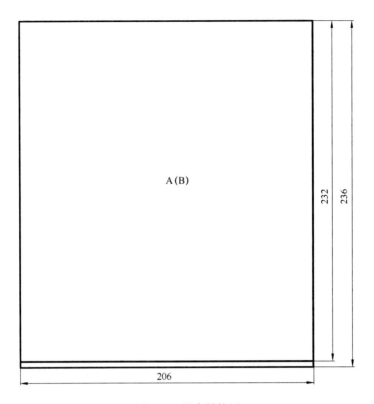

图2-53　被套结构图

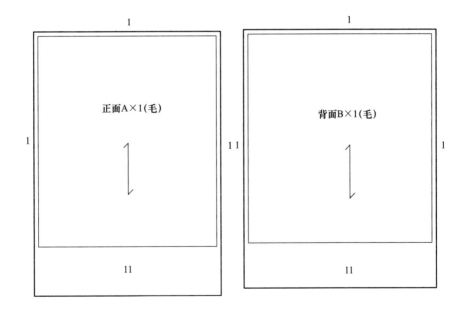

图2-54　被套裁剪样板图

相同。

（三）排料与用料估算

被套面料A的排料如图2-55（a）所示，被套面料B的排料如图2-55（b）所示。

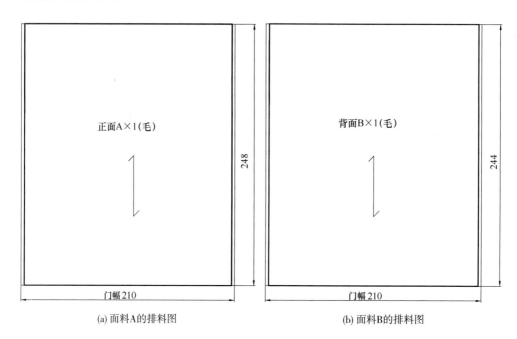

(a) 面料A的排料图　　　　　　　　　　　(b) 面料B的排料图

图2-55　被套排料图

A料门幅为210cm，单件用料为248×（1+2%）=253（cm），B料门幅为210cm，单件用料为244×（1+2%）=248.9（cm）。同时，需选配规格为Φ2.5cm的珊瑚扣6颗。

（四）工艺制作

1. **缝制工艺流程**　验片→缝制下边闭合结构→拼合面、底布→左、下、右边压框→整烫→检验。

2. **缝制方法及要求**　被套的缝制方法与要求见表2-3。

表2-3　被套的缝制方法与要求

序号	工艺内容	工艺图示	工艺方法	使用工具针距密度（针/3cm）
1	准备	图略	整理面料、排料划线、裁剪、试机、验片等	剪刀、划粉、平缝机等
2	做下边闭合结构	A、B反面	将A、B的下边宽度方向先折1cm，再折5cm卷边缝	单针平缝机针距密度为12

序号	工艺内容	工艺图示	工艺方法	使用工具针距密度（针/3cm）
2	做下边闭合结构	B正面　A正面 20　36　36　20　36 A₁正面 B反面 36　36	将A、B的5cm贴边中间140cm部分七等分做记号，在居中位置分别钉6个Φ2.5cm扁平纽扣和2.5cm平头扣眼 将A₁、B₁正面相对，在5cm卷边处左右各缉缝36cm，不断线转过90°，在5cm贴边上缉缝固定并回针	圆头锁眼机、钉扣机 单针平缝机针距密度为12
3	拼合面、底布	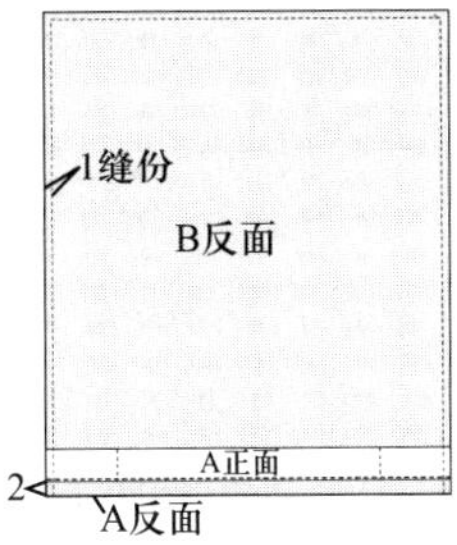 1缝份 B反面 A正面 2　A反面	将被套正背面正面相对，左、上、右三边长宽对齐，底边连接处缝份倒向B₁，1cm缝份依次缉合左、上、右三边	单针平缝机针距密度为12~15
4	左、下、右三边压框	 2压框 B正面 A正面	a.上边拷边 b.翻至正面，翻出四角，右、下、左三边压框2cm缉缝	单针平缝机针距密度为12~15
5	整烫	图略	剪净缝头，整烫平整	蒸汽熨斗、蒸汽烫台、蒸汽发生器

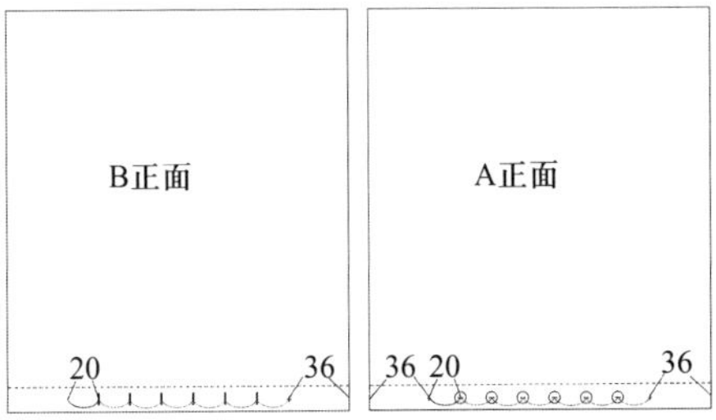

3. 成品质量要求

（1）拼缝处缝份1cm，成品规格误差不大于1cm。

（2）针距密度为12针/3cm，缝纫轨迹匀、直，缝线牢固，卷边拼缝平服、齐直，宽窄一致，不露毛；接针套正，边口处打回针不少于3针。

（3）压框宽窄一致，线条顺畅，接口良好。

（4）纽扣、扣眼位对准。

（4）成品外观无破损、针眼、严重染色不良等疵点。

（5）成品无跳针、浮针、漏针、脱线。

⚙ 知识链接

绗缝式床盖的结构设计与工艺

床盖一般指复杂一点的床单，具体是指在床单的三个边上贴一层装饰面料加以点缀与修饰，并把床尾的两个角做成圆形或三角形，这样的结构简洁大方，铺在床上不会因床单角太长而拖地。

绗缝式床盖也被称为绗棉床盖，是在三层织物（面料、垫料、衬料）上缝制装饰性绳线的铺盖床品，通常在织物之间装棉花、海绵、喷胶棉等做填料。绗缝工艺能够在面料上浮现出凹凸不平的立体图案，在家纺制作中广为流传，尤其是近年来随着田园风格的流行，绗缝式床盖成为非常畅销的产品。

（一）结构设计特点

绗缝式床盖由于内部有填料，有一定的保暖性，既可作为铺床的床盖，也可作为空调被使用，是一件多功能的床品，因此，在规格设计时，要考虑床盖的装饰性和床被的实用性。如结合150cm×200cm的床具，常常设计床盖成品规格为230cm×250cm。

考虑到绗缝会有绗缩，结构设计时，要预先放出绗缝的缩量，一般考虑绗缩率为8%，所以成品规格为230cm×250cm的绗缝床盖最终的结构尺寸设计为230×（1+8%）cm×250×（1+8%）cm=248.5cm×270cm。一般床盖四周都会采用滚边工艺，不放缝份。以单色无拼接床盖为例，床盖结构如图2-56所示。

（二）工艺制作特点

单色无拼接绗缝式床盖的缝制工艺流程为：验片→面料、垫料、衬料三层固定进行三层绗缝→四周滚边→整烫→检验。需要注意的是，绗缝后滚边

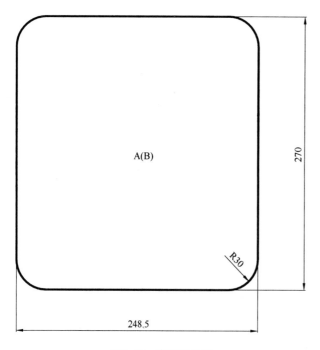

A(B)

270

R30

248.5

图2-56 床盖结构图

前，需要用床盖的净样板（工艺样板）校核尺寸，保证滚边前的床盖尺寸为230cm×250cm，多余边角应修正。

📖 课后作业

1. 针对150cm×200cm的床具，设计一款有特色的被套，完成款式图，附设计说明与工艺要求，并完成被套的结构设计、样板设计、排料图、用料估算、工艺流程设计与成品制作。

2. 总结被套的款式特征、规格尺寸特征与结构制图特点。

3. 总结被套的工艺方法。

🔍 学习评价

	能/不能	熟练/不熟练	任务名称
通过学习本模块，你			根据给定款式完成被套的结构设计
			独立完成被套的样板制作
			独立完成被套的排料、裁剪和成品缝制
通过学习本模块，你还			掌握被套工艺质量的评判标准
			总结被套在使用、款式、结构、工艺方面的特点以及款式与结构、工艺的相关性

任务2　床单的结构与工艺

【知识点】

· 能描述床单的结构设计、制板方法与步骤。

· 能描述床单家纺产品的工艺流程。

· 能描述床单的工艺质量要求。

【技能点】

· 能完成典型床单的结构设计。

· 能使用制板工具完成床单的工业样板制作。

· 能完成床单的单件排料并进行用料估算。

· 能完成床单的缝制工艺并进行合理评价。

🔒 任务描述

完成设计方案所设计的卧室类家纺产品——床单的结构设计、打板与打样。

任务分析

床单是铺于床铺上的家用纺织品，因为躺在接缝上会让人感到不舒服，所以，床单的面料要足够宽，幅宽应大于床的宽度。同时，床单有一定的装饰遮盖作用，尺寸要能够遮住下部的床垫，在长、宽尺寸规格设计时要将床垫高度考虑在内。

任务实施

一、床单的结构设计与工艺

（一）结构设计

1. **款式特征分析** 床单采用白色面料C，四周卷边，床前下摆为圆角。

2. **规格设计** 综合考虑床宽、床垫高，针对宽180cm，长200cm的床，根据消费者约定俗成的使用习惯，最终确定床单成品规格为240cm×245cm。

3. **结构制图** 床单的结构如图2-57所示。

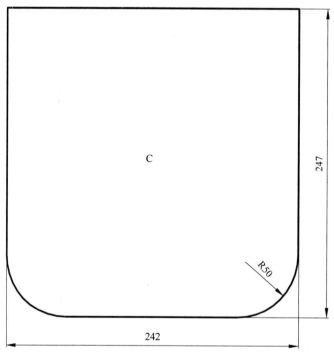

图2-57 床单结构图

结构图绘制说明：床单规格为240cm×245cm，考虑全棉面料的缩水现象，对于尺寸大的产品一般要进行缩水放量，在此，长、宽方向各加2cm的缩水量。最终，床单实际规格为242cm×247cm。

（二）样板制作

床单的裁剪样板如图2-58所示。

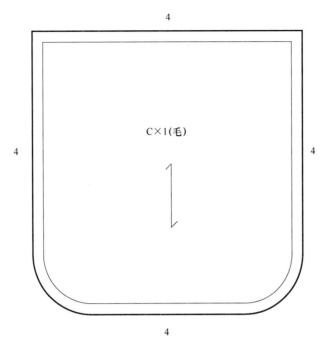

图2-58 床单裁剪样板图

样板设计说明：床单四周2cm卷边，所以每边放缝份4cm。

（三）排料与用料估算

床单C面料的排料如图2-59所示。C料幅宽为250cm，单件用料为255×（1+2%）=260.1（cm）。

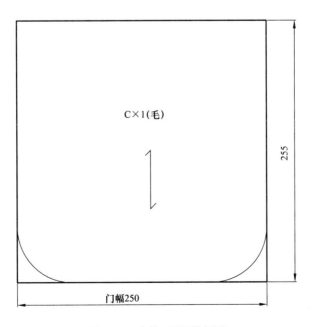

图2-59 床单C面料排料图

（四）工艺制作

1. **缝制工艺流程**　验片→做卷边→整烫→检验。

2. **缝制方法及要求**　床单的缝制方法与要求见表2-4。

表2-4　床单的缝制方法与要求

序号	工艺内容	工艺图示	工艺方法	使用工具 针距密度 （针/3cm）
1	准备	图略	整理面料、排料划线、裁剪、试机、验片等	剪刀、划粉、平缝机等
2	卷边	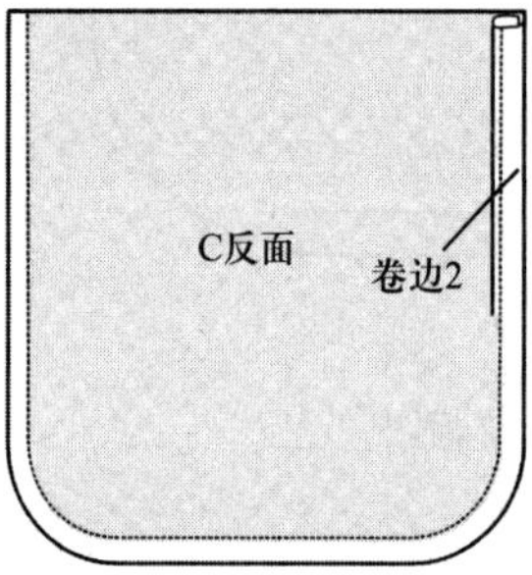	沿C布裁片三边边缘2cm卷边	单针平缝机 针距密度为12 卷边压脚
		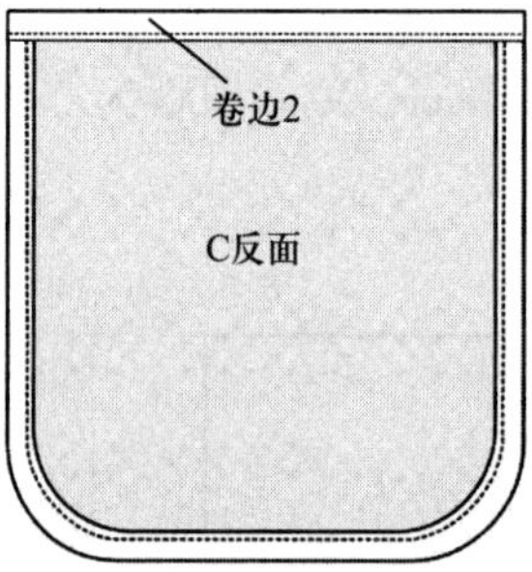	床单横头2cm折边	
3	整烫	图略	剪净缝头，整烫平整	蒸汽熨斗、蒸汽烫台、蒸汽发生器

3. **成品质量要求**

（1）拼缝处缝份1cm，成品规格误差小于2cm。

（2）针距密度为12针/3cm，缝纫轨迹匀、直，缝线牢固，卷边拼缝平服、齐直，宽窄一致，不露毛；接针套正，边口处打回针不少于3针。

（3）卷边圆顺不起涟，缉线平服不扭曲。

（4）成品外观无破损、针眼、严重染色不良等疵点。

（5）成品无跳针、浮针、漏针、脱线。

🅰 知识链接

床上用品——床笠的结构与工艺

床笠是直接套在床垫上的布质罩子，其主要功能是包裹床垫，由于床垫本身容易因落灰而被弄脏，清洗起来又因体量庞大而不便，所以，国内消费者通常使用床笠来保护床垫。一般1.8m×2m的床配1.8m×2m×25cm的床笠，1.5m×2m的床配1.5m×2m×25cm的床笠。其实，床笠在国外多是作为铺床用品，即类似床单使用的，当作为床单使用时，比普通床单更易防滑固定。由于国内的床笠通常只是作为简单的床垫罩，因此，采用的面料一般很普通甚至简陋，而国外的床笠却常常使用舒适高档的面料。

床笠按照结构不同分为全松紧式床笠与四角松紧式床笠。全松紧式床笠底部全部装有松紧带，外形更像降落伞。四角松紧式床笠只有底部四只角位置装有松紧带。一般来说，全松紧式床笠的工艺更复杂，成本较高，固定效果也更好，而四角松紧式床笠更简便易用，成本更低，性价比更高。

（一）结构设计特点

床笠与床垫的吻合度要求较高，其规格与床垫的尺寸关系密切。针对180cm×200cm、高度是22cm的床垫，考虑到纯棉面料的缩量，确定床笠的规格尺寸为182cm×202cm×26cm，结构如图2-60所示。一般床笠四周2cm卷边，所以四周长边放缝份4cm，四角拼合处常规放缝份1cm。

（二）工艺制作特点

全松紧式床笠与四角松紧式床笠的工艺缝制流程略有不同，以四角松紧式床笠为例，床笠的缝制工艺流程为：验片→1cm拼合四角缝份→装2cm宽橡皮筋→四周2cm卷边→整烫→检验。需要说明的是，要将橡皮筋在四角先拉开固定，然后随四周卷边一起缉缝。

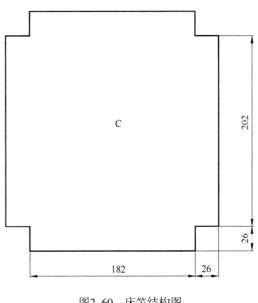

图2-60 床笠结构图

📖 课后作业

1. 完成全松紧式床笠的结构设计、样板设计、排料图、用料估算、工艺流程编写与工艺缝制。

2. 总结床单、床笠的款式特征、规格尺寸特征与结构制图特点，说明床单、床笠在使用、款式、结构、工艺方面的异同。

学习评价

	能/不能	熟练/不熟练	任务名称
通过学习本模块，你			根据给定款式完成床单、床笠、床罩的结构设计
			独立完成床单、床笠、床罩的样板制作
			独立完成床单、床笠、床罩的排料、裁剪和成品缝制
通过学习本模块，你还			掌握床单、床笠工艺质量的评判标准
			掌握床单、床笠、床罩等铺床类床品在使用、款式、结构、工艺方面的特点和异同

任务3　枕套的结构与工艺

【知识点】

· 能描述枕套的结构设计、制板方法与步骤。

· 能描述枕套家纺产品的工艺流程。

· 能描述枕套的工艺质量要求。

【技能点】

· 能完成典型枕套的结构设计。

· 能使用制板工具完成枕套的工业样板制作。

· 能完成枕套的排料并进行用料估算。

· 能完成枕套的缝制工艺并进行合理评价。

任务描述

完成设计方案所设计的卧室类家纺产品——枕套的结构设计、打板与打样。

任务分析

枕套既装饰又保护枕头，使用时会在其中填充纤维类枕芯，规格设计时要考虑填充之后尺寸从平面到立体之后的变化，考虑长宽尺寸、长宽比与人体头部尺寸的关联，保证用户睡眠的舒适性。同时也要考虑与床具、其他床上用品如被套等的协调性。

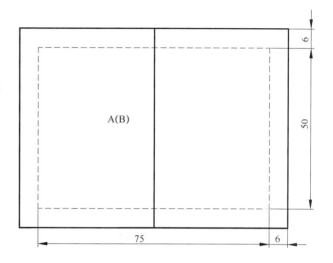

任务实施

一、枕套的结构设计与工艺

（一）结构设计

1. **款式特征分析** 枕套正面采用印花主面料A，背面采用条纹辅面料B，背面信封式重叠开口，四周6cm压框，如彩图31（d）所示。

2. **规格设计** 针对宽180cm×200cm的床，根据设计效果图和约定俗成的使用习惯，最终确定枕套成品规格为75cm×50cm +6cm，其中包括6cm的四周压框。

图2-61 枕套结构图

3. **结构制图** 枕套的结构如图2-61所示。

结构图绘制说明：枕套规格75cm×50cm+6cm，长度总尺寸为75+2×6=87（cm），宽度总尺寸为50+2×6=62（cm）。正面A料尺寸87cm×62cm，背面B料从中间分割成为左、右两片，尺寸为43.5cm×62cm。

（二）样板制作

枕套A料、B料裁剪样板如图2-62所示。

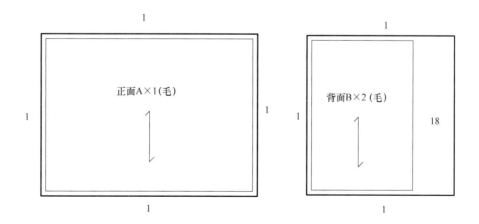

图2-62 枕套裁剪样板图

样板设计说明：枕套正面A料四周常规放缝份1cm，背面B料放缝份16（重叠）+2（双折缝）=18（cm），其他三边常规放缝份1cm。

（三）排料与用料估算

枕套A料、B料的排料分别如图2-63、图2-64所示。

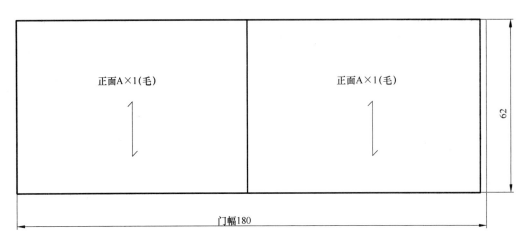

图2-63　枕套A料排料图

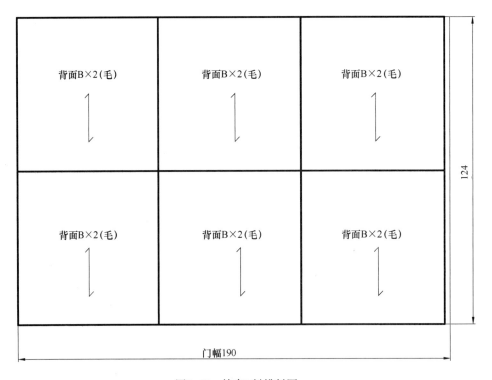

图2-64　枕套B料排料图

A料幅宽为180cm，单件用料为62×（1+2%）/2=31.7（cm），B料幅宽为190cm，单件用料为124×（1+2%）/3=42.2（cm）。

（四）工艺制作

1．缝制工艺流程　验片→缝制底布→拼合面、底布→压框→整烫→检验。

2. **缝制方法及要求** 枕套的缝制方法及要求见表2-5。

表2-5 枕套的缝制方法与要求

序号	工艺内容	工艺图示	工艺方法	使用工具 针距密度 （针/3cm）
1	准备	图略	整理面料、排料划线、裁剪、试机、验片等	剪刀、划粉、平缝机等
2	做底布	0.1明线 B 1 9 B B 9	将背面两片B裁片的重叠边卷边2cm双折缝 将两裁片重叠边上下重叠16cm固定，沿枕套宽度方向上下各缲合9cm的0.1明止口并回针封口	单针平缝机 针距密度为12
3	拼合面、底布	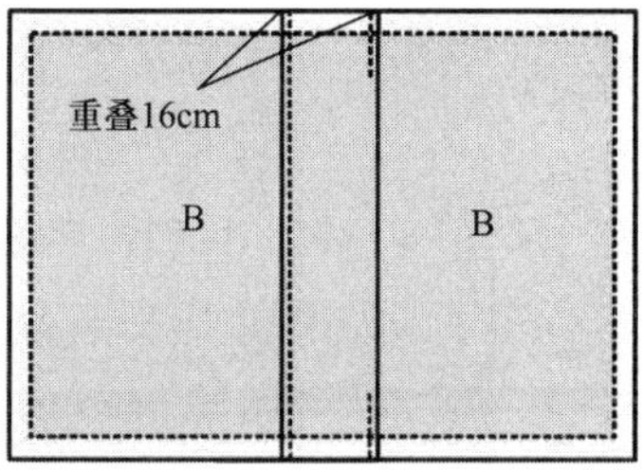 重叠16cm B B	拼合好的面、底布正面相对，长宽方向对齐，1cm缝份缲合	单针平缝机 针距密度为12
4	压框	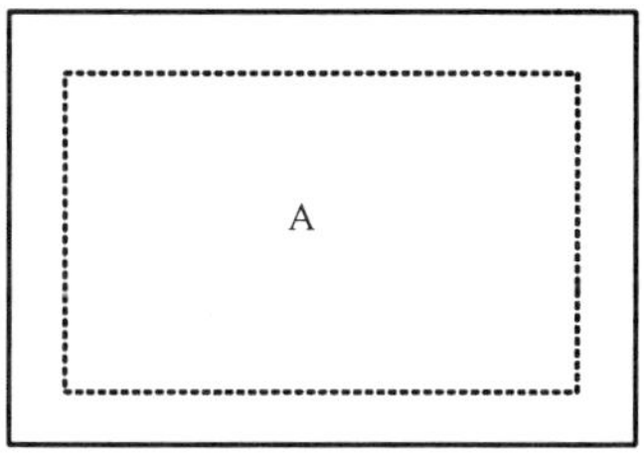 A	从底布重叠开口翻至正面，四角挑出，熨烫四边止口并压框6cm，注意止口不能反吐	单针平缝机 针距密度为12 蒸汽熨斗
5	整烫	图略	剪净缝头，整烫平整。	蒸汽熨斗、蒸汽烫台、蒸汽发生器

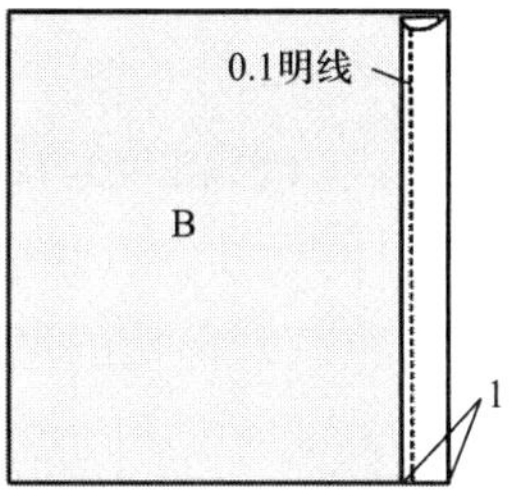

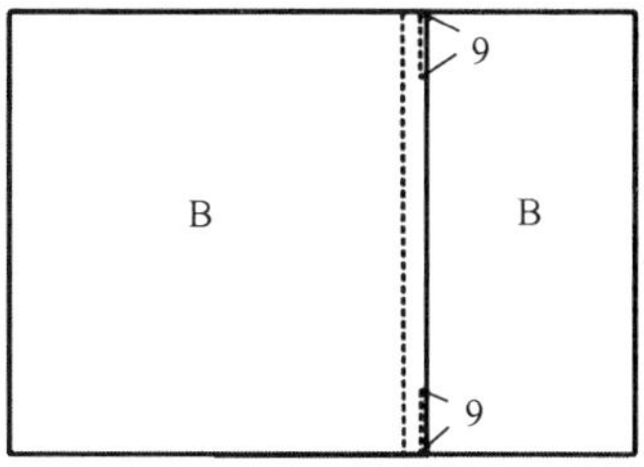

3．成品质量要求

（1）拼缝处缝份1cm，成品规格误差小于1cm。

（2）针距密度为12针/3cm，缝纫轨迹匀、直，缝线牢固，卷边拼缝平服、齐直，宽窄一致，不露毛；接针套正，边口处打回针不少于3针。

（3）背面重叠开口平服、不起拱、不错位。

（4）压框平整不扭曲。

（5）成品外观无破损、针眼、严重染色不良等疵点。

（6）成品无跳针、浮针、漏针、脱线。

二、抱枕的结构设计与工艺

本卧室系列家纺产品还包含蓝色嵌线绗缝抱枕两对、白色刺绣抱枕一个、贝壳抱枕一个、竖条矩形抱枕一个。结合效果图与180cm×200cm床具的尺寸，大蓝色嵌线抱枕的规格为80cm×80cm，小蓝色嵌线抱枕的规格为50cm×50cm，白色刺绣抱枕的规格为45cm×45cm，贝壳抱枕的规格为50cm×50cm，竖条矩形抱枕的规格为60cm×50cm，其结构工艺操作可参考项目一客厅类家纺产品的任务一：靠垫的结构与工艺部分内容。蓝色嵌线放缝抱枕在制图时注意考虑8%的绗缩量。白色刺绣抱枕的刺绣工艺可参考项目三餐厅类家纺的任务四：布贴画的刺绣工艺部分内容，此处不再赘述。

⚙ 知识链接

床上用品——床罩的结构与工艺

床罩是指铺垫于床或床垫之上的纺织品，可用于装饰或保暖，如图2-65所示的床罩，是由罩面与裙边两部分组成的。一般床罩罩面的内部可填充内衬。目前，市场上比较常见的是采用喷胶棉做内衬，铺于床上可增加舒适感，喷胶棉内衬可与罩面固定住，也可做成脱卸式的以便于洗涤。喷胶棉与衬里需经过大机绗缝，有些也与面布三层一起绗缝，绗缝后的喷胶棉不易松散，而且绗缝图案能够起到很好的装饰作用。

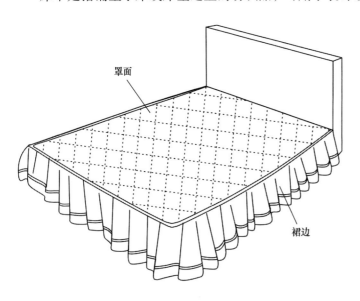

图2-65　嵌线抽褶式床罩

（一）结构设计特点

以图2-65所示的嵌线抽褶式床罩为例，床罩罩面的长、宽尺寸应与床垫的长、宽尺寸相同，而裙边的高度应小于床具高与床垫高之和。针对180cm×200cm×40cm的床具与180cm×200cm×22cm的床垫组合，考虑到纯棉面料的缩量，确定床罩的规格尺寸为182cm×202cm+45cm。考虑三面裙边以及裙边抽褶量，裙边长度设计为1.6×（182+2×202）=938（cm），考虑到床罩罩面的绗缝缩量，罩面实际尺寸为196cm×218cm，床罩结构如图2-66所示。床罩罩面四周常规放缝份1cm，床罩裙边底边卷边2cm，所以放缝份4cm，裙边与罩面拼合一边常规放缝份1cm。

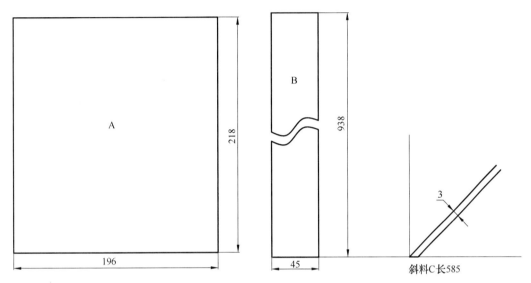

图2-66 嵌线抽褶式床罩结构图

（二）工艺制作特点

嵌线抽褶式床罩的缝制工艺流程为：验片→罩面面布、垫料、衬料三层固定绗缝→缝制裙边底边→缝制裙边褶裥→装嵌线→装裙边→整烫→检验。

📖 课后作业

1. 完成如图2-67所示的木耳边枕套的结构设计、样板制作、排料图、用料估算、工艺流程编写与工艺缝制。

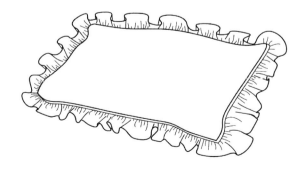

图2-67 木耳边枕套

2．说明枕套的结构设计特点，说明枕套与靠垫、抱枕在使用、款式、结构、工艺方面的异同。

学习评价

	能/不能	熟练/不熟练	任务名称
通过学习本模块，你			根据给定款式完成枕套、抱枕的结构设计
			独立完成枕套、抱枕的样板制作
			独立完成枕套、抱枕的排料、裁剪和成品缝制
通过学习本模块，你还			掌握枕套的工艺质量的评判标准
			掌握枕套、抱枕等床品在使用、款式、结构、工艺方面的特点和异同

任务4　卧室配套家纺产品的展示与评价

【知识点】

·项目二设计与工艺模块中知识的综合运用。

【技能点】

·能进行本项目组卧室类家纺产品设计与工艺成果的展示。
·能完成对本项目组成果的自我评价。
·能完成对他项目组成果的客观评价。

任务描述

进行本项目组配套卧室类家纺产品设计与工艺成果的展示、汇报与自评，并对他项目组系列卧室类家纺产品设计与工艺成果进行客观评价。

任务分析

此任务是在前面专业训练的基础上，锻炼学生的表达、展示、归纳、分析、评判能力，进一步提升其综合能力。

任务实施

一、明确展示与评价环节的意义

卧室配套家纺产品的最终成品效果如图2-68所示。

图2-68 卧室配套家纺产品实物展示

展示与评价环节是对前期学习、工作成果的一个总结，通过这个环节，学生不仅能够对前期所学的专业知识、技能有一个更清楚、全面的认识，还能从中获得综合能力的提升，获得成就感与满足感，为下一项目的学习做充分的准备。

二、展示与评价过程

展示与评价流程包括：完成卧室配套家用纺织品的成品拍照；展示现场布置；汇报课件制作；项目组长代表本组汇报；获得其他项目组评价并对其他项目组成果进行评价；企业评价、教师评价与总结。详细内容参见项目一的任务4。

📖 课后作业

1. 就前期项目学习与成果展示评价写一篇心得，从最令你有感触、为难或兴奋的点切入。

2. 选择一套卧室类系列家纺产品进行鉴赏与评价。

🔍 学习评价

	能/不能	熟练/不熟练	任务名称
通过学习本模块，你			对前期学习状态和收获给出明确的评价
			对前期项目组工作进行客观的总结与评价
			对其他项目组成果给出你的评价与建议
通过学习本模块，你还			对经典卧室配套家纺案例进行客观的分析

项目三　餐厨类家用纺织品的设计与工艺

【教学目标】

- 了解餐厨类家纺产品的设计原则与方法。
- 掌握餐厨类家纺产品的材料、图案及款式特点，具有单品与配套设计能力。
- 掌握餐厨类家纺产品的纸样设计原理，并具备制板能力。
- 掌握餐厨类家纺产品缝制工艺与技能，并具备成品制作的能力。

【技能要求】

- 能完成餐厨类家纺产品的单品设计并进行设计表现。
- 能完成餐厨类家纺产品的配套设计并进行设计表现。
- 能完成餐厨类家纺产品的纸样设计与制板。
- 能完成餐厨类家纺产品的工艺制作。

【项目描述】

为了锻炼学生在产品开发和市场开拓方面的能力，我们将餐厨部分的家纺产品设计项目设置为以自主开发设计的方式进行。由学生根据给定的选题进行有针对性的市场调研，并根据得到的相关资料分析进行餐厨类家纺产品的开发设计。

项目客户：某公寓住宅小区开发商。

目标客户：年轻单身白领。

项目目标：为样板房进行餐厅类家纺产品配套设计。

项目主题：以现代都市田园为风格背景进行餐厅家纺的配套设计。

选题理由：项目目标客户为年轻单身白领，设计对象为公寓的餐厅。该选题贴近年轻学生的生活方式和审美观，使他们感觉是在为自己未来的生活进行设计，这有利于激发学生的创作热情，并在一定程度上降低了市场调研的难度。项目的设置旨在培养学生独立完成一个完整案例（构思、设计及工艺制作）的能力，为毕业设计打下扎实的理论和实践基础。

【项目分析】

本案的设计目标是为居住在某单身公寓的年轻职业白领进行餐厨空间的系列家纺产品设计。考虑到学生缺少对厨房事务的生活经验和对家居生活不了解的局限性，要求把设计重点放在了餐厅的家纺产品配套设计上，这样降低了项目实施的困难和风险，提高了学生对选题的可理解性和参与热情。具体设计制作内容主要包括：窗帘；餐桌配套（含餐椅坐垫、桌旗、餐垫、纸巾盒）；贴布装饰画等。

　　样板房的家纺产品配套设计应具有典型性和普遍适用性，本次设计所选择的餐厨空间为自由开闭式（即厨房和餐厅之间安装玻璃移门），这是目前居室空间设计的主流样式。设计以餐厅家纺产品的配套为主，由于在客厅案例中已经详细讲解了窗帘、靠垫的设计与制作全过程，因此，该案例中餐厅的窗帘、餐椅的坐垫在制作部分将不再展开。餐厅的桌旗、餐垫、纸巾盒的系列设计是这次项目实施的重点。

　　由于餐厨系列家纺配套设计是一个命题项目，所以，学生需要根据设计目标进行独立的实践操作。在这个案例里，将以一组学生的项目完成过程为例，结合在教学中对学生在任务实施中所给予的指导来展开。

模块一 餐厨类家用纺织品的造型与配套设计

相关知识

一、餐厨类家用纺织品的造型设计

餐厨类家用纺织品指用于餐厅、厨房内的家用纺织品。厨房家纺产品选用面料一般应考虑易于清洁和具有较高的使用强度，耐烫、耐磨，具有一定的防油污、防静电和防火的性能。餐厅内常用的家用纺织品有台布、餐垫、餐巾、餐巾纸盒套、茶壶套、茶杯垫、酒瓶套、果物篮等。这类纺织品体积比较小，往往起到吸引视线、营造良好的就餐氛围的作用（图3-1）；设计的灵活性大，设计师的想象力可以得到充分发挥。在设计时，应充分强调其装饰性，如用丝绒面料制成的酒瓶套显得高贵气派，而运用仿生造型进行趣味性构思设计的酒瓶套则非常引人注目。茶壶套起到保温、防烫的作用，通常设计成罩子的形式罩住茶壶。餐垫、杯垫等较小巧，放置在桌面上，与人的距离较近，可以运用十字绣等刺绣工艺突出其精致的工艺特点。杯套也可以进行配套设计。果物筐、果物篮上包覆的饰物，也可以用面料直接制作。餐巾纸是餐桌上不可缺少的用品，精致、别致的纸巾盒让人感觉温馨、亲切。餐厅用的家用纺织品的面料选择范围较广，更多的是考虑面料的装饰效果。

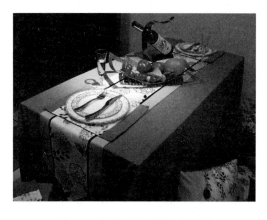

图3-1 台布和餐垫的配套设计

厨房用的家用纺织品包括为电器、炊具遮尘的罩子或盖布，如微波炉盖布、电冰箱盖布、锅罩以及为下厨者遮挡油腻的围裙、头巾、袖套，隔热用的手套、锅垫和小用品等。这类产品一般具有较强的实用性，在面料选择上，要考虑到厨房内易沾油污，所以，面料的易清洗性能是非常重要的，一般多采用棉织物。款式设计上要简洁，不宜用过多的装饰，如利用不同面料的拼接或局部的一点小饰物强调细节设计即可。厨房用的家用纺织品应色彩鲜艳，其图案可为条格或小碎花等（图3-2）。

图3-2 隔热手套和围裙

二、常用餐厅窗帘款式

餐厅是人们就餐的区域，设计合理的餐厅类家纺产品有利于营造良好的就餐氛围，使人心情愉快、有食欲。根据家居户型的特点不同，选择性地设计餐厅窗帘。餐厅窗帘的款式应根据餐厅的位置、面积以及采光效果等方面来设计，一般有门或有窗户或朝向好的餐厅，采光效果都非常好，在窗帘的款式设计上可以注重结构，并设计双层帘（纱帘和遮光帘），以保证在不同时间就餐时都能有良好的空间氛围。对于一般有窗的餐厅来说，罗马帘的使用比较普遍，因为这种款式简洁、大方，适合开口较小的窗户［图3-3（a）］。如果餐厅中的窗户比较分散，利用相同的窗帘款式进行统一也是不错的设计，如用简约的横向开启式布帘可以增加窗户的体量感，从而强化餐厅空间的形式美感［图3-3（b）］。那些有大面积的玻璃移动门的餐厅适宜使用落地窗帘，以横向开启式为最佳选择。根据客户的需要，可以选择做单层帘或双层帘。

(a)

(b)

图3-3　餐厅窗帘常用款式

三、常用的桌旗、餐垫、纸巾套款式

桌旗是铺设在餐桌上的装饰性物品，形状多为长条状，长度方向的两端有平头、箭头、圆形等方式，有时在两端还会饰有流苏类的结构（图3-4）。桌旗一般为两层，分为正、反两面，单面使用的桌旗其反面加有一层衬里。衬里的面料一般选择平整、不易起皱的品种。桌旗的款式变化主要体现在面料的结合与二次设计方面，在图案的选择上主要考虑与家具和台布、椅套相配套。桌旗的主要作用是装饰餐桌，同时也具有一定的餐垫功能。在样板式餐厨家纺产品的配套中，桌旗是餐桌上不可缺少的装饰性角色。

餐垫、锅垫是在餐厨系列家纺中专门用来垫餐盘和锅具的产品，其作用主要是隔热以保护餐桌面和厨房的台面。餐垫和桌旗往往配合使用，其款式相对简单，造型主要以方形和圆形为多见（图3-5）。餐垫从制作工艺上来讲主要有两种：一种是直接采用与台布相同的现成面料进行制作；另一种是将各种纤维通过手工编织而成。利用花布做成的餐垫，其图案基本与台布相近或一致；也有在纯色的底布上利用各种工艺进行图案设计与制作，这种餐垫图案的最大特点是可使用多种适合纹样来进行装饰。餐垫的主要作用是隔热，因此，不适合在其上面做过于凹凸的设计。

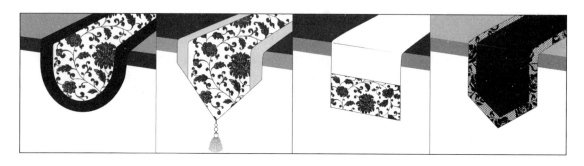

图3-4　桌旗常见款式

图3-5　餐垫款式

四、常见的椅套、坐垫款式

　　餐厅的坐垫一般多与椅套搭配设计，椅套就像是给椅子穿上的外套，其基本功能与沙发套大体相同，因此，同属于家具蒙罩类纺织品。由于椅子的造型变化比较多，因此椅套的款式可以像时装一样非常丰富。总体来说，可以从款式上将其划分为半覆盖和全覆盖两大类（图3-6）。椅套的造型设计与实际的使用环境之间有着非常密切的关系。通常来说，家居餐厨的椅套设计倾向于个性化和风格化。由于使用套数有限，因此，在款式设计与制作上，可以尽情地关注小细节而不用过多地考虑成本问题；面料常选择棉、麻等天然材料来增强自然感；在图案的选择上往往考虑与台布的小环境配套，同时也可以考虑与窗帘的整体环境配套（图3-7）。

图3-6 椅套常见款式

图3-7 云凳套的款式

公共餐厨的椅套设计由于要考虑易于清洁、更换和制作成本等因素，因此，在款式上多为全覆盖式，面料也选择易于清洁的化纤产品；注重利用局部可拆卸装饰品来达到画龙点睛的效果；图案的选择主要考虑整洁和秩序，所以，纹样往往不是很突出，多利用整体色调来进行情调的打造（图3-8）。

图3-8 公共餐厅中的椅套款式

五、家具蒙罩类家用纺织品的造型设计

家具蒙罩类家用纺织品是覆盖在家具之上，起遮挡灰尘、保持整洁作用的家用纺织品，包括凳、椅、沙发的包覆套、电器罩等。

（一）面料

家具蒙罩类家用纺织品选用的面料不仅要求外观美，而且要厚实、富有弹性，坚韧、抗皱、耐磨、触感好、肌理美观、抗起毛和起球。国外对这类织物还要求有阻燃性能。常用的织物有棉布、条绒、平绒、针织物、提花装饰布等。

（二）款式设计

从覆盖方式上看，家具蒙罩类家用纺织品包括全部覆盖式和部分覆盖式两大类。相比之下，全部覆盖式更能突出家用纺织品的装饰效果，还可以起到遮盖或保持整洁、统一的目的；而部分覆盖式使家具部分展现出来，设计时，更应注重家用纺织品在风格、造型上与家具的配合。

以椅套为例，全部覆盖式按照所覆盖的椅子的基本形状设置结构线，具有立体感。在设计时，由于椅子座面和靠背面要基本保持平整，所以椅套的款式设计细节一般体现在椅背面或在椅子的四个脚形成的结构线和交界点上以及下摆处。在背面常利用蝴蝶结、纽扣、褶裥等来体现结构设计的合理性，还常利用流苏、穗子等对椅套下摆边缘进行装饰。巧妙地将用肌理效果强大的大提花面料制成的椅套背面设计成各种造型，并缀以大穗子，则会显得大气又灵巧，让人过目难忘。部分覆盖式的椅套一般覆盖于椅子的座面，可以作为椅垫；或者覆盖小块靠背，款式相对简单，常用荷叶边、蝴蝶结等进行装饰（图3-9）。

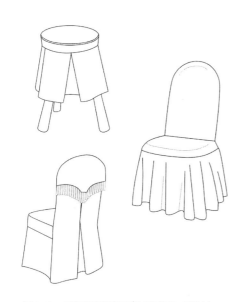

图3-9　不同覆盖程度的椅套款式设计

（三）色彩与图案

全部覆盖式的椅套主要考虑其与较大面积的桌布或窗帘等家用纺织品之间形成的关系。部分覆盖式的椅套还需将椅子本身的色彩、材质也考虑在内。

任务1　用户资料的分析与整理

【知识点】

· 能描述自主开发设计所需资料的收集方法。

· 能描述用户资料的分析与整理的方法与要点。

• 能描述家用纺织品设计与定位的方法与要点。

【技能点】

• 能完成餐厅用家纺产品配套的自主开发设计资料的收集。
• 能完成对典型用户餐厅的相关资料的分析。
• 能通过用户资料分析确定餐厨家纺产品的配套设计风格与构思。

🔒 任务描述

本次任务是通过对典型客户进行调研，了解家装风格需求等，进行与设计相关资料的收集、分析、整理，确定本案餐厨系列家纺产品的总体设计风格、设计内容与设计要素。

🔑 任务分析

本例是针对提升学生自主开发能力而设置的训练项目，项目的设计对象是单身白领公寓的餐厅家用纺织品配套设计。本环节的主要工作内容是针对选定的典型用户（开发商提供的样板房）进行餐厅家用纺织品设计的前期调研。具体包括收集、整理用户的相关资料及需求信息（包括整体家装风格和户型特点，重点是了解客户对餐厅的设计诉求），并在此基础上完成对相关资料的分析与整理，从中提炼出对后续设计最有价值的信息，如色彩、款式、造型等，并由此确定设计风格。最后，根据分析结论确定本次自主开发设计的整体设计构思，包括设计内容、设计重点、难点、要点等。

🌐 任务实施

一、设计定位

（一）消费需求分析

（1）本例中客户房屋所在小区的整体建筑造型为江南水乡风格，因此，开发商希望能进行配套的室内设计。对餐厨而言，希望打造较休闲的田园风格。

（2）该样板房的业主定位是单身白领以及追求生活品位、喜欢艺术和小资情调的年轻业主。

（3）样板房的餐厨空间面积较小，室内层高较低，因此，开发商希望能够尽量做到节省实用空间，扩大视觉空间；整体风格要既时尚简约、又不失个性。

（二）设计资料的分析

1. *户型的基本资料* 本案小区名称为"第五元素"；户型特征为多层一楼；户内总面积为90m²；餐厨总面积为12m²；餐厅面积为9m²。

2. *餐厅户型结构图* 本案餐厅户型结构如图3-10所示。

3. *餐厅硬装效果图* 本案餐厅硬装效果如图3-11所示。

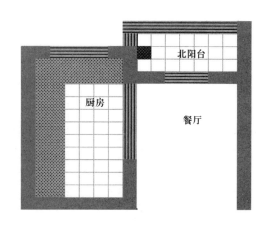

图3-10　户型结构图

图3-11　餐厅硬装效果图

二、设计目标

（一）设计内容的确定

本案的主要设计空间为白领公寓的餐厅，设计内容为餐厅家纺产品的配套设计，主要包括：餐厅窗帘；桌旗、餐垫（以四人餐桌为参考，下同）；餐椅坐垫；纸巾盒；贴布装饰画。

（二）设计风格定位

本案客户房屋所在小区的整体建筑造型为江南水乡风格，开发商提供的样板房的典型客户为年轻白领，他们生活节奏快、压力大。因此，开发商非常希望在餐厅家纺配套设计中能够营造一种休闲、舒适又不失艺术感的氛围，以吸引目标消费者。针对客户需求，将设计的总体风格确定为现代田园风格。选择理由是：一方面考虑到体现时尚、艺术和时代感，使年轻的房屋主人即使在休闲的同时，也不会过分脱离现实社会；另一方面希望田园风格自然、随意、清新的特点能给忙碌了一天的年轻白领提供一个温馨、宁静的餐厅氛围。

（三）设计构思

在进行餐厅的家用纺织品配套设计之前，首先，需要对该客户的餐厨硬装效果进行实地考察与了解，该客户的整体家装风格为接近欧式乡村自然风格。其中餐厅地面铺设的是实木原色地板；餐桌和餐椅为实木手工制作，效果简单、质朴；餐厅与厨房相对，中间用透明的玻璃移门隔开；餐厅的北向一面为落地移门，与阳台相连，所以光线较好；整个餐厅的墙体色调为白色，天花板上点缀了三盏青花风格的镂空陶瓷筒灯。综合上述分析，该用户对家居的风格喜好基本偏向于田园风格，而白领的身份又决定了其对现代时尚的偏爱，所以，设计要解决的重点也是难点即如何将田园风格和现代时尚感完美地结合在一起。总体设计构思是将该客户的餐厅家用纺织品造型总体定位为温馨甜美的现代田园风格，色调亦选择柔和、女性感较强的中性类型。本案具体任务为以下四个方面：一是窗帘的面料、色彩、图案、款式的设计与工艺制作；二是餐垫、桌旗、纸巾盒的面料、色彩、图案、款式的设计与工艺制作；三是餐椅坐垫的面料、色彩、图案、款式的设计与工艺制作；四是贴布装饰画的面料、色彩、图案的构图设计与工艺制作。

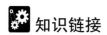 **知识链接**

一、家用纺织品的设计程序

家用纺织品造型设计是艺术与实用功能相结合的设计。设计程序一般是先接受任务或先有一个设想，然后收集资料信息，进行市场调研，以便掌握流行趋势的第一手资料。根据所掌握的素材（色彩、面料、图案、款式），通过构思确定所设计产品的主题、风格，并运用绘画手段将初步的设计构思表达出来。对初步设计的产品款式、色彩、材料搭配进行多次修改，使构思逐步完善和明确。在此过程中，设计者要通过材料的选用（包括面料和辅料）、色彩图案的构思、款式结构的确定以及缝纫工艺的制定等周密严谨的步骤来使构思最终转化为实物。家用纺织品设计构思必须对使用效果及其与整体环境的统一进行深思熟虑的预想。

二、家用纺织品整体配套的形式法则

（一）同类材料的配置

同类材料的配置在视觉、触感以及纺织品的形态上均呈高度统一的效果，但这种配置要视其功能和人文因素而定。如用化纤材料中的锦纶绸做卧室配套纺织品，虽然获得高度统一的效果，但在与人体的亲和性以及保暖、吸湿和防静电功能上却难以达到要求，其功能远不如棉纺制品。另外，在注重生态和环保、提倡回归自然的环境下，卧室配套纺织品选用化纤材料有悖于人文背景。因此，材料的认定不可离开功能、人文和经济因素，应慎重为之。一般情况下，若要改善同一材料配置纺织品的单一效果，可采用同一材料不同线密度来加强质地对比、同一材料不同织纹组织来加强质地效应、同一材料不同印花纹样来加强视觉反差、同一材料不同色彩来加强织物视觉功能以及增加织物造型的形态对比及工艺繁简程度等手段，达到丰富质地的目的。

（二）不同材料的配置

其最大的优点是，可根据室内空间和功能要求灵活地搭配不同材质的纺织品，以便最大限度地满足功能、人文和经济的要求。如要在卧具的保暖、舒适与人体亲和性上得到良好的效果，可采用全棉纺织物或丝绵混纺织物；如要在帷幔的凝重性、神秘性和吸音保暖功能上得以突出，可采用毛呢、丝绒和麻纺或混纺提花装饰材料；家具覆盖织物如要在视觉上体现华贵富丽之感，可采用真丝织物；居室装饰布要在耐摩擦、抗拉牢固度等物理性能上有提高，可采用合成纤维材料，也可通过提高纱线细度或捻度达到这一效果。采用不同材料配置方式处理室内纺织品虽然有很大的灵活性，但种类过多易产生乱的感觉。具体操作中，应在注意材料种类变化多样的同时，更应注意材料的整体性、统一性。若确需使用多种材料进行配置时，可用色彩、纹样和纺织品造型统一来求得协调。

三、家用纺织品的特点

室内软装饰是由色彩、质地、光泽、形态等因素共同实现的，而家用纺织品设计在这几个方面同样适用。

（一）质地

纺织品本身的材质决定了它是创造良好室内环境的重要材料之一。相对于"硬装饰"（家具、花岗岩、瓷砖、玻璃、金属、木材等硬质材料）而言，纺织品被誉为"软装饰"，具有自然的亲和力，可以有效缓解家具、家用电器、陈设品等带来的直线条的僵硬感；同时，纺织品自然的质地也冲淡了硬装材质造成的冷漠感，触觉的柔软感使人感到亲切、舒适。丰富的质地变化更是让纺织品富有特殊的吸引力。

（二）色彩

纺织品丰富的色彩、变化多端的纹样以及它广泛的可使用性是室内其他装饰材料所不及的，纺织品的色彩与图案可以极大地丰富室内的视觉效果。

（三）光泽

纺织品的表面光泽、闪光或亚光与室内光线、灯光配合，显示出其无穷的魅力，透明的窗纱、帷幔更是营造朦胧意境的必备材料。

（四）形态

纺织品柔软的特性赋予它极强的可塑性，既可以塑造出具有飘逸感的二维窗帘、帷幔，又可以塑造出厚实的三维实物形态。

此外，纺织品还具有价格相对低廉、易于安装、易于更换等特点，人们可以根据不同季节、不同心情加以更换。

📖 课后作业

1. 对于自主开发设计来说，应重点收集和分析哪些用户资料？
2. 餐厅中家用纺织品的配套设计与定位需要考虑哪些因素？

🔍 学习评价

	能/不能	熟练/不熟练	任务名称
通过学习本模块，你			根据项目描述进行用户资料的搜集
			掌握用户资料的分析方法与要点
			掌握如何对用户资料进行整理
			根据资料分析结果确定整体设计构思
通过学习本模块，你还			准确地了解、把握消费意向
			灵活地处理设计与需求之间的矛盾
			从设计的角度对消费进行理性引导

任务2 面料材质的分析与选择

【知识点】

- 能分别描述餐厨类家纺产品的常用面料及辅料。
- 能正确区分餐厨类家纺产品的面、辅料材质特点。

【技能点】

- 能根据设计定位完成餐厨系列家纺产品的面、辅料材质选择。
- 能够在面料选择中合理把握设计理念并体现设计的人文关怀。

🔒 任务描述

本环节的主要任务是进行餐厅类家纺产品配套设计的面、辅料材质分析，并完成"第五元素"小区单身公寓典型住户餐厅家纺产品的面、辅料材质选择。

🔑 任务分析

本环节的主要工作目标是根据整体设计构思，考虑现代田园风格、餐厅家纺产品种类、使用功能等方面的内容分别进行相关的面料及辅料的选择与搭配。对于餐厅家用纺织品来说，面料既是图案和色彩的载体，又是形成产品的必要物质材料，因此，面料的选择适合与否对设计效果的影响至关重要。面料的选择需要对面料的织造原料、性能特点（薄厚、耐用性、悬垂性、挺括性、手感等）是否适合餐厅使用方面进行综合性考虑，并结合具体的使用功能要求来加以选择。此外，还应选择必需的辅料，如拉链、填充棉、装饰花边以及绳、穗等内容。具体包括：窗帘、桌旗、餐垫、纸巾盒、坐垫、贴布装饰画的面料材质的选择与搭配。

📱 任务实施

一、本案餐厅窗帘材料的选择

餐厅是供人们进餐的空间，所有的装饰设计都围绕着营造轻松、惬意的就餐环境来进行。对于餐厅中有窗户的户型结构来说，窗帘是很好的装饰元素。餐厅中的窗帘主要起到隔音、遮光作用，以营造舒适的就餐氛围。一般来说，餐厅中的窗帘不必选择过于厚重的面料，多选择中等偏薄、悬垂性好的麻类面料。

本案中的窗帘应用于餐厅中的移门，由于客户已经自备了白色纱帘，因此，只需要选择具有遮光效果的布帘。餐厅与厨房之间由两扇玻璃移门隔开，因此，在窗帘的面料选择上不必考虑油污等问题。为了充分体现现代田园风格，设计师最终选择了两种面料，即以麻类为主和以棉类为辅，作为窗帘用材料。选择麻质主面料的理由是取其良好的悬垂效果和自然风格，而选择棉质辅助面料的理由是为了在不破坏设计风格的基础上，使窗帘面料在质感上略有变化，从而使窗帘整体不至于显得单调。辅料主要有挂钩、织带等。

二、本案桌旗、餐垫、纸巾套材料的选择

餐桌是餐厅中的主要家具，餐厅中的家纺产品主要是围绕餐桌来进行设计与组合的。桌旗在餐桌装饰中的地位非常重要，它可以有效地消除餐桌桌面的单调感，并为其增添艺术气息。餐垫垫于餐盘下面，是一款非常实用的家纺产品，是西式餐厅中不可缺少的餐桌布置用品。大多数中国家庭在就餐时都不习惯使用餐巾，而使用最多的是盒装餐巾纸，因此，纸巾套的设计在中国家居的餐厅纺织品中也是非常适用的。此外，茶壶套和水杯套也是常见的餐厅家纺产品。

本案中的客户餐厅面积只有9m²，面积较小；客户餐桌尺寸大概可供4～6人使用；餐桌是用实木手工制作而成的，客户希望能将餐桌展示出来，因此取消了台布的设计。综合上述因素，餐桌家用纺织品的小配套设计品类最终确定了三类家纺产品：桌旗、餐垫和纸巾套。为了统一餐厅家纺产品的面料风格，在桌旗、餐垫、纸巾套的面料材质选择中，采用与窗帘基本相同的材料，即主要以麻质面料和棉质面料的搭配进行设计与制作。此外，由于纸巾套需要一定的厚度以保证成型效果，因此，还需要填充棉作为辅料。

三、本案坐垫材料的选择

餐椅是与餐桌配套的材料和造型，因此，为餐椅设计了坐垫，这样既保证了餐桌与餐椅的视觉统一性，又为客户提供了舒适的坐感。本例中坐垫的材料选择分为两部分，一是坐垫的外套面料，坐垫套的面料与窗帘一致，搭配纯棉面料作为装饰结构；二是内部填充物材料。选择麻类作为坐垫的主面料是考虑到麻的吸湿透气等性能，辅料主要包括海绵垫、拉链和滚边用的线绳等。

四、本案贴布装饰画材料的选择

在对客户餐厅的硬装效果进行总体设计分析中发现，餐厅靠近餐桌的一面墙壁既没有贴壁纸，也没有在墙漆的色彩方面与其他墙面进行颜色上的区分，总体感觉空洞而单调。因此，在设计中，利用窗帘、餐垫、桌旗、纸巾盒以及餐椅坐垫所用剩下的边角料做一系列的手工贴布装饰画。这样，既达到了整体风格呼应的装饰效果，又充分利用了面辅料，可谓一举两得。

⚙ 知识链接

一、常用餐厨空间的窗帘材料

餐厨空间是对餐厅和厨房的总称。一般餐厨空间中如果有窗户就会配以相应的窗帘，两

个空间的功能不同，因此，对窗帘的需求目的也有区别。总的来说，餐厨空间中的窗帘材质选择应将面料的性能特点放在首位来考虑。

餐厅窗帘的材料选择与客厅窗帘的区别不大，主要应根据窗帘的款式来确定。餐厅窗户的具体尺寸和形状不尽相同，款式选择也不同，如比较大的落地窗或移门多采用双扇横向开启的方式，因此，悬垂性是面料选择的重点；而较小的窗户则宜采用竖向开启的方式，如罗马帘、奥地利帘或简单的百叶帘、卷帘等，因此，柔软、合适的质地是选择的重点。此外，餐厅窗帘面料材质的选择还要兼顾客户的喜好（图3-12，彩图效果见彩图17）。

厨房是进行烹饪的场所，油烟是难以避免的，在厨房窗帘的材质选择上应考虑面料的抗油污性、阻燃性和易清洗性。厨房窗帘的款式一般比较简洁、温馨，目的是营造整洁的氛围以使工作更有条理性；由于厨房空间对私密性要求不高，所以多用半开放式窗帘（即局部遮挡的样式）；对面料的遮光性要求不高，甚至有时会需要面料有透光效果，因此，还应针对窗帘款式选择合适的面料质地，做到软硬、薄厚适宜。

图3-12　餐厅空间的窗帘选择

二、常用的桌旗、餐垫、纸巾套材料

桌旗是铺设在餐桌上的纺织品，常见造型为长条形，主要功能是隔热和装饰餐桌。桌旗的面料选择主要以混纺类材料为主，这类面料的主要特点是耐热性能好、易于清洁、可染色性能好（图3-13）。应用于餐桌上的纺织品中，餐垫、桌旗、纸巾套常常配合使用，它们对面料材质的要求基本相同，因此，三者在面料的选择上可以通用。

图3-13　餐桌家纺产品常用面料

三、常用的坐垫材料

坐垫是应用于餐椅上的家纺产品，一般使用较硬的材料制作的餐椅，如木、竹、金属等，都需要配以坐垫来提供舒适感。坐垫的材料选择分为坐垫套面料的选择和坐垫内部填充物的选择。坐垫套的主、辅料选择主要考虑三个方面，一是考虑坐感的舒适性；二是与桌布、桌旗、餐垫等面料配套；三是坐垫款式。主料一般选择耐磨、易清洗的面料，辅料主要有花边、滚边线绳、拉链、纽扣等。坐垫内部填充物常用材料主要有块状海绵、填充棉等，其作用是使坐垫柔软、有弹性（图3-14）。

图3-14　坐垫面料与辅料

四、家用纺织品辅料的分类

（一）实用性辅料

在家用纺织品的制作过程中，需要用到很多种类的辅助材料。其中，实用性辅料是具备某种实际使用功能的材料，如拉链、纽扣、线、填充棉等。

1. **紧扣材料**　紧扣材料主要起到的是闭合、连接的作用，包括纽扣、拉链、挂钩、环、尼龙搭扣、带子等，品种丰富，有时也可以作为装饰性材料。从材料上，纽扣可分为天然材料（贝壳、木材、椰壳、石头、皮革）纽扣、合成材料（塑料、胶木、有机玻璃、树脂、仿皮等）纽扣和金属纽扣。从结构上又分为有眼纽扣、有脚纽扣、按扣和盘扣。拉链也有多种类型，从开合方式上可分为开尾、闭尾和隐形三种；从原料上可分为金属、注塑和尼龙等类型。

2. **填料**　填料顾名思义是家纺产品的填充材料，其不仅能起到保暖的作用，而且对一些立体造型来说是必不可少的材料之一。常用的填料有棉花、羽绒、化纤、混合絮、丝绵等。棉花价廉、舒适，但弹性差，受压后保暖性降低，水洗后难干且易变形，因而，多用于婴幼儿产品及中低档产品；羽绒质轻、蓬松性好，保暖性佳，可作为高档产品的填料；化纤材料由于耐用性好，价格较低而被广泛使用；此外，用纺织材料加工成的蓬松柔软而富有弹性的絮片易于裁剪、缝制，是常用的填充材料。

3. **线材**　线材包括用于机缝、机绣或手工绣花所用的缝纫线和刺绣用线。根据原料、粗细、捻度的不同，线类材料有不同的类型。

4. **其他**

（1）塑料垫片。为了塑造成型，需要硬质的塑料垫片支撑。

（2）里布。用来部分或全部覆盖背里的材料，如桌旗反面接触桌面的材料。

（3）窗帘杆、窗帘轨道。用于悬挂窗帘的材料。

（二）装饰性辅料

装饰性辅料指运用在家用纺织品上起装饰作用的辅料。这些辅料基本上没有实用功能，如珠片、丝带、花边、穗子等；与其他辅料相比，装饰性辅料着重体现装饰效果。随着纺织业的发展，装饰性辅料的品种也越来越丰富，在选配时，一定要考虑与家用纺织品的款式、色彩、面料的协调性。

📖 **课后作业**

1. 常见的桌旗、餐垫、纸巾盒套的面料有哪些种类？
2. 餐厨类家纺产品的面料选择主要应考虑哪些因素？

🔍 **学习评价**

	能/不能	熟练/不熟练	任务名称
通过学习本模块，你			按照设计构思进行桌旗的面料选择
			按照设计构思进行餐垫的面料选择
			按照设计构思进行纸巾盒的面料选择
通过学习本模块，你还			在面料选择中体现设计的人文关怀
			灵活地处理设计与需求之间的矛盾
			从设计的角度对消费者进行理性引导

任务3 面料整体色调的调和配比

【知识点】

- 能描述餐厅中家纺产品的整体色调配合对环境氛围的影响。
- 能描述不同风格的室内设计与家纺产品色调搭配之间的关系。
- 能描述餐厅类家纺产品的图案、色彩设计特点与系列设计原则。

【技能点】

- 能根据设计风格定位进行餐厅系列家纺产品的整体色调选择。
- 能合理把握设计原则进行餐厅系列家纺产品的图案、色彩设计。

🔒 **任务描述**

本环节的任务是完成某单身公寓典型住户餐厅配套家纺产品的面料图案以及配套产品的整体色调设计，并对面料样品进行设计编号。

🔑 **任务分析**

本环节的任务是根据面料材质的选择对餐厅家纺产品面料进行图案和色调方面的配套设计。本案餐厅的总体设计风格确定为现代田园风格，在面料图案的选择上，应主要考虑点、条纹和格子以及小碎花和纯色的搭配，这样的选择与组合最能体现田园风格特征；另外，客户在需求中强调了体现现代感的要求，因此，可以在色彩上进行一些大胆的调整。具体的设计内容包括：桌旗、餐垫、椅垫、窗帘、纸巾盒、贴布装饰画的面料图案和色彩选择；餐厅家纺产品整体面料的编号。

任务实施

一、餐厅家纺产品面料整体色调的选择

餐厅是供人们用餐的场所，家纺产品的舒适性和视觉愉悦感是营造良好就餐环境的重要因素。餐厅中家纺产品的面料图案和色彩选择应结合空间尺寸、采光效果以及硬装风格等进行综合性考虑。面积小的餐厅不宜使用大花型面料，同时，在色彩的整体把握上也应注意不要过于深暗、花乱，以免给人以狭小、局促和烦躁的感觉。尺寸较大的餐厅在面料图案和色彩的选择上则比较自由，主要考虑整体风格和客户需求。

本案中的餐厅面积比较小，但采光效果不错。为了体现现代感，在面料图案的选择上，采用以纯色为主，小花型图案为辅的拼接形式；总体色调根据客户的需求选择了较浅的粉色系为主色调，既简约、时尚，又雅致、柔和，主要色调包括粉色（含灰）、棕色、米色、咖啡色、淡蓝色、淡绿色等［图3-15，彩色效果见彩图32（b）］。

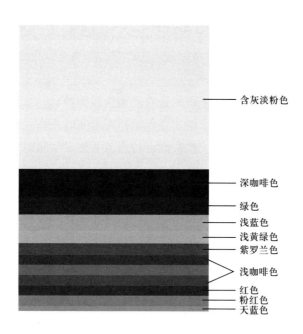

含灰淡粉色

深咖啡色
绿色
浅蓝色
浅黄绿色
紫罗兰色
浅咖啡色
红色
粉红色
天蓝色

图3-15　餐厅家纺的整体色调搭配

二、面料图案的选择

本案餐厅中家纺产品设计定位于现代田园风格，因此，在面料的选择上以亚光的棉、麻材质为主；在面料图案的选择上以纯色为主，辅以小碎花图案，以拼布的形式进行设计配合，以营造时尚而亲切的田园风格。面料定案如图3-16［彩色效果见彩图32（c）］所示。

(a) 主面料 A　　　　　　　　　(b) 主面料 B

(c) 辅料 C

图3-16　本案所用面料

本例餐厅中所用面料的编号见表3-1。

表3-1　餐厅家纺产品面料的选用信息

面料编号	A	B	C	D	E	F	G	H	I	J	K	L	M	N
材质	麻	棉				涤棉混纺	棉	涤棉混纺			麻	涤棉混纺	棉	麻
门幅	180	150												

三、餐厅系列家纺产品的色调应用

（一）本案餐厅窗帘的色调选择与应用

餐厅中的窗帘，不一定都要选择有图案的面料，很多情况下，素色的面料反而更容易被接受。因此，在确定餐厅窗帘的图案色彩时，一定要从整体出发，尤其要注重窗帘设计符合房间功能的要求。首先，餐厅空间的窗帘色彩和窗帘图案应以柔和、明快为主，并给人以整洁、温馨感；其次，餐厅窗帘的色彩和图案还应考虑空间的光线效果，如果餐厅空间的采光不是非常理想，则宜选用明亮色调的窗帘；此外，面料图案的花型尺寸大小也很重要，小房间内的花型尺寸不宜太大，否则会使空间显得花乱而局促。高度较低的房间可选用竖条纹图案的窗帘，以使空间得到视觉上的延伸。餐厅窗帘的图案、色彩应与室内整体风格保持一致，以增强视觉效果（图3-17，彩色效果见彩图18）。

图3-17 餐厅窗帘的选择

本案中的餐厅是一个方形的有移门的空间，采光效果比较好。由于房屋的女主人比较喜欢柔和的颜色，因此，在设计上大胆地选择了含灰的水粉色；为了使窗帘的色彩不至于太单调，选择了深咖啡地带粉色波点图案的类似质地面料。一方面迎合了主人对色彩的需求；另一方面，波点图案又给该款设计增添了时尚感，满足了现代田园风格的要求。

（二）本案桌旗、餐垫、纸巾套的色调应用

桌旗、餐垫和纸巾套常常是配合设计使用的，因此，又被称为餐桌小配套设计。桌旗主要是用来隔热和装饰餐桌的，其设计给设计师留下了较大的自由发挥空间。桌旗的图案和色彩设计一般应考虑与餐厅，尤其是与餐桌的风格相一致，如中式的餐桌就不适合用带有蕾丝装饰结构的桌旗；而欧式风格的餐桌也不太适合用装饰有民俗类图案的桌旗。一般来说，餐垫和桌旗的色彩与图案的装饰目的主要是以促进人的食欲为主，因此，比较适合选择暖色系，如橙色系或绿色系。此外，令人感到清洁、舒适的颜色和图案也常常被用在餐桌纺织品的设计上，如纯净的白色和蓝色等。有些时候，适当地使用灰色调会给整体设计增添雅致的情调。如图3-18（彩色效果见彩图19）所示的是一款典型的中式风格桌旗，浓淡两种蓝色有着浓厚的蓝印花效果；抽象

图3-18 中式传统图案风格桌旗

的装饰图案又很好地中和了西式家具与中式软装之间的冲突，在风格混搭中，各种风格和平共处，相得益彰。中部的淡蓝色图案和边饰的深蓝色地形成了色调的对比，在视觉效果上互相映衬，并突出了中间图案材质的质感；在光泽上与现代风格水晶吊灯形成了很好的呼应。这个例子充分说明了一点，即在桌旗的设计过程中应注意各部分搭配合理，主次分明。

在女性眼中，蕾丝花边一直都是浪漫的代名词。它以优质的纱线，富有层次的织造以及柔顺而极具弹性的手感，彰显出甜美浪漫的气息。当突出个性化、性别化的装饰风格开始显现，甜美自然的女性家居风格正逐渐成为一种新的潮流。如图3-19所示的餐桌家纺产品配套设计为欧美田园风格，通过纯色面料和花边的巧妙搭配，既赋予了桌旗在造型上的变化与材质对比，同时又利用两者将台布、椅套、桌旗和纸巾盒套等进行了风格统一。简约的家居风格配合简洁、大方的椅套，给人以舒适、大气的感觉，靠垫、桌旗的细节处理成为画龙点睛之笔，粗中有细、繁简得当。如图3-20所示的这款桌旗采用有光泽的丝质面料，并在装饰图案上与条纹沙发进行了呼应。蓝色的屋顶和门窗、白色的家具都充分地展示了浓郁的地中海风格；沙发的鲜艳色彩又在蓝色的宁静中增添了一丝喧闹的气息。这两种冲突的色彩通过紫色调的桌旗进行了中和，既保留了室内色彩的丰富性，又使色彩之间实现了和谐过渡。

图3-19　装饰有花边和流苏的桌旗

图3-20　现代设计风格桌旗

本案的桌旗、餐垫和纸巾盒套延续田园风格，选择了粉色系和米色系两种色调的小花纹面料。粉色系是为了呼应窗帘的色调，米色系中含灰的调子有助于使整体色彩更加大气。在三者的图案设计上主要运用了手工绗缝和拼布两种工艺，将各种小花型面料和纯色面料配合，创造出了柔和、端庄、浓厚的现代田园气息。在这三件产品的制作中，由于使用的面料花型比较多，这里不再用文字赘述，详细的描述参见本项目模块一【任务四】中关于桌旗、餐垫和纸巾盒套的款式设计部分内容。

（三）本案坐垫的色调应用

坐垫的功能主要是提供在餐厅就餐时的舒适坐感，因此，其色彩和图案的设计主要是与台布、桌旗、餐垫等保持一致。坐垫正面上的图案一般为平面印花工艺制作，不适宜使用具有凹凸感的材料和缝缀工艺制作。此外，如果餐厅的空间面积不是很大的话，一般餐椅坐垫的装饰图案不宜使用过于花哨的纹样类型，而应以选择小花型面料或纯色面料为宜（图3-21）。

图3-21　田园风格的台布和椅套

由于本案的餐厅空间不是很大，并且餐桌和餐椅的尺寸也相对较小，因此，坐垫的图案选择以纯色为主、装饰纹样为辅的样式。坐垫的色调选择从窗帘的色彩中提取，以粉色为主体色调，配合以咖啡色系的小格子图案。总体给人以素雅、简约、端庄的视觉感受。

（四）本案贴布装饰画的色调应用

贴布装饰画所用的面料来自餐厅家纺产品所有的面辅料，主要是利用剩余面料进行设计与制作，所含面料编号为：A、B、C、D、E、G、H、I、L、M10种图案的面料，它们在装饰画面中出现的位置和数量不同，主要是根据构图的需要而进行设计上的安排与调整。

知识链接

一、家用纺织品图案的作用

对某种物象形态经过概括提取，使之形成具有艺术性和装饰性的组织形式叫作图案。图案是一种既古老又现代的装饰艺术。家用纺织品中的图案应用是其设计的重要内容，目的就是修饰、美化所依附的产品，利用图案本身生动的造型与款式、材料、色彩、工艺的协调突出设计主题。其与款式等要素一样都是设计的重点，起到装饰、强化、提醒和引导视线的作用，形成视觉中心。有的家用纺织品图案是起标志作用的，即标明产品品牌，如在寝具上绣上醒目、简洁、易于识别的标志图案。

二、家用纺织品图案的特性

在家用纺织品造型设计时，除了注重装饰图案的审美性外，还要考虑到家用纺织品图案的从属性和工艺性。

（一）从属性

图案并不是最终的产品，而是依附于家用纺织品，并对其进行装饰且使其体现美感的元素，所以它具有从属性。图案的素材、装饰的部位、表现的手法、工艺手段等都要服从家用纺织品整体的设计风格。家用纺织品的款式在很大程度上限定了装饰图案的形态格局，必须遵守家用纺织品款式的限定，以相应的图案形式去适应这种限定。

（二）工艺性

家用纺织品的装饰图案最终是要通过不同的工艺实现的，因而，在设计时，必须考虑工艺的特性，使图案符合工艺的要求。工艺的特殊性对图案设计来说既是一种制约，又是一种特色。因为工艺特点的不同，家用纺织品的图案会有截然不同的特点，即使是完全相同的图案用不同的工艺手法，也会表现出不同的整体风格，家用纺织品装饰图案的工艺性还表现在对材料的适应性上。

三、家用纺织品图案设计的类型

属于造型设计的家用纺织品图案设计包括利用性设计和专门设计两大类。利用性设计是指利用面料原有图案进行有目的、有针对性的装饰设计。许多家用纺织品是用带有图案的面料做成的，利用面料现有的图案进行设计是图案在家用纺织品中运用最普遍的形式。面料的图案风格往往会在很大程度上决定家用纺织品的整体风格。同样，图案的面料以不同的方式运用在不同的部位，会产生差别很大的审美效果；甚至同一款式的家用纺织品用同一款式的面料，由于拼接方式的不同，效果也会完全不同。设计师选择面料图案，充分利用现成的面料图案特点进行设计并有目的地再创造，可以体现家用纺织品图案多样化、个性化的特点。

专门设计是针对某一特定家用纺织品所进行的图案装饰设计。这类装饰图案以灵活的应变性和极强的表现性符合现代人对家用纺织品个性化的需求趋势，通过图案对家用纺织品进行修饰点缀，使原本单调的产品在形式上产生层次、格局和色彩的变化。

四、常见餐桌家纺产品的图案及色彩应用

台布的图案设计中考虑最多的是营造良好的用餐氛围，无论是用色还是纹样的题材选择都充分反映了这一点。根据风格的不同，可以将台布的图案大致分为田园、古典、民族、现代等几大类。

（一）田园风格

田园风格亲近自然，图案色彩清新、柔和，充满自然气息；纹样多采用花卉、条纹、格子类。在中式田园风格中，最常见的蓝印花布和花被面都极具浓郁的地方特色。东北大花布是早年间在中国北方地区常见的家用纺织品面料，主要用来做被套和褥套，改革开放后，受到西方新文化艺术思潮的冲击曾一度被冷落。随着民族艺术在家居装饰领域中的回归，具有浓郁地方乡村色彩的面料又焕发出了新的生机和活力。目前，这种图案的面料由于花型饱

图3-22 中式田园风格图案的台布图案

图3-23 美式田园风格图案台布

图3-24 混搭风格餐厅家纺

满,色彩浓艳喜庆,因此,往往和其他纯色面料配合使用,以降低其喧闹感。蓝色印花布是盛行于江南地区的民间纺织品面料,常被用来做床上用品和服饰品。同东北大花布一样,经历了从兴盛到衰落再到新生的过程,其图案精美、细腻,白蓝两色对比朴素而鲜明,充分反映出了江南水乡的灵动与秀美。随着我国家纺产品图案开发设计水平的不断提高,在传统蓝印花布图案的基础上又出现了许多具有现代气息的纹样,融合了众多风格、题材的新纹样如雨后春笋般出现在蓝印花布面料上,使之成为目前装饰面料市场中的一朵奇葩(图3-22)。

柔美的小碎花图案在法式田园风格的家纺产品中使用率最高,是法式田园中餐桌台布的首选。无论是清新纯洁的蓝白色还是温馨浪漫的粉红色,都一样能营造出令人心旷神怡的用餐区氛围。

美式田园风格的台布,款式简约、大气,在充分考虑到实用性的基础上处处彰显着自由、随意的气息;多采用纯度较低的中性色系,最常见的是棕灰、棕绿、咖啡等系列,显得干练、深沉而内敛;符合美国人自信、坚毅、果敢以及充满开创意识和冒险精神的民族性格特点(图3-23,彩色效果见彩图20)。英伦田园风格最常见的图案是格子,经常和蕾丝花边配合使用,集简约、大气与别样细腻的美感于一体。

(二)混搭风格

混搭风格是近年来比较流行的样式,在服装和家装等领域中的应用颇受年轻一族的青睐。如以纯净的蓝色和明亮的黄色,配合着具有中式工笔纹样的画屏和坐墩,当英伦的蕾丝、桌椅遇上中式的花鸟,竟然碰撞出了别具一格的现代混搭田园效果:于精致华丽中透露出浓浓的青春靓丽,是时尚年轻女孩的最爱(图3-24)。

(三)古典风格

古典风格由于杂糅了一个民族历代宫廷、贵族、士大夫的审美趣味,因而,在装饰

上带有一定的典型性。可以说，古典风格集合
了众多的精华，全方位地反映了一个国家和民
族的特定审美心理。现代人对古典风格并不能
全盘接受，而是在装饰中取其最具代表性的元
素来实现对其神韵的追求。古典风格的台布面
料都很考究，传统的中式台布面料多为古香缎
类提花织物，欧式的古典台布多为短绒类或提
花面料；古典风格的台布图案延续了传统的工
艺制作手法，纹样也采用传统织物纹样题材和
表现形式；古典风格的台布在色彩上多深沉、
厚重，给人以内敛、庄重的感觉。随着时代的
变迁，人们的审美心理发生了很大的变化，为
了使古典风格的台布能够继续被人们所接受，
势必要在造型方面融入现代人的理解和追求，
从而使之更具有实用性和装饰性（图3-25，彩
色效果见彩图21）。

图3-25　欧式餐厅家纺

（四）民族风格

民族风格是具有典型民族审美特点的一种
艺术审美形式，是一个民族经过长久的历史发展
积淀下来的物质与精神财富。在中国，各少数民
族都具有自己独特的艺术风格，如苗族的刺绣、
扎染、蜡染；藏族的堆绣、宝石项链；朝鲜族的
服装等。广义上来说，国外各民族也都有自己的
装饰艺术特点，如日本的浮世绘、拼布；印度的
莎丽和首饰；东南亚国家的巴迪克蜡染等。如图
3-26（彩色效果见彩图22）所示的台布，在整体
构图和图案色彩上都有着明显的东南亚风格。通

图3-26　民族风格餐厅家纺

常来说，扎染和蜡染等手工艺品能够将纺织品的地域色彩展示得淋漓尽致。

（五）现代风格

目前，家纺消费市场上最为普遍的餐厅台布图案为现代风格，这种风格的图案是在传
统的基础上紧随时代的脉搏应运而生的，因此，具有典型的时代特征，符合现代人的审美需
求。随着全球经济文化等领域的交流与合作日益密切，文化的多元性也在现代风格的台布图
案中得以体现。现代风格的台布图案，在对题材的装饰技法表达上，主要是利用现代形式美
法则进行造型设计，充分迎合了现代审美观的要求。纹样清新、简约并具有强烈的个性表现
意识；在色彩上反叛传统，用色大胆、自由、不拘小节（图3-27）。

图3-27　现代简约风格桌旗

📖 **课后作业**

1. 常见的桌旗、餐垫、纸巾盒、坐垫的色调应用有哪些规律？
2. 餐厨类家纺产品的色调选择应考虑哪些因素？

🔦 **学习评价**

	能/不能	熟练/不熟练	任务名称
通过学习本模块，你			按照设计构思进行窗帘的图案和色彩选择
			按照设计构思进行餐垫、纸巾盒的图案和色彩选择
			按照设计构思进行坐垫的图案和色彩选择
			根据设计风格进行整体色调配合设计
通过学习本模块，你还			在色调整体设计中把握风格的统一
			灵活地处理设计与需求之间的矛盾
			从设计的角度对消费者进行理性引导

任务4　餐厅配套家纺产品的款式设计

【知识点】

· 能描述餐厨类家纺产品中窗帘的常见款式。
· 能描述餐厨类家纺产品中靠垫的常见款式。
· 能描述餐厨类家纺产品整体款式设计的方法与要点。

【技能点】

· 能完成餐厅家纺产品（窗帘、坐垫、桌旗、餐垫、纸巾盒、贴布装饰画等）的单品款式设计。

- 能根据设计构思完成餐厅家纺产品的款式系列化设计。
- 能准确把握设计风格并在具体款式设计中进行合理贯彻。

🔓 任务描述

完成某单身公寓典型住户餐厅家纺产品的窗帘、桌旗、餐垫、纸巾盒套、坐垫的款式设计，具体包括各单品的设计说明和设计效果图以及整体应用效果图。

🗝 任务分析

本环节的主要工作目标是根据设计风格定位以及客户需求对餐厅类家纺产品的款式进行设计，包括设计说明、设计手稿和应用效果图等的制作。本案餐厅中的家纺产品设计任务确定为以自主开发的形式进行，设计风格已确定为现代田园风格。本案中客户的餐厅面积较小，但因为有一个落地的移门所以光线效果较好。鉴于此，在家纺产品的款式设计上以简约、实用为主。具体任务内容包括：桌旗、餐垫、椅垫、窗帘、纸巾盒、贴布装饰画的款式设计说明及效果图绘制；餐厅整体应用效果图的绘制。

⚙ 任务实施

一、窗帘

从空间的功能方面分析，餐厅和厨房的空间区别主要体现在人的活动特点上。人们在餐厅中的就餐行为主要以坐和上肢活动为主，相对比较静态，人体活动半径较小，餐厅的空间易于保持整洁，因此，餐厅窗帘可根据空间面积的具体情况进行或简约或复杂的设计；厨房是烹饪空间，油烟、蒸汽等污染必不可少，因此，窗帘款式应简洁、不易沾油污并易于清洗。同时，餐厨空间对私密性的要求也不一样，厨房基本上不需要太大的私密性，窗帘可以采用半开放的款式（一般不使用窗帘）；餐厅相对来说，对私密性要求高一些，窗帘款式一般选择为可开可合的样式，这样既可以拉开将室外的景物引入餐厅，也可以闭合营造独立的空间氛围。

（一）本案窗帘的款式设计构思

本案中餐厅空间较小，但北向面有两扇移门。在窗帘的款式上，选择了双幅横向开启式结构，造型尽量简洁以使空间不至于有压抑感；罗马杆样式的运用则增添了时尚与艺术气息。其中单幅窗帘的款式为长方形，饰以深色波点面料拼贴的横向与纵向穿插的条纹图案，整体款式集大气与细腻于一体，以达到刚柔并济的效果。

（二）设计手稿

本案餐厅窗帘的款式设计手稿如图3-28所示。

（三）本案窗帘的款式设计定案

本案窗帘的款式设计定案如图3-29［彩色效果见彩图32（d）］所示。

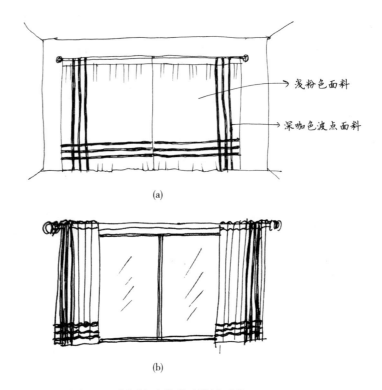

(a)

(b)

图3-28　餐厅窗帘的款式设计手稿

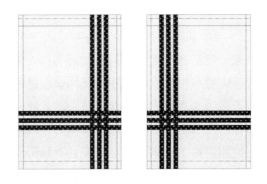

图3-29　本案餐厅窗帘的款式图（正面）

二、桌旗、餐垫、纸巾盒

（一）桌旗

1. 本案桌旗的款式设计构思　桌旗的造型为平头长条形，款式总体设计为贴布风格。为了给客户提供更多的选择，先设计了一款正、反两面都能使用的AB板桌旗。A面总体色彩基调为粉色系，与窗帘和坐垫的色彩呼应，给人以非常柔美的感觉［图3-30（a）］；B面总体色彩基调为大地色系，可以与窗帘和坐垫的色彩形成对比调和，更显大气［图3-30（b）］。在此基础上，又设计了两款传统款式的桌旗，即正面分别为双面桌旗的A面和B面，反面分别为粉色主面料和米色麻面料。一共设计了三种桌旗款式以供选择。

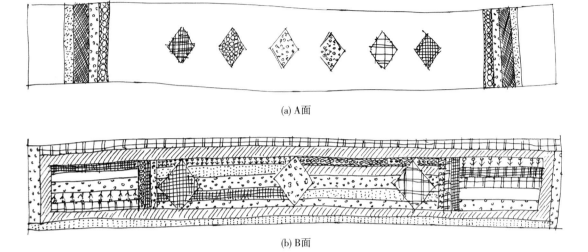

(a) A面

(b) B面

图3-30 双面桌旗的款式设计手稿

2. **本案双面桌旗款式设计定案** 本案双面桌旗款式设计定案如图3-31［彩色效果见彩图32（d）］所示。

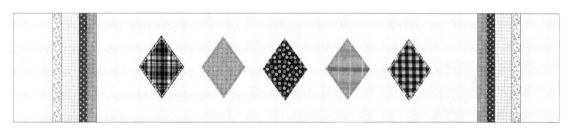

(a) A面

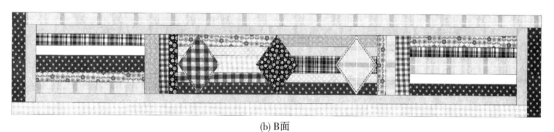

(b) B面

图3-31 双面桌旗的款式设计定稿

（二）餐垫

1. **本案餐垫的款式设计构思** 本案餐垫为两对长方形，同样设计了AB双面款式。一款为粉色底贴布效果，数量四个（图3-32）；另一款为米色底贴布效果，数量四个（图3-33）。

2. **本案餐垫的款式设计定案** 本案餐垫的款式设计定案如图3-34、图3-35［彩色效果见彩图32（d）］所示。

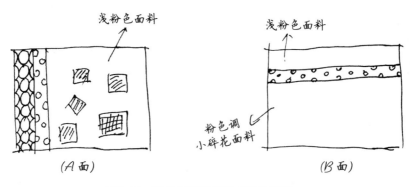

图3-32　粉色系餐垫的款式设计手稿

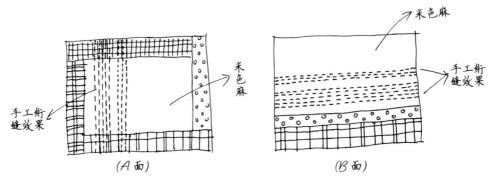

图3-33　米色系餐垫的款式设计手稿

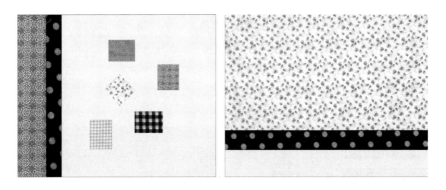

图3-34　粉色系餐垫的款式设计定稿

图3-35　米色系餐垫的款式设计定稿

（三）纸巾盒

1. 本案纸巾盒的款式设计构思　纸巾盒的造型为长方体，整体款式风格为拼布效果，分别设计了粉色款与米色款。设计手稿如图3-36、图3-37所示。

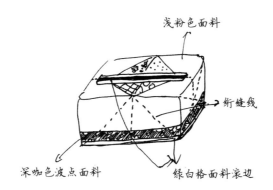

图3-36　粉色系纸巾盒的款式设计手稿

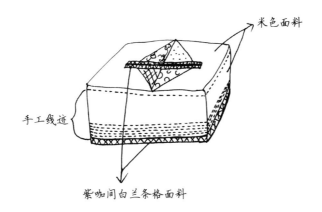

图3-37　米色系纸巾盒的款式设计手稿

2. 本案纸巾盒的款式设计定案　本案纸巾盒的款式设计定案如图3-38、图3-39〔彩色效果见彩图32（d）〕所示。

透视图

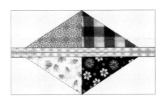

俯视图

正视图

图3-38　粉色系纸巾盒的款式图

透视图

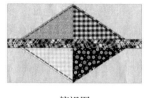
俯视图

正视图

图3-39　米色系纸巾盒的款式图

（四）贴布装饰画

1. 本案贴布画的款式设计构思　本案贴布画设计了一个系列，共三幅，形状为方形，大小一致。画面内容选择的是抽象的花卉题材，造型简约，主要以块面和线条进行形式美组合。块面部分采用贴布工艺，四周用手工绗缝；线条部分采用各种针法形成线的造型，可采用单色线缝制，也可采用多色线并置效果。三幅贴布装饰画的款式设计手稿如图3-40所示。（注：图中的英文字母分别为本案主、辅面料编号，具体参见本项目任务三中面料编号表3-1）

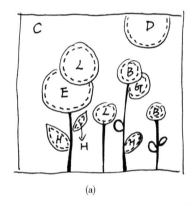
（a）

（b）

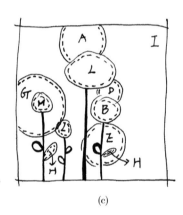
（c）

图3-40　贴布画的款式设计手稿

2. 本案贴布画的款式设计定案　本案贴布画的款式设计定案如图3-41［彩色效果见彩图32（d）］所示。

（a）

（b）

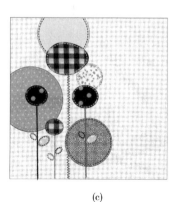
（c）

图3-41　贴布画的款式设计定稿

三、餐椅坐垫

（一）本案坐垫的款式设计构思

本案住户对客厅的坐垫要求是简洁、大方，结合考虑了坐垫与窗帘、餐垫、桌旗的配合，最后选择了纯色为主体，边缘饰以小格子裥褶裙边和滚边的款式。坐垫数量为同样款式的四个（图3-42）。

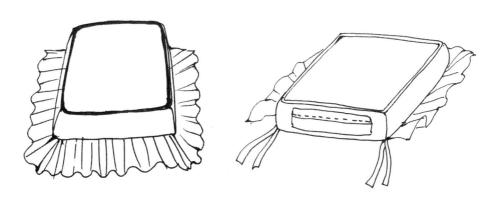

图3-42　椅垫套的款式设计手稿

（二）本案坐垫的款式设计定案

本案坐垫的款式设计定案如图3-43［彩色效果见彩图32（d）］所示。

图3-43　本案椅垫套的款式图

四、本案餐厅家纺产品设计的整体应用效果图

本案餐厅家纺产品设计的整体应用效果图如图3-44［彩色效果见彩图32（d）］所示。

图3-44　餐厅家纺产品整体款式的应用效果图

⚙ 知识链接

一、餐厅空间的基本功能及家纺产品设计的特点

餐厅是为人们提供就餐的场所，面积一般较客厅要小，以能够舒适地摆放一套六人餐桌椅为准；餐厅对光线的要求比较高，有窗户的餐厨自然是最好的，因为沐浴着充足的日光坐在有窗户的餐厅用餐更容易让人有良好的心情；多数餐厅都处于远离窗户的位置，因此，只能通过灯具和其他元素的合理选择来弥补不足。餐厅里典型的家具有餐桌、餐椅；其次还有酒柜、吧台等。就餐区的环境对于就餐时的心情有很大影响，过于花乱会分散注意力，而过于呆板、毫无生气也会影响到食欲，所以，营造良好的用餐环境，充分发挥餐厅的实用功能是现代室内装饰设计的关注重点（图3-45，彩色效果见彩图23）。餐厅中的家纺产品主要是针对家具和常用品而设计的，它们在为就餐提供实用便利的同时，也通

图3-45　餐厅家纺与整体空间色调统一

过色彩和图案以及款式美化着用餐空间。常见的餐厅家纺产品有台布、桌旗、椅套、坐垫、窗帘、纸巾盒套等。餐椅围绕着餐桌形成了一个典型的功能空间，上述产品都处于这个空间当中，其中面料的图案对人的视觉刺激效果将直接影响到用餐的心情，所以，大多数餐厅中最常用的色调往往是橙色系列、绿色系列、咖啡系列，这些色系对于提高食欲有很好的辅助作用；在纹样的选择上往往青睐于令人产生良好联想的热带雨林、花鸟、水果、阳光、海滨等题材，也不乏一些个性化的选择，比如条纹、格子、抽象图形等。

二、厨房空间的基本功能及家纺产品设计的特点

厨房是准备和烹饪食物的场所，空间的实用功能非常重要，因为经常水火交融、布满油烟。

图3-46　厨房用家纺产品与空间风格的统一

因此，抽油烟机、燃气灶、洗菜池等设备是不可缺少的；此外，各种餐具、器皿的形状各异、大大小小，橱柜的收纳功能就显得格外重要。厨房间的光线非常重要，明亮的空间，在使人感受到整洁、卫生的同时，还能让人在烹饪时有个好心情。为了使厨房间的卫生便于打理，在基础装修中往往会用到瓷砖、人造大理石台面以及不锈钢水槽等，然而这些材料往往会给人以冰冷生硬的感觉，因此，在厨房间适当地搭配纺织产品，不仅有实用的效果，还可以弥补建筑材料的质感缺憾（图3-46）。厨房里常见的家纺产品有围裙、隔热手套、窗帘、柜帘、锅垫等。在进行以上产品的配套设计时，应重点考虑的是厨房对整洁、明亮以及创造良好食欲方面的要求。因此，在色彩方面，一般多选择绿色、黄色以及咖啡系列的色调；在纹样方面多选择温馨的小碎花、细条纹以及小格子图案等配合使用（图3-47，彩色效果见彩图24）。具体的色彩及纹样选择应该根据厨房间的实际风格来进行，如面积较大的厨房可以使用大面积的纯灰色系列，配合不锈钢等金属质感也能营造出简约、大气和时尚的感觉。对于绝大多数户型来说，厨房间的面积一般都在10m²以内，因此，对面料图案的选择与搭配，应注意尽量使环境更加温馨、整洁、有条理并能带来良好的食欲。

图3-47　厨房用巾和围裙图案的搭配

三、常见的台布款式

台布是覆盖于桌子上面的家纺产品，是营造温馨气氛的重要元素之一。台布并非餐厨专有，实际上在客厅、卧室等只要有桌子的地方都会有台布的身影。台布在款式上的变化大多以标准的几何形为主，主要有长方形、正方形和圆形等（图3-48）。

(a) 长方形　　　　　　　　　　(b) 圆形　　　　　　　　　　(c) 正方形

图3-48　台布的三种基本造型

台布的款式主要是根据风格特点对悬垂的边缘部分进行细节处理，有光边、木耳边、蕾丝边、流苏边等。光边台布比较简约、大方，多用于现代时尚风格的餐厨环境中（图3-49）。这种款式的台布结构简单，易于打理，但是如果使用不当，则容易造成过于随意或呆板的效果。因此，在室内装饰比较个性化、多变化的环境中使用比较合适，简单的款式不仅不会单调，反而能够平衡其他装饰的纷繁复杂感。如餐厅环境的硬装风格为混搭，为避免令人眼花缭乱，简约的台布和家具刚好能中和这一点。蕾丝花边是英伦风格家纺产品中的常见装饰，其视觉效果具有精致、细腻的特点，且花边的纹样变化非常丰富。流苏是欧式古典风格中的典型装饰元素，常被用在窗帘、台布、桌旗、抱枕等产品上，款式比较多，制作工艺古老而复杂，在法国，有专门生产这种饰品的工厂，专门为欧式古典风格的纺织产品做配

图3-49　简约风格餐桌光边台布

套饰物。流苏的悬垂效果使其非常适合用做边饰，自由端能够随风摆动，从而为厚重的面料平添了几分飘逸感，动中取静，别有一番神韵。同时，制作流苏的材料质地光泽肥亮，与高档提花面料搭配，更能增显华贵气质。

四、隔热手套、面包篮和围裙的造型设计

现代厨房并不只是一个用来完成煮饭、烧菜等灶头工作的地方，它可以是一个令我们尽情享受烹饪快乐的个性小空间，当然也可以在这里和家人共同分享这份快乐，从而增进亲情的交流。因此，美妙的厨房氛围会带给人良好的烹饪热情与灵感。而作为厨房中的家纺产品更以其独特的温柔气质为这个充斥着金属、瓷砖的环境增添一份亲切的温馨气息。总的来说，厨房中的家纺产品主要可以分为大配套和小配套，大配套主要包括：围裙、锅垫、隔热手套、水果面包篮、清洁用巾等；小配套主要包括：围裙、隔热手套、锅垫。配套内容的多少可根据需要来确定。

围裙是厨房中必不可少的家纺产品，是烹饪时保护肌肤免受烫伤和油污的防护类罩衣。从款式上来说，围裙可以大致分为全身围裙和半身围裙，全身围裙又可分为有袖和无袖两种，与围裙配套的还有袖套。半身围裙是西餐中最常见的类型，主要是配合厨师服装使用；多数家居用的围裙都为全身围裙（图3-50）。

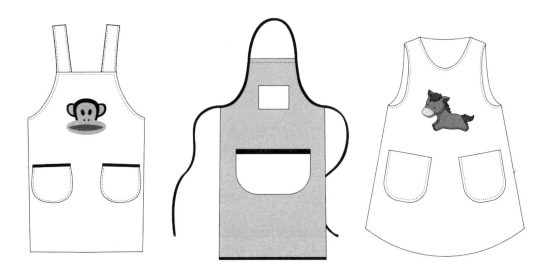

图3-50　常见家居围裙的基本款式

隔热手套和锅垫这两种厨房用家纺产品在功能上是一致的，都是为了防烫而进行的相应设计，通常配合使用。隔热手套的款式一般设计成两指样式，即将大拇指分离出来，其余四指套在一个指套中。在进行隔热手套款式设计时，应格外注意手套在使用时两个指套开合的灵活性，否则将会影响其实用性。隔热手套和锅垫的面料一般比较厚，中间还要加一层填充棉，因此，一般都会使用一定的绗缝工艺（图3-51）。

图3-51　胶质隔热手套

　　除此之外，厨房家纺产品还有水果面包篮、茶壶套、纸巾盒套、袖套以及厨房用巾等（图3-52）。随着现代餐厨装修的样式越来越丰富，很多原本属于餐厅的物品如茶壶等也出现在厨房中了，因此，厨房用品和餐厅用品的使用空间界限已经没有传统模式中那么分明。一般来说，餐厅和厨房中的家纺产品在配套设计中往往可以合并进行整体设计考量。

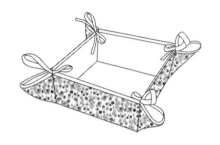

图3-52　面包篮、茶壶套和纸巾套

📖 课后作业

1. 常见的桌旗设计风格有哪些？
2. 在桌旗的款式设计中常用的表现手法有哪些？
3. 餐厨类家纺产品的款式应如何进行系列化配套设计？

🔍 学习评价

	能/不能	熟练/不熟练	任务名称
通过学习本模块，你			进行桌旗、餐垫、纸巾盒的款式设计与选择
			按照设计构思进行坐垫的造型设计与选择
			根据设计风格进行整体款式配合设计
通过学习本模块，你还			在款式整体设计中做到繁简得当

模块二　餐厨类家用纺织品的结构设计与工艺

相关知识

家用纺织品装饰工艺

装饰工艺是家用纺织品制作工艺中的重要组成部分，由相应的材料、装饰针法以及各种造型组成各种装饰效果。使用的装饰工艺越好，产品的档次越高，产品的附加值也就越高。

装饰工艺变化丰富，技法众多，是我国传统工艺的精粹，并在新材料、新技术、新工艺的开发上不断创新。

一、装饰工艺的材料

家用纺织品的装饰材料包括面料、花边、丝带、流苏、金属片、珠片等，制作时可根据不同的设计意图和用途而灵活运用（图3-53）。

图3-53　常用家用纺织品的装饰材料

1. **面料**　家用纺织品中的面料是最常用的装饰材料，可根据本色面料做成木耳边、抽碎裥、盘扣、镶边、镂空等，按照设计要求和使用功能增添家用纺织品的美感，同时，也可以做成布艺立体花，显得雅致、秀丽，增添家纺产品的艺术情趣。

2．**花边**　花边是最常见的装饰材料，用于家用纺织品的镶边和装饰。花边有纯棉花边、粘胶丝花边和锦纶丝花边。花边的形状也有很多，有波浪形、凤尾形和花边形等。花边的使用可增加秀丽、雅致的效果，使家用纺织品更加精致、可爱，常用的花边镶缝方法有：夹缝、拼嵌、镶贴、盖贴等。

3．**丝带**　丝带分软边和硬边两类，软边包括丝绸、天鹅绒、麂皮和涤纶等；硬边两侧缝有明线，主要有花色丝带和法国丝带，原料是丝线。丝带既可以是花边形的，也可以是宽扁的带子。丝带的颜色、图案、织法、质地和宽度不计其数，可以按照个人的喜好选择不同的织法或正、斜纹的丝带。丝带可用于家用纺织品的各个部分，尤其是在四周边上起装饰作用。

4．**流苏**　流苏是一种下垂的穗子，历史悠久，在古代，就在服装、战车、帐幕上出现，主要用于窗帘、床上用品、靠垫、抱枕等的装饰。

5．**珠片**　珠片是指由树脂、金属等材料制成的富有光泽的薄片、珠粒或珠管等。珠片镶嵌在家用纺织品上起点缀作用，珠片的图案不固定，可以根据产品要求、装饰部位和个人爱好而定。珠片钉在家用纺织品上面，使家用纺织品显得雍容华贵，美观大方。

6．**拉链**　在家用纺织品中，拉链的运用比较广泛，有的作为装饰用，也有的是起功能作用。拉链的品种多种多样，包括金属拉链和塑料拉链。在设计和制作时，要根据款式需要来选择拉链，使其发挥应有的作用。

7．**搭扣带**　搭扣带是用锦纶丝织制的两根能够搭合在一起的带子，一根带子的表面布满小毛圈，另一根带子的表面布满小钩子。这种带子搭扣紧密，耐磨性强，使用方便，因此，可用来代替拉链或纽扣。一般常用于沙发套、床罩等家纺产品中。

二、常用装饰工艺

装饰工艺一般可分为：手绣装饰工艺、机缝装饰工艺、饰物装饰工艺等。

（一）手绣装饰工艺

1．**轮廓针法**　轮廓针法也叫轮廓绣，因其制作出来的刺绣线条犹如一条绳子，所以也叫绳状绣，一般用于线条的展示和制作绣图的轮廓。操作时，注意线迹的绕行方式，其实就是回针的背面，只是线迹在绕行时一直处于缝针的一边，或上或下，最终形成如绳状扭在一边的线迹（图3-54）。

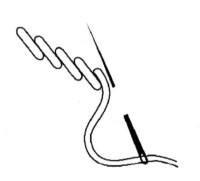

图3-54　轮廓针法示意图

2．**辫子针法**　辫子针法也称辫子绣，链式针法，其线迹一环套一环如辫子状、锚链状。操作时，先用绣线绣出一个线环，再将绣针压住绣线后运针，绣成链条状（图3-55）。

3．**菊叶针法**　菊叶针法一般用于表现叶子和简单的花。操作时，关键点是在出针点再一次入针，并在对面1cm 左右出针时，将线绕针上拉出，形成一个弧度好看的线圈并固定（图3-56）。

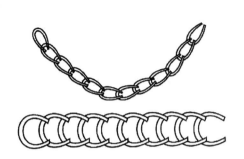

图3-55　辫子针法示意图　　　　　　　　图3-56　菊叶针法示意图

4．**穿环针法**　操作时先做平针，然后在针距空闲用第二种色线补成回针状，再用第三种色线穿绕成波浪状，最后用第四种色线按绕针穿绕，补充波浪线迹的空白，组成连环状（图3-57）。

图3-57　穿环针法示意图

5．**绕结式针法**　这种针法是回针与锁针的结合。操作时，先用半回针做一个内圆，在这个圆的基础上，用锁边的方法，从外缘缝至内缘，再将针尾的线绕一圈，套住针头将针抽出，如此循环。每针间距较大，形成一个外缘，要求各针间距相等，长短一致（图3-58）。

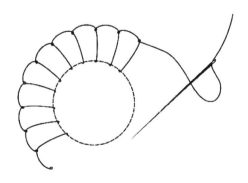

图3-58　绕结式针法示意图

6. **假缝式鱼骨状针法** 从三角针变化而来，用于花纹或产品边缘做装饰，可用单色或双色线缝制。操作时，先将三角针缝好，再用另一色线在三角针的点上纵向缝一针。要求每针大小一致、间距相等，点缀的另一色线长短一致（图3-59）。

图3-59 假缝式鱼骨状针法示意图

7. **雕绣** 雕绣又称挖空绣，主要用于装饰性较强的挖花及绣花处，将裁片及贴花边缘的毛边锁光。操作时，将针自左向右底通过裁片毛边向内锁紧，锁线停留在布上。拉线时拉力要均匀，锁线排料紧密而整齐（图3-60）。用雕绣工艺来刺绣图案的边缘，然后将空白部分用剪刀剪掉成镂空状，这样的工艺花地分明，图案清晰，立体感强，更能突出花纹的秀美、雅致。雕绣工艺有一定的难度，一般用于比较高档的家用纺织品中。

8. **缎绣** 缎绣是绣花中最常用的手法之一。将绣线按照图案的轮廓线依次填满刺绣，可以平绣、斜绣或按花纹的脉络来绣，也可以包芯绣，使花的形态生动饱满（图3-61）。

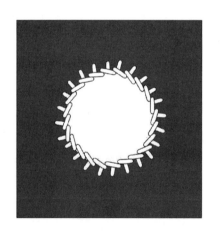

图3-60 雕绣针法示意图

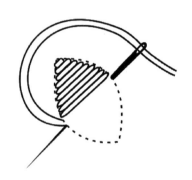

图3-61 缎绣针法示意图

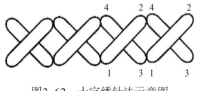

图3-62 十字绣针法示意图

9. **十字绣** 十字绣又称十字挑花，是根据布料的经纬纱向，按预先设计的图案，用许多小的、成对角交叉的十字形针迹绣成。线有单色、多色之分。十字绣针迹要求排列整齐，行距清晰，大小均匀，拉线轻重一致，常用于床上用品、餐厅用品、壁挂等家纺产品的装饰（图3-62）。

10. **剁绣**　剁绣，也称俄罗斯刺绣，是中国民间刺绣的一种，曾经在20世纪60～70年代盛行于中国的东北与西北地区。这种刺绣需要专门的绣针，操作时，按预先设计的图案，将特种绣针穿好线后沿图案线迹向内垂直戳针，边戳边拉线，并保持线迹的均匀。刺绣效果一面花纹高出布面，呈毛圈状（剪开即为毛绒），另一面是平缝针迹，两面都可以作为装饰面，常用于抱枕、靠垫、布艺包、壁挂等家纺产品的装饰（图3-63）。

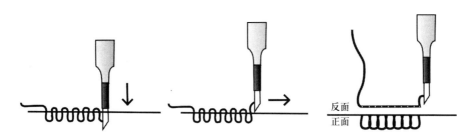

图3-63　剁绣针法示意图

11. **混合绣**　在一件绣品上使用多种刺绣方法叫混合绣。如今，单一的绣法已经难以满足消费者对刺绣家纺产品的审美需求，尤其是新材料、新技术的发展，为装饰的多元化表现提供了各种可能性，所以，现代家纺产品生产常常会结合现代工艺、材料，用多种刺绣形式来进行表现（图3-64）。

图3-64　混合绣效果示意图

（二）机缝装饰工艺

机缝装饰工艺是运用缝纫机械，采用各种线迹结构，直接在面料上缀缝各种花型图案起装饰作用的工艺。机缝装饰工艺内容丰富，有机绣、绗缝、嵌线、镶边、滚条等。

1. **机绣**　机绣是使用绣花机、平缝机等机械进行刺绣的工艺形式的总称，具有速度快，线迹平整、紧密等特点，常用于床上用品，餐厨类台布、装饰壁挂、睡衣等家纺产品（图3-65）。

2. **绗缝**　绗缝是在双层布料之间填充富有弹性的纤维，一般被称为填充料，如腈纶棉、喷胶棉等，然后用针线切缝出各种线迹图案的刺绣形式，其特点是兼有保温和装饰功能，图案立体感强（图3-66）。在已铺好填充料的布面上以较大块面的方格或菱形格图案进行绗缝，这种方法常用于床垫、床罩、卫浴类家纺产品中。

图3-65　机绣效果示意图

图3-66　绗缝效果示意图

3. **滚边**　滚边也称滚条、包边，是用一条斜料将裁片包光作为装饰的一种缝纫工艺。可选用同色或不同色的面料，有狭滚、阔滚、单面滚光、双面滚光等多种形式。滚条的面料应为斜料，便于折转和做弧线形滚条。操作时，先将斜料毛边折进烫平，再对折烫平，然后包住面料边缘，沿着斜料折边缉0.1cm止口线（图3-67）。

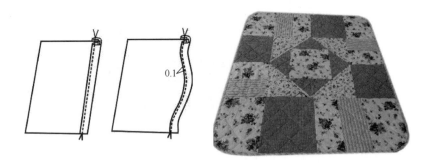

图3-67　滚边效果示意图

4. **嵌线**　嵌线是指在裁片的边缘或拼接处中间嵌上一道带状的嵌线布的工艺。做嵌线的布料和滚边布料一样，应该斜裁；嵌线布的颜色、图案常与装嵌线的裁片不同，单色裁片上用条格面料做嵌线可以达到醒目的装饰效果。操作时，将嵌线布正面朝外对折，并放入直径为0.3~0.6cm的帽带，用嵌线压脚或单边压脚先在一个裁片的正面边缘初缝0.8cm缝份，然后再将两裁片正面相对，1cm缝份合绲，使嵌线夹在两裁片之间，呈现平直、饱满的外观（图3-68）。

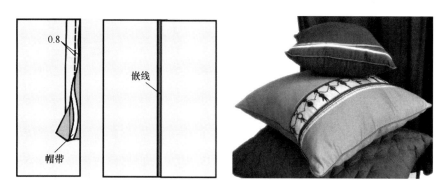

图3-68 嵌线效果示意图

5. **镶边** 镶边是用一种与裁片颜色不同的镶料镶缝在产品边缘的工艺。镶边的宽窄可以根据需要而定，一般最宽不超过6cm。镶边的方法有明缝镶、暗缝镶、包边镶多种，其中暗缝镶最为普遍，只要将裁片与镶料对拼即可；明缝镶就是在镶料上缝有针迹（图3-69）。

图3-69 镶边效果示意图

6. **荡条** 用一种与裁片颜色、质地都不同的面料贴缝在裁片的边缘之处，而又不紧靠边缘，在裁片上形成一种荡空的效果，这种工艺俗称荡条（图3-70），餐厨类配套家纺产品案例中的窗帘装饰条即为荡条工艺。荡条在样式上有狭荡、阔荡、单荡、双荡、多荡等。有时荡条与滚边配合在一起使用。

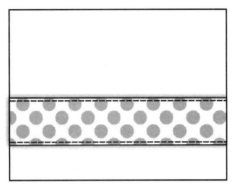

图3-70　荡条效果示意图

7．**木耳边**　木耳边是在家纺产品边缘或表面所做的形如木耳的装饰，有单层双层之分。制作时，单层下口卷边，双层对折，将另一边用大针脚预作不规则的缩褶或规则的压褶，然后再与所装饰的其他裁片缝合。另有一类木耳边是双边式，中间抽褶绲线或镶拼缝料，具有古典的艺术情趣（图3-71）。

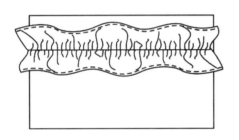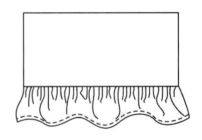

图3-71　木耳边效果示意图

（三）饰物装饰工艺

饰物装饰工艺是运用一定形状和色彩的家纺材料，直接缀缝在裁片上起装饰作用的工艺。饰物装饰范围广泛，形状多样。常见的有珠片装饰、花边装饰、扣装饰、丝带绣装饰、贴布绣装饰等。饰物装饰在整个家纺产品中起到画龙点睛的作用。

1．**花边装饰**　花边装饰是指在家用纺织品的某些部位用同一种面料折成花边或用其他质料的花边进行缀缝装饰。花边装饰工艺简单，富有韵律感和浮动感，常见于床上用品、窗帘、桌布、靠垫等产品中。花边种类繁多，常用的有环形花边、粒状花边、网型花边、木耳花边、百叶裥花边等（图3-72）。

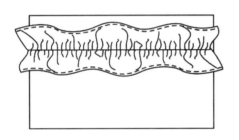

图3-72　花边装饰

2．**珠片装饰**　珠片装饰是指将合成树脂、金属等材料制成的富有光泽的薄片、珠粒、珠段，根据图案的要求，分散或成串地将珠子穿钉在图案上。较大颗粒的珠子可以用双线穿钉，扁形的珠子或珠片可以用环钉的针法，也可以在上面加一颗小珠粒封钉。珠片装饰绚丽多彩，富丽堂皇，常用于壁挂、窗帘、靠垫和抱枕等高档装饰（图3-73）。

3．**扣装饰**　扣装饰是指运用各种材质的纽扣、中式盘花扣、包扣等，缀缝于家用纺织品的某些部位起装饰作用。

（1）包扣。包扣在家用纺织品中一般起点缀、调和作用，常用于沙发垫子、靠垫、壁挂、

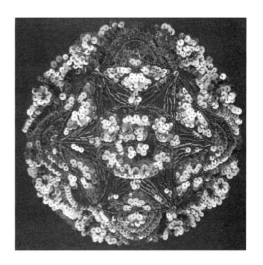

图3-73　珠片装饰

挂饰、玩偶及陈设品设计中。包扣有手工包扣、机器包扣两种，包扣的外圈可以镶嵌不同颜色的不同材料来增加产品的魅力（图3-74）。

（2）中式盘花扣。盘花扣是我国的传统纽扣，既实用又有装饰、点缀作用，由斜料裁片缲成纽襻条后经编结而成，由纽襻和纽头两部分组成。盘花扣在家用纺织品中可以组成各种图案，千姿百态，为居室增光添彩（图3-75）。

图3-74　包扣装饰

图3-75　盘扣装饰

4．**蝴蝶结装饰**　蝴蝶结装饰是由缝合的布料皱缩而成的、形同蝴蝶的装饰性布艺花，可以增加家纺产品的美观与活泼感。制作蝴蝶结装饰时，要综合考虑它的造型、色彩、规格、材料等因素与被装饰主体的搭配性（图3-76）。

图3-76　蝴蝶结装饰

　　5. **贴布绣装饰**　贴布绣装饰是一种常用的装饰手法。将不同于底布的、有各种图案、造型的裁片经裁剪后处理成光边或毛边，然后固定在产品的底布裁片上，四周使用色线以平针、回针、锁边针、三角针、包梗绣等各种针法来固定、缝制的一种装饰方法。这种方法操作时，还可以在贴布图案内塞入棉絮，使产品获得浮雕感的效果。贴布绣常用于儿童卧室系列家纺产品及小挂饰、壁挂等装饰性较强的家纺产品（图3-77）。

图3-77　贴布绣装饰

　　6. **立体花装饰**　立体花装饰是按照图案和设计意图将布、呢料、花瓶、绒线、纽扣等材料，采用剪贴、折叠、盘绕等方法，做出有立体感的花型和图案。此工艺一般会将手绣、机绣结合使用，常用于床上用品、靠垫、家居装饰品等（图3-78）。

图3-78 立体花装饰

7. **缎带绣装饰** 缎带绣是将丝带、缎带作为绣线，绣贴与布面的刺绣形式。工艺简单，充分利用了丝带的宽度和质感，图案具有明显的立体感，常用于靠垫、屏风、装饰画和床上用品等室内装饰上。丝带宽度一般选择0.3～0.5cm（图3-79）。

图3-79 缎带绣装饰

任务1 桌旗的结构与工艺

【知识点】

· 能描述桌旗的结构设计、制板方法与步骤。
· 能描述桌旗家纺产品的工艺流程。
· 能描述桌旗的工艺质量要求。

【技能点】

· 能根据不同款式完成桌旗的结构设计。

- 能使用制板工具完成桌旗的工业样板制作。
- 能完成桌旗的单件排料与套排并进行用料估算。
- 能根据实际进行辅料的合理选配与使用。
- 能完成不同款式桌旗的缝制工艺并进行合理评价。

🔐 任务描述

完成设计方案所设计的餐厨类家纺产品——桌旗的结构设计、打板与打样。

🔑 任务分析

桌旗由两层织物粘衬后缝制而成，是平面结构。规格设计时，要注重尺寸与配套餐桌尺寸的协调，也要综合考虑客户的目的，客户期望桌旗在餐厅中承担的角色，如是否需要与桌布功能合二为一，保证遮住餐桌大部分面积等。桌旗正面采用拼布、贴布工艺，很好地提升了桌旗的装饰效果，小规格尺寸的把握，工艺的合理运用，都是需要特别注意的问题。

🧭 任务实施

一、桌旗的结构设计与工艺

（一）结构设计

1. **款式特征分析**　桌旗主色调为粉色，正面采用淡粉色主面料A，结合D、I、B、E面料的拼布工艺，以及J、N、H、E、F面料的菱形贴布处理，并结合手工线迹表现，形成柔和、田园、时尚的风格特征。背面采用单色主面料A，四周压缉0.1cm明线。款式如彩图32（d）所示。

2. **规格设计**　桌旗规格的确定需要考虑配套使用的餐桌尺寸，考虑客户目的和使用习惯，结合效果图，考虑小规格尺寸与总体尺寸的比例关系。最终，针对160cm的四人餐桌，确定桌旗的成品规格为230cm×43cm。

3. **结构制图**　桌旗的结构如图3-80所示。

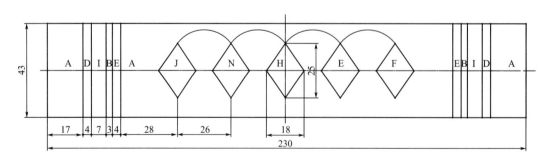

图3-80　桌旗的结构图

结构图绘制说明：桌旗总体规格为230cm×43cm，上下左右对称，中部间距为26cm、尺寸为18cm×25cm的五块菱形贴布，两边宽度采用17cm×4cm×7cm×3cm×4cm的拼布分割结构。

（二）样板制作

桌旗裁剪样板如图3-81所示。

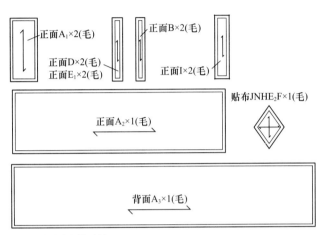

样板各边均常规放缝份1cm

图3-81 桌旗的裁剪样板图

裁剪样板设计说明：所有样板四周均常规放缝份1cm。

桌旗的工艺样板如图3-82所示。

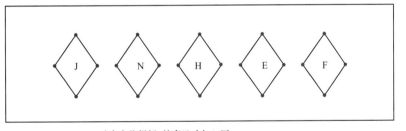

贴布定位样板 外廓尺寸与A_2同

贴布扣烫样板
尺寸同贴布净样

图3-82 桌旗的工艺样板图

（三）排料与用料估算

桌旗面料A的排料如图3-83（a）所示，桌旗面料B的排料如图3-83（b）所示，桌旗面料J的排料如图3-83（c）所示。

A料门幅为180cm，单件用料为232×（1+2%）/2=118.3（cm）。B料门幅为150cm，单件用料为45×（1+2%）/15=3.1（cm）。J料门幅为150cm，单件用料为17.5×（1+2%）/8=2.2（cm）。其他面料的排料、用料估算方法同B或J。

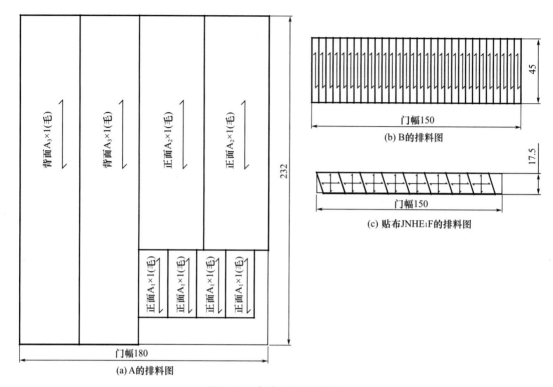

图3-83 桌旗面料的排料图

（四）工艺制作

1. **缝制工艺流程** 验片、粘衬→缝制桌旗面→缝制菱形装饰贴布→拼合面、底布→压缉0.1cm明线→整烫→检验。

2. **缝制方法及要求** 桌旗的缝制方法与要求见表3-2。

表3-2 桌旗的缝制方法与要求

序号	工艺内容	工艺图示	工艺方法	使用工具 针距密度 （针/3cm）
1	准备	图略	a. 整理面料、排料划线、裁剪、试机、验片等 b. 将所有裁片粘衬	剪刀、划粉、平缝机等 黏合机
2	缝制桌旗面	A　I　A　I　A	a. 自左到右1cm缝份依次合缉桌旗面裁片，顺序为A、D、I、B、E、A、E、B、I、D、A b. 分缝熨烫	单针平缝机针距密度为12~15 蒸汽熨斗

序号	工艺内容	工艺图示	工艺方法	使用工具 针距密度 （针/3cm）
3	缝制菱形贴布	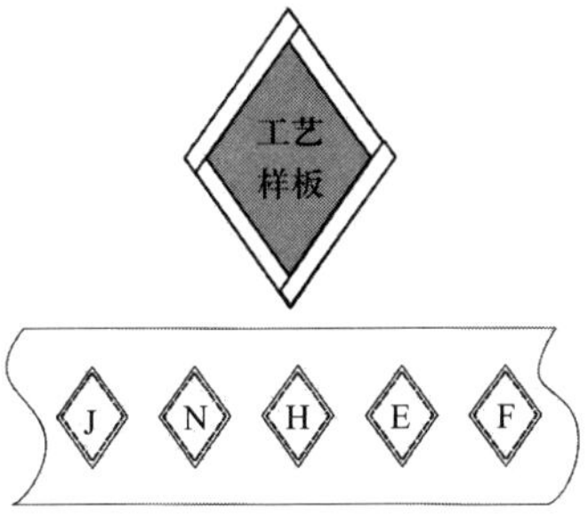	a. 用菱形贴布的工艺样板扣烫贴布，修剪表面能够露出的毛边 b. 根据样板确定贴布位置并手针简单固定 c. 用八股色线、平针缝（或其他）线迹缝制手工贴布 d. 缝好后熨烫平整	蒸汽熨斗 疏缝针 针距密度为2~3 绣花绷 工艺样板
4	拼合面底布	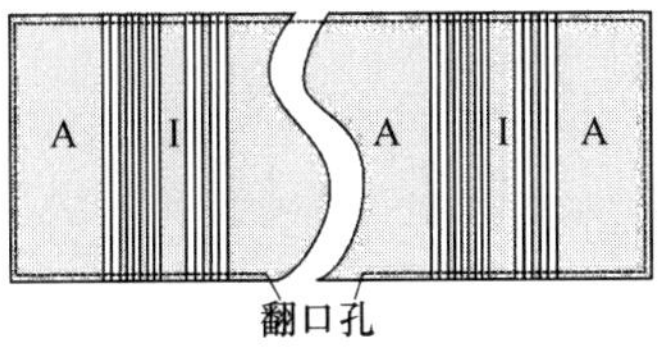	桌旗面、底布正面相对，1cm缝份合缉，在长边中部留15cm左右翻口孔（翻身孔）	单针平缝机 针距密度为12~15
5	压缉明线	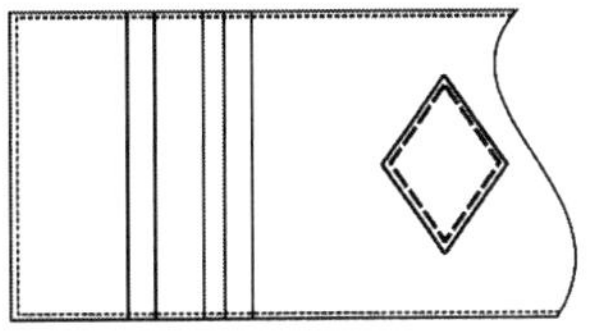	a. 反面延缝缉线扣烫，然后翻至正面熨烫，注意止口不能反吐，翻口孔处顺势扣进1cm缝份烫平 b. 沿桌旗四周压缉0.1cm的明线	单针平缝机 针距密度为12~15 蒸汽熨斗
6	整烫	图略	剪净缝头，整烫平整	蒸汽熨斗 蒸汽烫台 蒸汽发生器

3. 成品质量要求

（1）拼缝处缝份1cm，成品规格误差不大于1cm。

（2）拼接处缝份1cm，偏差不超过0.3cm/20cm。

（3）针距密度为12针/3cm，缝纫轨迹匀、直，缝线牢固，宽窄一致，不露毛；接针套正，边口处打回针不少于3针。

（4）贴布平服，间距均匀，贴布平针缝针距为1针/1cm，误差不大于0.1cm。

（5）转角处平服成直角。

（6）止口明线平直，偏差不超过0.2cm/20cm。

（7）成品外观无破损、针眼、严重染色不良等疵点。

（8）成品无跳针、浮针、漏针、脱线。

![知识链接图标] **知识链接**

台布的结构设计与工艺

台布使用范围较广，大多数餐厅都采用台布。台布的形状要与搭配使用的餐桌相协调，一般圆形餐桌使用圆形台布，方形餐桌使用方形台布，长方形餐桌使用矩形台布。

常见台布的规格为：140cm×140cm、160cm×160cm、180cm×180cm等方形台布，以及160cm×200cm、180cm×360cm等长方形台布。圆形台布多为定制，规格一般是在圆形餐桌直径的基础上加放60cm，使铺于餐桌上后四周下垂30cm为宜。以下介绍四周拼双框台布的结构与工艺（图3-84）。

图3-84　四周拼双框台布

（一）结构设计特点

桌布在规格设计时，需要考虑搭配使用的餐桌的形状与尺寸。如100cm×140cm的餐桌，设计桌布成品规格为160cm×200cm。面料采用纯棉类面料。

为了增强桌布的装饰性，桌布四周拼双框，设计框宽为10cm。台布面采用印花（或提花）面料，与此相对，拼框采用单色面料。考虑到台布尺寸较大，纯棉面料会有一定的收缩，结构设计时要加放1%缩量，本案设计时，在长宽方向各加放2cm，四周拼框台布结构如图3-85所示，四周拼框式台布样板如图3-86所示，样板四周均常规放缝1cm。

（二）工艺制作特点

四周拼框式台布的缝制工艺流程为：验片→连接边框→扣烫边框→0.1cm明线压缉装边框→整烫→检验。需要注意的是，边框连好后要对折熨烫，并且将与桌布面拼合边1cm缝份折进熨烫，上层折进1cm，而下层折进0.9cm，使下层比上层多出0.1cm。当装边框时，双层边框夹缉台布面，以上层为准0.1cm缉明线，则下层线迹距边为0.2cm，样板四周均常规放缝1cm。

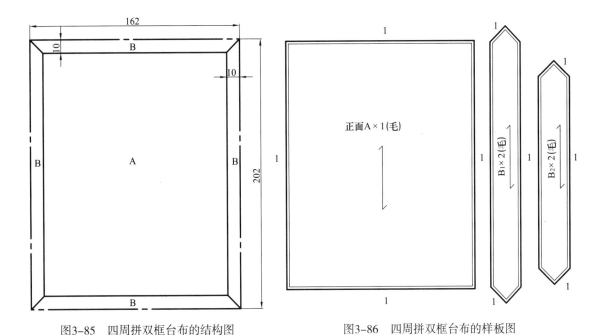

图3-85 四周拼双框台布的结构图   图3-86 四周拼双框台布的样板图

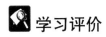 **课后作业**

1. 针对160cm×200cm的餐桌，完成下列桌旗的结构设计、样板设计、排料图、用料估算与工艺流程设计，桌旗款式如图3-87所示。

2. 总结桌旗、桌布的款式特征、规格尺寸特征与结构制图特点。

3. 总结桌旗、桌布的工艺方法。

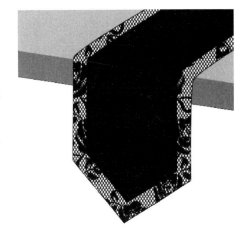

图3-87 桌旗的款式图

学习评价

	能/不能	熟练/不熟练	任务名称
通过学习本模块，你			根据给定款式完成桌旗的结构设计
			独立完成桌旗的样板制作
			独立完成桌旗的排料、裁剪和成品缝制
通过学习本模块，你还			掌握桌旗工艺质量的评判标准
			总结桌旗、桌布在使用、款式、结构、工艺方面的特点以及款式与结构、工艺的相关性

任务2　餐垫的结构与工艺

【知识点】

- 能描述餐垫的结构设计、制板方法与步骤。
- 能描述餐垫家纺产品的工艺流程。
- 能描述餐垫的工艺质量要求。

【技能点】

- 能根据不同款式完成餐垫的结构设计。
- 能使用制板工具完成餐垫的工业样板制作。
- 能完成餐垫的单件排料与套排并进行用料估算。
- 能根据实际进行辅料的合理选配与使用。
- 能完成不同款式餐垫的缝制工艺并进行合理评价。

🔓 任务描述

完成设计方案所设计的餐厨类家纺产品——餐垫的结构设计、打板与打样。

🔑 任务分析

餐垫由两层织物粘衬后缝制而成，是平面结构。一般使用时，都能够与桌旗形成小配套系列。规格设计时，要注重尺寸与搭配使用的餐桌、桌旗尺寸的协调性，要综合考虑客户的使用目的。餐垫正背面采用拼布、贴布工艺，与桌旗形成呼应，可以双面交替使用，进一步提升了产品使用时所表现的多样性，提升了产品的装饰效果。小规格尺寸之间的比例掌控，工艺的合理运用，是需要特别注意的关键点。

🗲 任务实施

一、餐垫的结构设计与工艺

（一）结构设计

1. **款式特征分析**　餐垫主色调为粉色，正面采用淡粉色主面料A，结合B、E面料的拼布工艺，以及J、N、H、E、F面料的碎布贴布处理，藏针的贴布表现，形成自然、柔和、田园、时尚的风格特征。背面采用辅料D与A、B形成的拼布工艺，四周压缉0.1cm明线。款式如彩图32（d）所示。

2. **规格设计**　餐垫规格确定需要考虑搭配使用的餐桌、配套桌旗的尺寸，需要考虑客户的使用目的与习惯，考虑小规格尺寸与总体尺寸的比例关系。最终，结合效果图，针对

160cm×100cm的四人餐桌，230cm×43cm的配套桌旗，确定餐垫的成品规格为48cm×37cm。

3. **结构制图**　餐垫的结构如图3-88所示。

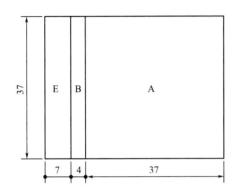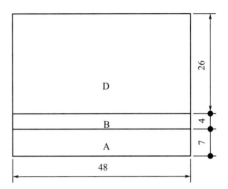

图3-88　餐垫的结构图

结构图绘制说明：餐垫总体规格为48cm×37cm，双面设计，A面为7cm×4cm×37cm的纵向拼布分割结构，B面为26cm×4cm×7cm的横向拼布分割结构。

（二）样板制作

餐垫裁剪样板如图3-89所示。

裁剪样板设计说明：所有样板四周均常规放缝份1cm。

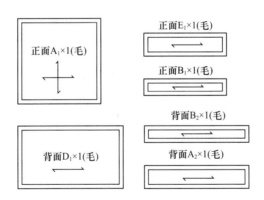

图3-89　餐垫的裁剪样板图

（三）排料与用料估算

餐垫面料A的排料如图3-90（a）所示，餐垫面料B的排料如图3-90（b）所示，餐垫面料D的排料如图3-90（c）所示，餐垫面料E的排料如图3-90（d）所示。

A料的门幅为180cm，单件用料为78×（1+2%）/6=13.3（cm）。B料的门幅为150cm，单件用料为50×（1+2%）/13=3.9（cm）。D料的门幅为150cm，单件用料为50×（1+2%）/5=10.2（cm）。E料的门幅为150cm，单件用料为39×（1+2%）/16=2.5（cm）。贴布使用裁剪后所剩余的碎布即可。

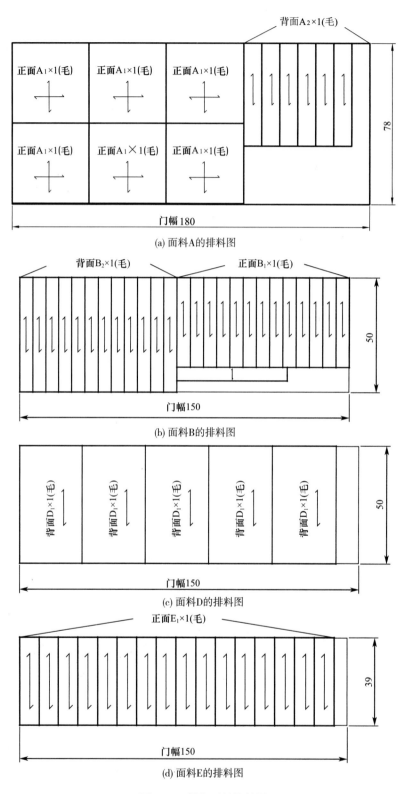

(a) 面料A的排料图

(b) 面料B的排料图

(c) 面料D的排料图

(d) 面料E的排料图

图3-90　餐垫面料排料图

（四）工艺制作

1. 缝制工艺流程　验片、粘衬→缝制餐垫面→缝制正面贴布→拼合面、底布→压缉 0.1cm明线→整烫→检验。

2. 缝制方法及要求　餐垫的缝制方法及要求见表3-3。

表3-3　餐垫的缝制方法与要求

序号	工艺内容	工艺图示	工艺方法	使用工具 针距密度 （针/3cm）
1	准备	图略	a. 整理面料、排料划线、裁剪、试机、验片等 b. 除贴布外的所有裁片背面粘无纺衬	剪刀、划粉、平缝机等 黏合机
2	做桌旗面	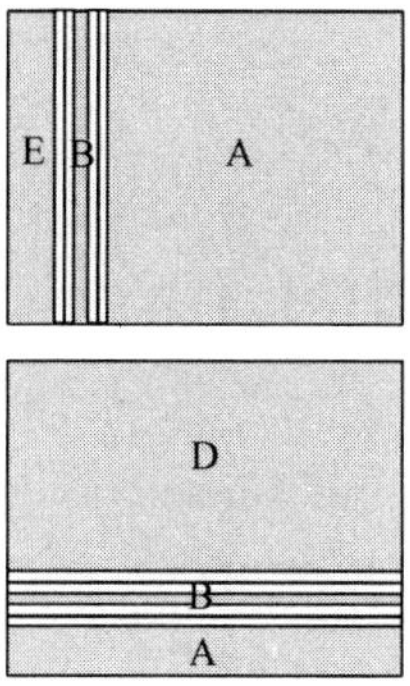 E B A D B A	a. 自左到右1cm缝份分别依次合缉餐垫正、背面裁片 b. 分缝熨烫	单针平缝机 针距密度为 12~15 蒸汽熨斗
3	做菱形贴布	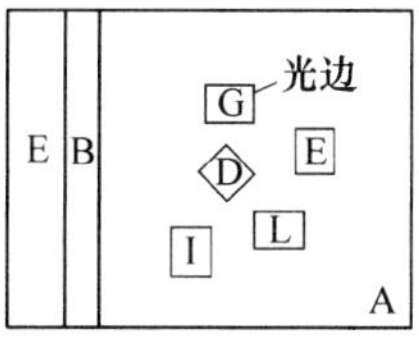 光边 G E B D E I L A	a. 根据样板确定贴布的位置并用针简单固定 b. 用类似色线、光边藏针缝做手工贴布 c. 缝好后将贴布边缘熨烫平整	蒸汽熨斗 疏缝针距为 针距密度为2~3
4	拼合面底布	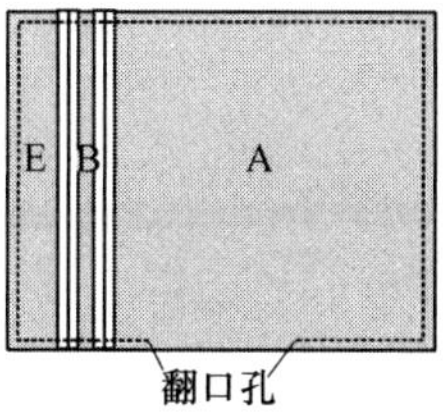 E B A 翻口孔	餐垫面、底布正面相对，1cm缝份合缉，在长边中部留15cm左右翻口孔	单针平缝机 针距密度为 12~15
5	压缉明线	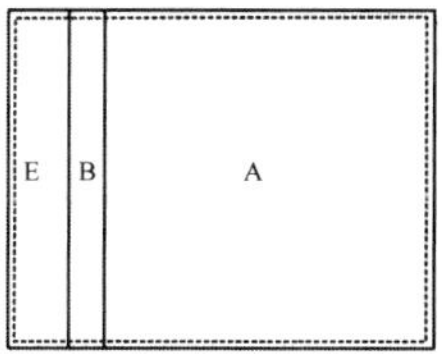 E B A	a. 反面沿缝缉线扣烫，然后翻至正面熨烫，注意止口不能反吐，翻口孔处顺势扣进1cm缝份烫平 b. 沿餐垫四周压缉0.1cm的明线	单针平缝机 针距密度为 12~15 蒸汽熨斗
6	整烫	图略	剪净缝头，整烫平整	蒸汽熨斗、蒸汽烫台、蒸汽发生器

3．成品质量要求

（1）拼缝处缝份1cm，成品规格误差不大于1cm。

（2）拼接处缝份1cm，偏差不超过0.3cm/20cm。

（3）针距密度为12针/3cm，缝纫轨迹匀、直，缝线牢固，宽窄一致，不露毛；接针套正，边口处打回针不少于3针。

（4）贴布平服，间距均匀，贴布平针缝针距1针/1cm，误差不大于0.1cm。

（5）转角处平服成直角。

（6）止口明线平直，偏差不超过0.2cm/20cm。

（7）成品外观无破损、针眼、严重染色不良等疵点。

（8）成品无跳针、浮针、漏针、脱线。

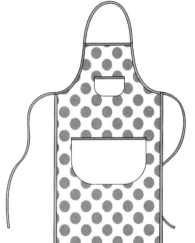

图3-91　围裙款式

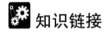知识链接

围裙的结构设计与工艺

餐厨类家纺产品还包括厨房使用的家纺产品，如围裙、隔热手套、隔热垫等，以下介绍如图3-91所示的经典款围裙的结构与工艺。

（一）结构设计的特点

围裙的长度不宜过大或过小，长度过大，不便于行动，影响使用性；长度过小，不能起到遮挡脏污、油渍的作用，影响功能性。围裙的宽度一般选择70cm左右，使用时，不同用户可以通过调节绳带尺寸来达到穿着舒适、合理的效果。本款围裙的规格为90cm×70cm。

围裙结构为左右结构，用点划线表示对折，前中挂脖带、口袋上口边、围裙周边、围裙系带都用1cm宽的斜裁滚边或光边双折边，所以斜料长度为29+70+2×60+2×39（袖处弧线长）+3×60（挂脖带和系带长）+47（袋口总和）+8+2（缝份）=534（cm）。在样板制作时，围裙四周滚边不放缝份，口袋上口滚边不放缝份，口袋其他左中右三边常规放缝份1cm。经典款围裙结构如图3-92所示，样板如图3-93所示。

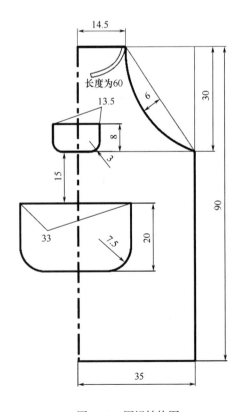

图3-92　围裙结构图

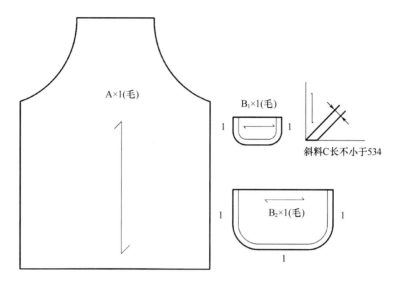

图3-93　围裙样板图

（二）工艺制作特点

经典款围裙的缝制工艺流程为：验片→袋口滚边→装口袋→前中上边滚边→左、底、右边滚边→系带、袖弧线滚边以及挂脖带→整烫→检验。需要注意的是，围裙所有部分均为光边，无毛缝，在围裙左边至底边、底边至右边的滚边过程中，在直角转弯处，要将滚条从外圈到里圈折出一个45°角，以便滚条平整服帖。

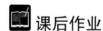 **课后作业**

1．针对160cm×200cm的餐桌，设计与如图3-87所示的桌旗相配套的餐垫。要求绘制款式图，附设计说明，同时完成该餐垫的结构设计、样板设计、排料图、用料估算、工艺流程设计与成品制作。

2．总结餐垫的款式特征、规格尺寸特征与结构制图的特点。

3．总结餐垫的工艺方法。

学习评价

	能/不能	熟练/不熟练	任务名称
通过学习本模块，你			根据给定款式完成餐垫的结构设计
			独立完成餐垫的样板制作
			独立完成餐垫的排料、裁剪和成品缝制
通过学习本模块，你还			掌握餐垫工艺质量的评判标准
			总结餐垫在使用、款式、结构、工艺方面的特点以及款式与结构、工艺的相关性

任务3　纸巾套的结构与工艺

【知识点】

· 能描述纸巾套的结构设计、制板方法与步骤。

· 能描述纸巾套家纺产品的工艺流程。

· 能描述纸巾套的工艺质量要求。

【技能点】

· 能根据不同款式完成纸巾套的结构设计。

· 能使用制板工具完成纸巾套的工业样板制作。

· 能完成纸巾套的单件排料与套排并进行用料估算。

· 能根据实际进行辅料的合理选配与使用。

· 能完成不同款式纸巾套的缝制工艺并进行合理评价。

🔓 任务描述

完成设计方案所设计的餐厨类家纺——纸巾套的结构设计、打板与打样。

🔑 任务分析

纸巾套由面布、铺棉填料、里料三部分组成，其中面布与填料之间绗缝处理，里料单独成光边缝上。纸巾套一般套在有纸盒包装的纸巾外面，随纸盒的形状呈长方体或正方体结构，本款为长方体纸巾套。在结构设计时，要考虑长方体的六个面之间的裁片连接过渡。规格设计要注意尺寸与配套纸巾包装纸盒尺寸的一致，要保证纸巾套光滑、平顺地套在纸巾包装纸盒外面。

🎯 任务实施

一、纸巾套的结构设计与工艺

（一）结构设计

1. **款式特征分析**　纸巾套的主色为粉色，套面采用淡粉色主面料A，结合D、E、H、L、B面料的拼布工艺，套里采用单色主面料A。纸巾套还采用了绗缝、滚边工艺，顶部中间留抽纸口，款式如彩图32（d）所示。

2. **规格设计**　纸巾套尺寸需要与配套使用的纸巾包装纸盒相一致，根据市场上常见的纸巾包装纸盒尺寸，如22cm×12cm×7cm、24cm×12cm×10cm、12cm×12cm×20cm等，选择22cm×12cm×7cm的纸巾包装，确定最终的纸巾套成品规格为：23cm×12cm×8cm。其中，在长度与高度方向给出了1cm的放量，而为了保证纸巾套使用时的平顺，宽度方向不给放量。

3. **结构制图**　纸巾套的结构如图3-94所示。

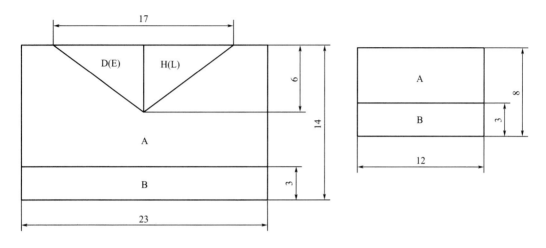

图3-94　纸巾套的结构图

结构图绘制说明：纸巾套呈长方体，由顶面、前侧面、后侧面、左侧面、右侧面五个面组成。其中12cm×8cm是左、右两侧面的尺寸，23cm×14cm是前（后）侧面加上半个顶面（以后简称前面、后面）的尺寸。

（二）样板制作

纸巾套裁剪样板如图3-95所示。

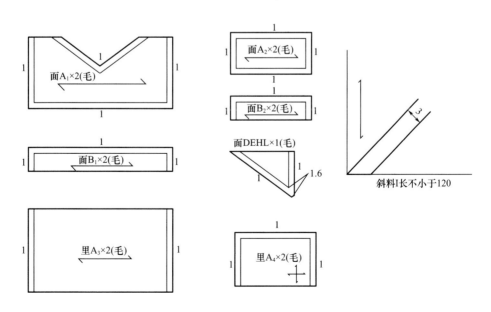

图3-95　纸巾套的裁剪样板图

裁剪样板设计说明：纸巾套放缝份1cm。

抽纸口滚边不放缝份，底边四周滚边不放缝份，其他拼布、拼合边均常规放缝份1cm。

（三）排料与用料估算

纸巾套面料A的排料如图3-96（a）所示，面料B的排料如图3-96（b）所示，面料D（EHL）的排料如图3-96（c）所示。

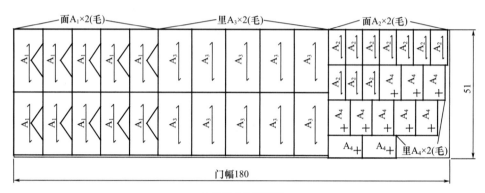

(a) 面料A的排料图

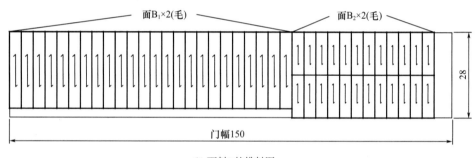

(b) 面料B的排料图

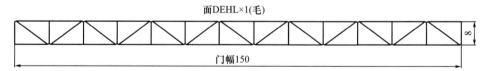

(c) 面料D（EHL）的排料图

图3-96　纸巾套面料的排料图

A料的门幅为180cm，单件用料为51×（1+2%）/5=10.4（cm）。B料的门幅为150cm，单件用料为28×（1+2%）/12=2.4（cm）。D料的门幅为150cm，单件用料为8×（1+2%）/26=0.31（cm）。

（四）工艺制作

1. 缝制工艺流程　验片→拼合裁片拼布→面料与填料喷胶棉绗缝→缝制抽纸口包边→装纸巾套大片里→纸巾套面层装左右侧面→纸巾套里层装左右侧面→装橡皮筋、底边四周滚边→整烫→检验。

2. **缝制方法及要求**　纸巾套的缝制方法与要求见表3-4。

表3-4　纸巾套的缝制方法与要求

序号	工艺内容	工艺图示	工艺方法	使用工具针距密度（针/3cm）
1	准备	图略	整理面料、排料划线、裁剪、试机、验片等	剪刀、划粉、平缝机、尺等
2	拼布	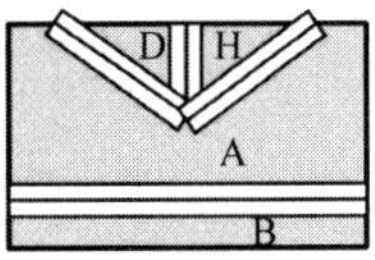	将前面DHAB（后面ELAB、侧面AB）裁片1cm缝份拼接，分缝熨烫	单针平缝机针距密度为12~15蒸汽熨斗
3	绗缝	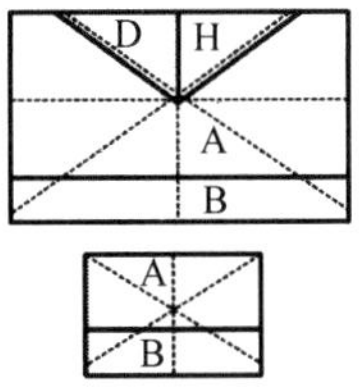	将烫好的前面、后面、左右侧面下衬喷胶棉对齐进行两层绗缝，绗缝线色与主色粉相近	多针绗缝或单针平缝机针距密度为12~15
4	缝制抽纸口包边	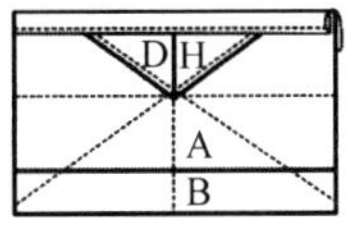	用I料斜条对前、后面顶边抽纸口单边包边，宽度为1cm	单针平缝机针距密度为12~15
		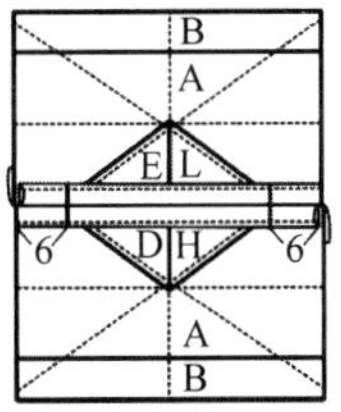	前、后面抽纸口顶边对齐贴合，在距两侧毛边6cm处打倒回针，来回三次上下固定	
5	装大片里	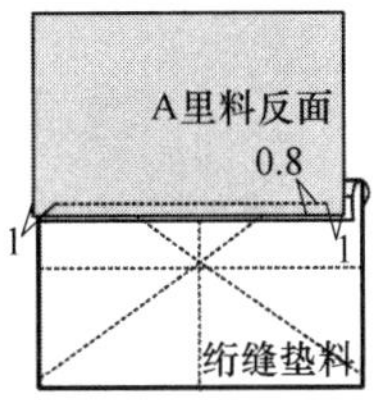 A里料反面 0.8 绗缝垫料	将里布A₃长边与包边毛边0.8cm缝份拼合，起始处各空1cm不缝合	单针平缝机针距密度为12~15
6	面层装侧面	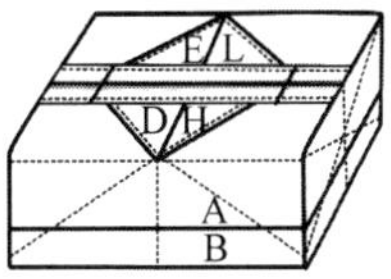	1cm缝份分别缝合纸巾套面的前、后面与左、右侧面，注意转角处尽量保持直角	单针平缝机针距密度为12~15

207

续表

序号	工艺内容	工艺图示	工艺方法	使用工具针距密度（针/3cm）
7	里层装侧面	里布与包边后的面布合缉 A里布 A里布与里布合缉	1cm缝份分别缉合纸巾套里的前、后面与左、右侧面，注意转角处尽量保持直角	单针平缝机针距密度为12~15
8	装橡筋滚边	B A	a. 取2cm宽橡皮筋12cm长两根，固定于纸巾套底布 b. 用I斜料在纸巾套底边四周滚边，宽度为1cm	单针平缝机针距密度为12~15
9	整烫	F L D I B	a. 三角针将抽纸口两边封口固定 b. 剪净缝头，整烫平整	手缝针、蒸汽熨斗、蒸汽烫台、蒸汽发生器

3．成品质量要求

（1）成品外观无破损、针眼、严重染色不良等疵点。

（2）成品无跳针、浮针、漏针、脱线。

（3）拼接处缝份1cm，成品误差小于0.5cm。

（4）针距密度为12针/3cm，缝纫轨迹匀、直，缝线牢固，宽窄一致，不露毛；接针套正，边口处打回针不少于3针。

（5）转角处平服成直角，装橡筋与边成直角。

（6）包边宽度为1cm，缉止口线0.1cm，止口线平直。

⚙ 知识链接

圆筒形纸巾套的结构设计与工艺

常用的纸巾有平板纸与卷筒纸，所以，常用的纸盒套除了长方体造型之外，还有放置卷筒纸的圆筒形纸巾盒。如图3-97所示即为一款别致的圆筒形纸巾盒，底面、侧面为方形格绗缝，顶面采用系带收口，而最外缘的波浪边则增加了纸巾盒的活泼感。

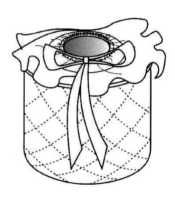

图3-97　圆筒形纸巾盒

（一）结构设计特点

高为10cm、直径为12cm的卷筒纸最为多见，针对这款卷筒纸或尺寸小于该款的卷筒纸，本纸巾套规格设计为Φ13cm×10cm。

纸巾套由侧面、底面、顶面组成，底面为圆形，侧面为矩形，顶面是由矩形缩褶形成圆形顶面，并镶拼宽为3cm的波浪边。纸巾套的波浪边采用剪开切展的结构处理方式，将矩形木耳边结构均分为8等份，从分割线处剪开，并以内圈（与顶面缝合边）点为基点转动，每份在上一份基础上转过45°角，最终内圈、外圈均从直线转为折线，修正后为曲线（本例为圆），内圈尺寸不变，外圈尺寸变大，外圈与内圈的差量就是波浪边的波浪量。圆筒形纸巾套结构如图3-98所示。

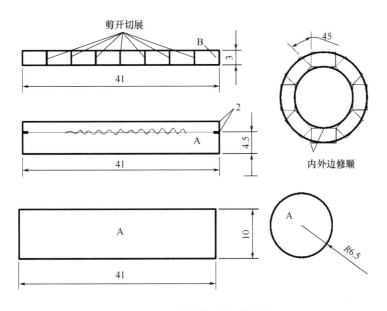

图3-98　圆筒形纸巾盒结构图

在样板设计时，考虑到有一定的纫缝缩量，所以底面、侧面都放缝份1.5cm，顶面和波浪边常规放缝份1cm，圆筒形纸巾套样板如图3-99所示。

（二）工艺制作特点

圆筒形纸巾套的缝制工艺流程为：验片→面料、填料、里料三层纫缝做侧面、底面→侧面装底面→波浪边卷边缝外边缘→顶面合缉缝份并装波浪边→缝制顶面抽带口→侧面装顶面→整烫→穿丝带系蝴蝶结→检验。在侧面装底面、侧面装顶面时，可以夹入嵌线，使纸巾套具有更好的装饰效果。

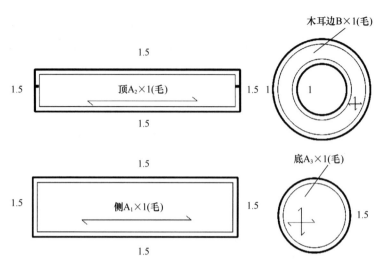

图3-99　圆筒形纸巾盒样板图

课后作业

1. 针对24cm×12cm×10cm的纸巾，完成如图3-100所示纸巾套的结构设计、样板设计、排料图、用料估算与工艺流程设计。

2. 总结纸巾套的款式特征、规格尺寸特征与结构制图特点。

3. 总结纸巾套的工艺方法。

图3-100　纸巾盒款式

学习评价

	能/不能	熟练/不熟练	任务名称
通过学习本模块，你			根据给定款式完成纸巾套的结构设计
			独立完成纸巾套的样板制作
			独立完成纸巾套的排料、裁剪和成品缝制
通过学习本模块，你还			掌握纸巾套工艺质量的评判标准
			总结不同款式纸巾套在使用、款式、结构、工艺方面的特点以及款式与结构、工艺的相关性

任务4　坐垫的结构与工艺

【知识点】

- 能描述坐垫的结构设计、制板方法与步骤。
- 能描述坐垫家纺产品的工艺流程。
- 能描述坐垫的工艺质量要求。

【技能点】

- 能完成坐垫的结构设计。
- 能使用制板工具完成坐垫的工业样板制作。
- 能完成坐垫的单件排料与套排并进行用料估算。
- 能根据实际进行辅料的合理选配与使用。
- 能完成坐垫的缝制工艺并进行合理评价。

🔓 任务描述

完成设计方案所设计的餐厨类家纺产品——坐垫的结构设计、打板与打样。

🔑 任务分析

坐垫是由织物缝制并装有填充物的物品，一般与坐具配合使用，在休息时，作支撑或缓冲之用；也可以直接放置在地面，增加坐者的舒适感并起到保暖作用。市场上常见的坐垫有海绵垫、充棉垫、馒头垫等，坐垫内的填充物材料主要有海绵、棉花、喷胶棉、三维卷曲涤纶（PP棉）、发泡材料等，不同的填充材料对坐垫的造型要求不同。结构设计时，和坐具配合使用的坐垫要与坐具的支撑面尺寸一致或协调，以满足坐者的舒适性。同时，坐垫的结构设计还要考虑坐垫的使用性，如易打理、方便拆洗、结合处安全牢固等性能。本案的坐垫设计为有一定厚度与装饰性的海绵垫，常态是与座椅搭配使用，所以，规格尺寸要与座椅面的尺寸相一致。

🎯 任务实施

一、海绵垫的结构设计与工艺

（一）结构设计

1. **款式特征分析**　本案坐垫为内芯海绵填充的有侧面的立体式坐垫。坐垫套主要由正面、背面和侧面三部分组成，采用单色主面料A，在正面与侧面拼合处，采用F面料的嵌线工艺，在背面与侧面拼合处，夹入左、中、右三边的木耳边增强产品的装饰性。坐垫套后中侧面采用隐蔽式拉链闭合，由此可以拆卸海绵填充内芯，坐垫套背面中部有两根系带，可以将坐垫绑系在坐具上以增强连接的牢固性，如彩图32（d）所示。

2. **规格设计**　根据椅面尺寸35cm×35cm，确定坐垫规格为35cm×35cm+5cm（厚度）。

3. **结构制图**　坐垫套的结构如图3-101所示。

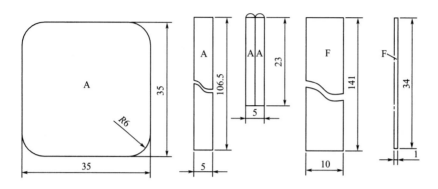

图3-101　坐垫套的结构图

结构图绘制说明：坐垫套规格为35cm×35cm+5cm，外周长为（23+R·π/2）×4=129.5（cm），与其配合的侧面长度也为124.5cm。后侧面开口拆装内芯，采用分割结构，考虑坐垫的圆角形态以及内芯的拆卸方便，确定后侧面长度为23cm，所以左、中、右侧面成一整体，长度为129.5-23=106.5（cm）。在背面与侧面拼合处，夹入左、中、右三边的木耳边，装木耳边的坐垫边长度为23×3+2R·π/2=87.8（cm），考虑木耳边的1.6倍抽褶量，所以，木耳边最终长度为1.6×87.8=141（cm）。系带双层对折，规格为34cm×1cm。

（二）样板制作

坐垫套的裁剪样板如图3-102所示。

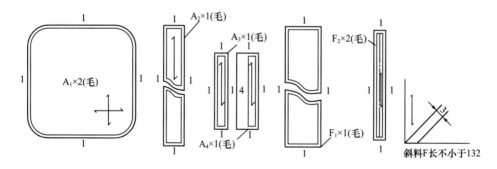

图3-102　坐垫套的样板图

样板设计说明：坐垫套正面、背面、长侧面、木耳边、系带均常规放缝份1cm。后中侧面采用隐蔽式拉链结构，同靠垫拉链结构相似，后中上片装拉链边放缝份4cm，其他三边放缝份1cm，后中下片四边放缝份1cm。

（三）排料与用料估算

面料A的排料如图3-103所示。面料F的排料如图3-104所示。

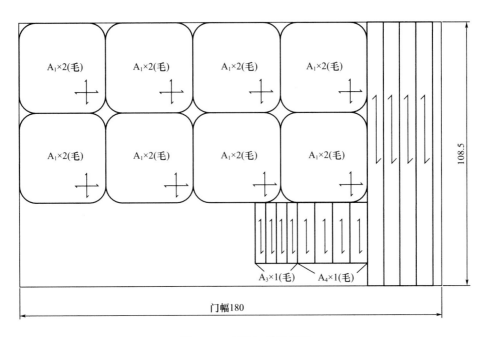

图3-103 面料A的排料图

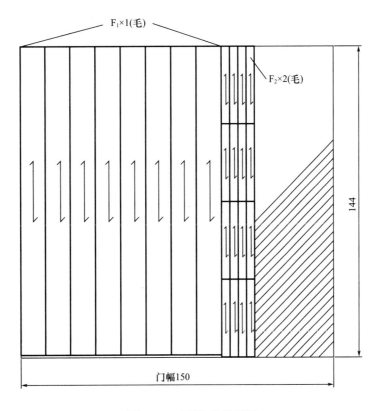

图3-104 面料F的排料图

A料的门幅为180cm，单件用料为108.5×（1+2%）/4=27.7（cm），F料门幅为150cm，单件用料为144×（1+2%）/8=18.4（cm）。同时，需选配长度大于23cm的浅粉色拉链一根，直径Φ0.3cm的帽带135cm。

（四）工艺制作

1. **缝制工艺流程**　验片→缝制侧面→缝制嵌线并拼合坐垫正面与侧面→缝制系带→缝制木耳边→装木耳边并拼合坐垫套背面与侧面→整烫→检验。

2. **缝制方法及要求**　坐垫的缝制方法与要求见表3-5。

表3-5　坐垫的缝制方法与要求

序号	工艺内容	工艺图示	工艺方法	使用工具针距密度（针/3cm）
1	准备	图略	整理面料、排料划线、裁剪、试机、验片等	剪刀、划粉、平缝机等
2	缝制侧面	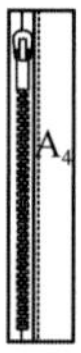	a. 后中侧面装拉链两边拷边 b. 先将后侧面下片A₄折进0.8cm，盖在拉链的右边，缉0.1cm明线清止口	三线包缝机针距密度为9单针平缝机针距密度为12
		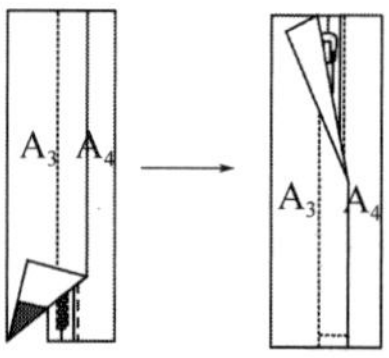	然后将上片A₃折进3cm，盖过拉链1cm，缉2cm宽明线一条，最后封好两头	
		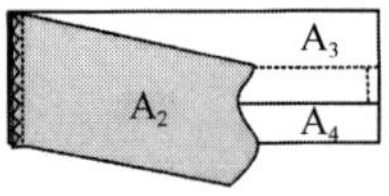	1cm缝份拼合后中侧面与A₂侧面，拷边	
3	缝制嵌线、拼合正面与侧面		缝纫机换嵌线压脚，A₁布正面朝上，F布斜条包住帽带以0.8cm缝份沿边缉缝固定，拐角处打剪口使转弯圆顺，注意接口不能位于转角，并隐蔽良好	单针平缝机针距密度为12~15嵌线或单边压脚
		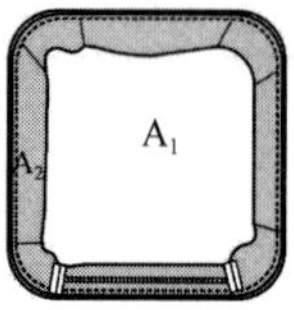	侧面与坐垫面正面相对，使用单边压脚，1cm缝份合缉侧面与坐垫正面	

序号	工艺内容	工艺图示	工艺方法	使用工具针距密度（针/3cm）
4	缝制系带	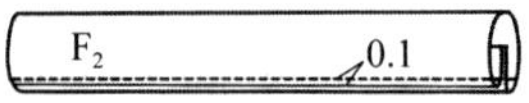 F₂ 0.1	将系带面料F两边毛边折进1cm后对折，沿边缘缉0.1cm明线，做成一端封口的两根系带	单针平缝机针距密度为12～15
5	缝制木耳边	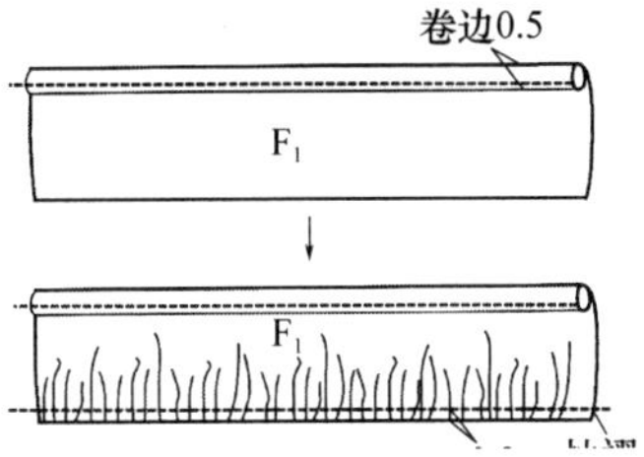 卷边0.5 F₁	将F₁一侧卷边0.5cm，另一侧沿边0.8cm抽褶。可以用抽褶压脚制作，也可以用普通压脚将针距调至最大，缉线后手工抽褶，抽褶成长度为87.8cm的木耳边	单针平缝机针距密度为12～15 抽褶压脚
6	装木耳边、拼合背面与侧面	 A₁背面	将木耳边与坐垫背面正面相对，0.8cm缝合在坐垫背面左、中、右三边上，拐角处褶量稍大	单针平缝机针距密度为12～15 三线包缝机针距密度为9
		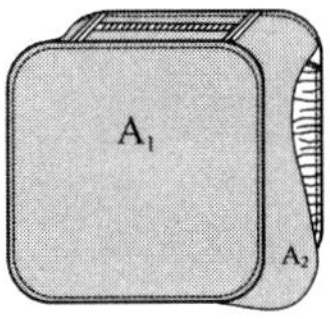 A₁ A₂	a. 拉开拉链，然后1cm缝份缉合坐垫背面和侧面 b. 将坐垫正面、背面毛缝拷边，熨烫	
7	装内芯	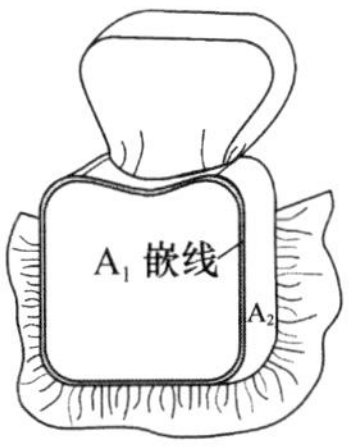 A₁嵌线 A₂	翻至正面，将修好圆角的海绵内芯从后中开口装入	装入时，注意四角饱满，内芯与面服帖
8	整烫	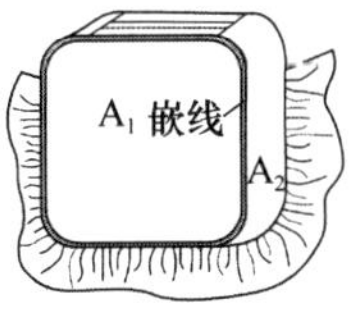 A₁嵌线 A₂	剪净缝头，熨烫平整	蒸汽熨斗、蒸汽烫台、蒸汽发生器

3．成品质量要求

（1）拼缝处缝份1cm，成品规格误差不大于1cm。

（2）针距密度为12针/3cm，缝纫轨迹匀、直，缝线牢固，卷边拼缝平服、齐直，宽窄一致，不露毛；接针套正，边口处打回针不少于3针。

（3）嵌条圆顺，接口隐蔽良好，系带位置正确。

（4）木耳边褶皱均匀，左右对称，误差小于1cm。

（5）封口拉链隐蔽良好，结构牢固，成品成形良好。

（6）成品外观无破损、针眼、严重染色不良等疵点。

（7）成品无跳针、浮针、漏针、脱线。

⚙ 知识链接

隔热手套的结构设计与工艺

随着现代人生活方式的改变，越来越多的家庭使用布材质隔热手套，视觉、触觉的舒适感受使消费者对其喜爱与日俱增。如图3-105所示是一款结构简单、使用便捷的隔热手套。

（一）结构设计特点

本款隔热手套采用面绗缝工艺。规格为26cm×19cm，结构如图3-106所示。手套口部滚边不放缝份，其他部分考虑到绗缝会有一定的绗缝缩量存在，所以，放缝份1.5cm，隔热手套样板如图3-107所示。

图3-105　常规款隔热手套的款式

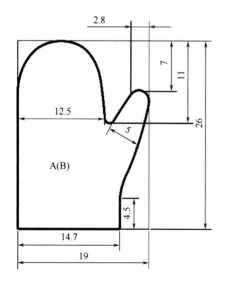

图3-106　隔热手套的结构图

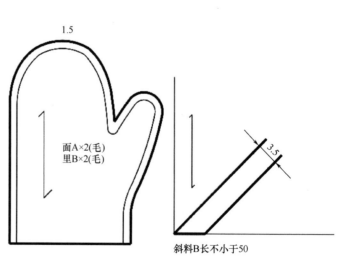

图3-107　隔热手套的样板图

（二）工艺制作特点

隔热手套的缝制工艺流程为：验片→面料、垫料两侧层绗缝→合缉手套面→合缉手套里→缝制侧祥并预装在面上→面里套口理齐固定并滚边→整烫→检验。隔热手套一般采用两种工艺，一种工艺是将面料、填料、里料绗缝在一起，这种方法简单易行，生产效率高，被很多企业采用；但弊病是使用舒适度较差，原因是手套的毛缝没有做光，使用时会直接磨蹭到用户的手面引起异物感。另外一种就是本案采用的工艺方式，将手套面与填料绗缝，而将套里单独缝制，使所有毛缝做光，确保手套面料、里料平顺、光洁，从而有更好的使用舒适度，品牌家纺一般采用这种工艺。

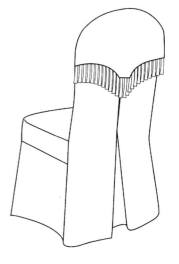

图3-108　椅套的款式图

 课后作业

1. 完成如图3-108所示椅套的结构设计、样板设计、排料图与工艺流程设计。

2. 总结坐垫的款式特征、规格尺寸特征与结构制图特点。

3. 总结坐垫的工艺方法。

学习评价

	能/不能	熟练/不熟练	任务名称
通过学习本模块，你			根据给定款式完成坐垫的结构设计
			独立完成坐垫的样板制作
			独立完成坐垫的排料、裁剪和成品缝制
通过学习本模块，你还			掌握坐垫工艺质量的评判标准
			总结不同款式、类型坐垫在使用、结构、工艺方面的特点以及款式与结构、工艺的相关性

任务5　布贴画的结构与工艺

【知识点】

· 能描述布贴画的结构设计、制板方法与步骤。

· 能描述布贴画的制作工艺流程。

· 能描述布贴画的工艺质量要求。

【技能点】

- 能根据不同设计图稿完成布贴画的结构设计。
- 能使用制板工具完成布贴画的样板制作。
- 能根据实际进行辅料的合理选配与使用。
- 能完成不同设计图稿布贴画的缝制工艺并进行合理评价。

🔒 任务描述

完成设计方案所设计的餐厨类家纺产品——布贴画的结构设计、打板与打样。

🔑 任务分析

布贴画是陈设类家用纺织品，在使用时，更加注重的是装饰效果，既可以与室内其他纺织品成系列，也可以单独设计，成为居室中自成一体的点缀，本案的布贴画是餐厅空间的系列家纺产品之一。布贴画的结构设计、打板与打样环节，首先要保证能够真实地再现设计方案所呈现的效果，结构设计紧紧依附于设计稿，保证图案造型与布局的精准性，但同时也需要考虑实际工艺的可行性，在不影响设计效果的同时，要对过于复杂的造型给以适当的简化。作为装饰画，要保证它的观赏性，保证图面的平顺、精美，所以，工艺设计时，要注重辅料的选配，注重工艺方法、方式的合理使用。

🛠 任务实施

一、布贴画的结构设计与工艺

（一）结构设计

布贴画设计稿为三幅，是系列图案，结构工艺方法相同。以图3-40（b）为例来进行说明。

1. **款式特征分析**　布贴画的主色调为浅蓝色，采用蓝底白点G面料为底布，结合A、L、I、B、D、H等面料的贴布工艺和各色彩线的线迹工艺，形成自然、柔和、田园的风格特征，款式如彩图32（d）所示。

2. **规格设计**　布贴画为三幅，通过对几何体的排列分布变化设计，通过形与面料图案的结合变化设计，形成韵律感。其幅面大小要与餐厅的总体尺寸、所装饰的墙面尺寸、系列家纺中的其他产品相协调，要注重布局的合理性。本着疏密有致，适当留白的原则，结合效果图，最终确定布贴画的成品总体规格为28cm×28cm。

3. **结构制图**　布贴画的结构如图3-109所示。

结构图绘制说明：布贴画总体规格为28cm×28cm，按照设计稿，确定了各几何体中心的定位尺寸、造型尺寸以及装饰线迹的位置、形状尺寸。

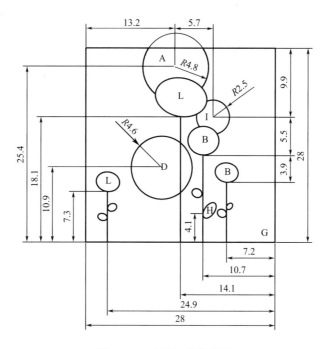

图3-109 布贴画的结构图

（二）样板制作

布贴画裁剪样板如图3-110所示。

裁剪样板设计说明：布贴画底布样板四周均放缝份3cm，用于工艺制作时纱向的修正以及装裱时图面位置的调整。布贴画的工艺样板如图3-111所示。

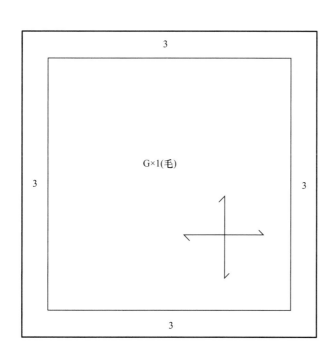

图3-110 布贴画的结构图

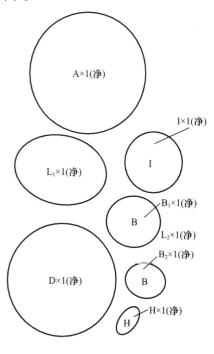

图3-111 布贴画的样板图

工艺样板设计说明：布贴画的各色贴布净样即为工艺样板，工艺制作时做定型之用。

（三）排料与用料估算

布贴画的底布面料G的排料如图3-112所示。

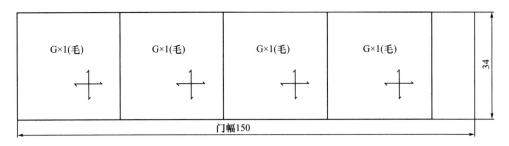

图3-112　面料G的排料图

G料门幅为150cm，单件用料为34×（1+2%）/4=8.7（cm），贴布使用裁剪后所剩余的碎布即可。

（四）工艺制作

1. **缝制工艺流程**　验片→底布透图→缝制贴布→线迹缝贴布→缝制装饰线迹→整烫→检验→装裱。

2. **缝制方法及要求**　布贴画的缝制方法及要求见表3-6。

表3-6　布贴画的缝制方法与要求

序号	工艺内容	工艺图示	工艺方法	使用工具针距密度（针/3cm）
1	准备	图略	a. 整理面料、排料划线、裁剪、试机、验片等 b. 底布裁片背面粘机织衬	剪刀、划粉、平缝机等 蒸汽熨斗等
2	底布透图		用透图仪、水消笔将图案透印在底布上，使用复写纸拓印也可，注意底布的面料图案不能歪斜	透图仪与水消笔或复写纸与圆珠笔
3	缝制贴布	沿画线绲缝　有纺粘合衬　A	a. 用工艺样板、水消笔在面料反面画轮廓线 b. 将面料正面与机织粘合衬正面相对，沿水消笔线迹绲缝闭合图形	剪刀、水消笔单针平缝机针距密度为12～15 蒸汽熨斗和烫台

序号	工艺内容	工艺图示	工艺方法	使用工具 针距密度 （针/3cm）
3	缝制贴布		将缝好的两层剪下，留缝份0.5cm，曲度大处打剪口 在有纺粘合衬中部打剪口并剪出翻口孔，将裁片翻至正面，手工处理好边缘，用熨斗熨烫，使粘合衬平整地粘在面布上，注意正面不能反吐	剪刀、水消笔 单针平缝机 针距密度为12～15 蒸汽熨斗和烫台
4	线迹缝贴布	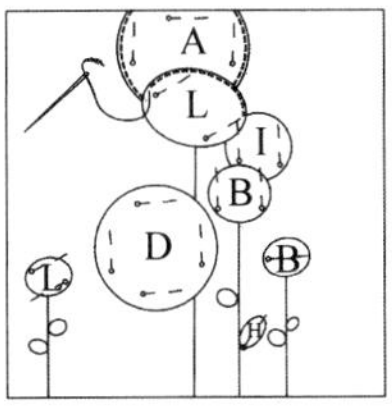	a. 根据图案用大头针或疏缝固定做好的贴布 b. 用四股色线平针线迹贴缝贴布，正面不能有线头	手缝针、色线、珠针、镊子或锥子
5	做装饰线迹	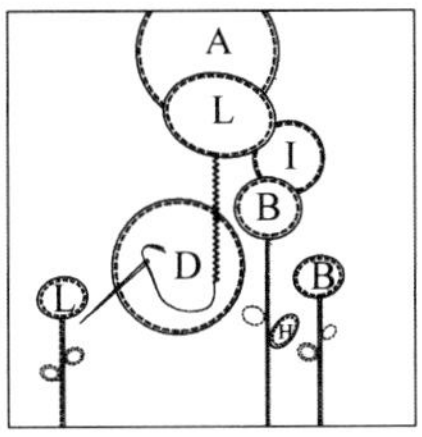	根据图案用各色4股色线完成图案下的线迹绣，所用线迹为三角针、轮廓绣、辫子绣、平针等	手缝针、色线
6	整烫	图略	剪净缝头，整烫平整	蒸汽熨斗 蒸汽烫台 蒸汽发生器

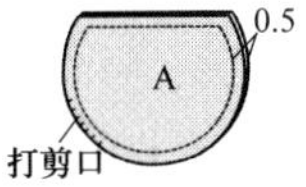

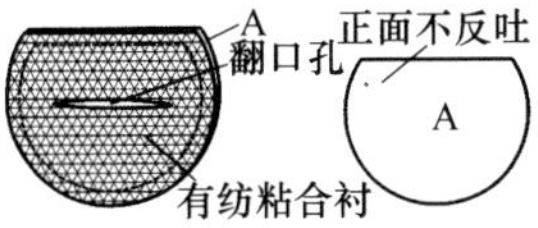

3. 成品质量要求

（1）贴布平服，接针套正，表面无痕迹。

（2）贴布平针缝针距均匀，误差不大于0.05cm。

（3）线迹绣间距均匀，线迹粗细均匀，各股松紧一致，无浮针、跳线。

（4）成品外观无破损、针眼、严重染色不良等疵点。

餐厅系列家纺产品窗帘的结构与工艺参考项目一的任务2　窗帘的结构与工艺，此处不再赘述。

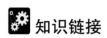 **知识链接**

刺绣的材料、工具与步骤

一、刺绣的材料与工具

刺绣所用的材料与工具根据刺绣的种类不同而变化，应选择最有表现力、能达到最佳效果的材料进行刺绣，要使用适当的工具，以便得心应手。一般来说，刺绣的材料有布、线等，刺绣的工具有针、剪刀、锥子、花绷。

（一）布

能够用于刺绣的布种类繁多，在家纺产品中，常用的棉布类有平布、府绸、斜纹布、纱卡、条绒、牛仔布、水洗布等；丝绸类有电力纺、双绉、素绉缎、塔夫绸、绢绸、生绡、乔其纱、天鹅绒等；此外，还有麻布、涤/麻/棉布、涤麻混纺等织物。各类布料厚薄不同、织物组织松紧不一，外观肌理各异，应根据需要来选择。

不同刺绣种类，对布料选择有一些特殊的要求，传统彩绣多使用丝绸织物或棉布为绣面材料，抽纱绣以亚麻布或平布绣制效果较好，而十字绣则应选择特制十字布或织纹明显的平布，只有根据绣种的特点和要求选择适当的布料进行刺绣，才能获得完美的艺术效果并体现出不同绣种的特色。

（二）线

刺绣使用的线一般为丝线和十字线，丝线光泽明亮，且可根据需要劈成多股，用于绣制精制的花纹，我国的传统刺绣大多以丝线绣成；十字线是专为刺绣工艺生产的绣花线，线体柔滑并具有一定的光泽，色泽十分丰富，按色谱分类有260余种，十字线使用范围很广，在棉布、丝绸、毛、麻、化纤织物上均能使用，是目前刺绣中使用最多的一种绣线。

随着刺绣种类的丰富和服饰美化的新需求，目前，使用的线除丝线、十字线外，还有金银线、粗细不一的麻线、丝绳、滚条、宽窄各异的扁平丝带等，用于捆扎和包装的塑料绳也可以作为绣线，使用得当，则另有一种新奇别致的趣味。

（三）针

常用的刺绣针是9号长针，这种针长而细，使用方便，特别适宜在薄型面料及组织紧密的面料上刺绣。各种型号的毛线针因针较粗，针孔较大，常用开司米、毛线等绣线在布纹粗犷、组织松散的面料上刺绣。应根据绣线的粗细选用相应的绣针，细线用细针，粗线用粗针，否则，将导致刺绣时运针不畅，影响绣品的质量。

（四）剪刀和锥子

刺绣需要有两把剪刀，一把裁剪刀用于布料的裁剪，一把翘头绣花剪用于修剪线结和开缝。锥子用于在布面上扎空，以便调节绣花线，使其顺畅通过。锥子不常使用，只是在面料较紧密、绣线较粗时使用。锥子以尖端平直、光滑、不钩挂布料为好。

（五）花绷

花绷有圆花绷、方花绷和长方形大花绷三种。圆花绷一般是竹制的，由两层竹圈组成，附带有调节松紧的螺丝，直径大小不一，用手握持时，以手指尖能伸到花绷中心为佳。方形花绷是木制的，绣布用图钉固定在绷上。长方形花绷大都也是木制的，两根横木较粗，木板上留有孔眼，插入横木后以销子固定，长方形花绷较大，用来绣制大件绣品。

绣局部图案一般是用圆花绷，因为这种花绷灵巧方便，易于使用；绣大幅装饰壁挂类家纺产品则根据绣制的幅面而选用方花绷和长方形花绷。

二、刺绣步骤

刺绣的步骤大致为：设计图案，选择、准备材料与工具，花样上布，绣布上绷，绣花以及整理。

（一）设计图案

家纺产品上的刺绣图案是产品的一个组成部分，而家纺产品又是室内环境的一部分。在图案设计时，要从风格、色彩、装饰部位、绣制工艺等方面全面筹划，要综合考虑绣品的用途、室内的环境与色彩、放置的位置等因素，使图案与产品配合得协调、统一、完美，使刺绣图案与整个环境协调一致，以获得统一中又有变化的装饰效果。

（二）选择、准备材料与工具

根据设计意图，精心选择最能体现构思特色，最有表现力的面料、绣线、花绷、剪刀及其他材料与工具，为着手刺绣做好准备工作。

（三）花样上布

把设计好的图案描绘到所选择的面料上，这是刺绣中的关键工序。图案勾描到绣布上必须准确无误，线条轮廓清晰并保持绣面的洁净。花样勾描上布的方法有多种，可根据面料的色彩、厚薄等实际情况而定。

1. **誊写法**　先把纸上样稿花纹的轮廓线以黑色或蓝色等深色描浓，然后将布料覆在上面直接描绘。勾描时用硬铅笔，线条要尽量画得细；布和纸应设法固定，避免因移动而产生花样变形，此法适用于中、浅色的薄布料。此外，透光誊写法的效果更好，这是将一块玻璃搁在架子上，玻璃下面放置一电灯，花样样稿放在玻璃上，再盖上布料，电灯开亮，经过透光照射，投射在布料上的花纹十分清晰，即使布料略厚或颜色稍深，也能透出花纹。

2. **复印法**　复印法是日常普遍使用的花样上布法。在花样纸稿和布料中间夹一张复写纸，用铅笔沿花纹轮廓线轻轻勾描，或以笔尖点成连续的虚线。勾描时必须注意布面的洁净，切勿把复写纸的色蜡粘印到布的其他部位，白色或浅色布料要特别小心，以免影响绣品的美观。

3. **扑粉法**　扑粉法花样上布适用于深色面料。先将花样画在牛皮纸或比较结实的纸上，然后用锥子或毛线针沿花纹轮廓线刺出一个个小孔；再把纸放在布上，在有孔的部位扑上白粉并用手指尖反复擦拭，这样布面上便漏印上连续的点子并形成花纹。需要注意的是白粉不要扑得太多，以免污损布面。

除上述三种方法外，还可根据刺绣种类与绣面材料的不同，使用其他花样上布法。但总的原则是保持布面整洁，不使图案变形。

（四）绣布上绷

把描好花样的绣布上到花绷上，需注意绣布的松紧要适当，经纬线的纱线要平直，使绷好的面料达到平、直、紧的效果。若绣布为滑爽的缎子或尼龙绸，可用一层纱布或布带将花绷外圈包扎好，以增加摩擦力，免使绣布打滑。此外，有些刺绣种类可不使用花绷而直接绣制，如贴布绣、十字绣、褶绣等。

（五）绣花

根据设计意图采用不同色彩的绣线、不同针法进行绣制，便可将设计构思的各种图案变为多姿多彩的绣品，绣花技巧复杂、针法多变、技术性强。绣制时需要做到针迹整齐，边缘不能参差不齐；纹路要顺，根据花纹形态决定行针方向，使直线挺直，曲线圆顺；针距一致，使针迹不重叠、不漏底；手势均匀，控线不过紧也不过松，以免绣面不平服；要保持绣品整洁，绣前要洗手，绣绷不乱放。

由于设计意图与表现效果往往有一定的差异，绣花过程中，在色彩的搭配和针法的运用上要不断进行调整，使作品达到完美、理想的效果。不同刺绣种类各具特色，在针法与技巧上都不尽相同，需灵活运用。

（六）整理

绣品完成后，从绷上取下，修剪线结，去除污迹，在背面喷水后进行熨烫整理。需注意的是不要熨烫刺绣部位；绢丝类织物不要喷水，直接低温熨烫即可，以免出现水迹；灯芯绒、丝绒等绒类织物则要将绒面合折后用蒸汽熨斗熨烫。

图3-113　贴布绣装饰画

📖 课后作业

1. 从风格、表现手段、工艺设计合理性、工艺技法四个方面来分析如图3-113所示的贴布绣作品。

2. 总结贴布绣的工艺制作过程、要点与注意事项。

3. 设计一款可以用于男孩卧室的贴布绣图案，并进行作品的结构、工艺设计和成品制作。

🔍 学习评价

	能/不能	熟练/不熟练	任务名称
通过学习本模块，你			根据给定款式完成布帖画的结构设计
			独立完成布贴画的样板制作
			独立完成布帖画的排料、裁剪和成品缝制
通过学习本模块，你还			掌握布帖画工艺质量的评判标准
			总结布帖画在使用、款式、结构、工艺方面的特点以及款式与结构、工艺的相关性

任务6　餐厅配套家纺产品的展示与评价

【知识点】

· 项目三设计与工艺模块中知识的综合运用。

【技能点】

· 能进行本项目组餐厨类家纺成果的展示。

· 能完成对本项目组成果的自我评价。

· 能完成对他项目组成果的客观评价。

🔒 任务描述

进行本项目组配套餐厨类家纺产品设计与工艺成果的展示、汇报与自评，并进行对其他项目组系列餐厨类家纺产品设计与工艺成果的客观评价。

🔑 任务分析

这个任务是在前面专业训练的基础上，锻炼学生的表达、展示、归纳、分析、评判能力，进一步提升其综合能力。

🜚 任务实施

一、明确展示与评价环节的意义

餐厨配套家纺最终成品效果如图3-114所示。

图3-114　餐厅配套家纺的实物展示

展示与评价环节是对前期学习工作成果的一个总结，通过这个环节，学生不仅能够对前期所学的专业知识、技能有一个更清楚、全面的认识，还能从中获得综合能力的提升，获得成就与满足感，为下一项目的学习做好充分的准备。

二、展示与评价过程

展示与评价流程：完成餐厨配套家用纺织品的成品拍照，展示现场布置，汇报课件制作，项目组长代表本组汇报，获得其他项目组评价并其对他项目组成果进行评价，企业评价、教师评价与总结。详细内容参见项目一　模块二中的任务4部分内容。

📖 课后作业

1. 就前期项目学习与成果展示评价写一篇心得，从最令你有感触、为难或兴奋的点切入。

2. 选择一套餐厅或厨房系列家纺进行鉴赏与评价。

学习评价

	能/不能	熟练/不熟练	任务名称
通过学习本模块，你			对前期学习状态和收获给出明确的评价
			对前期项目组工作进行客观的总结与评价
			对其他项目组成果给出评价与建议
通过学习本模块，你还			对经典餐厨配套家纺产品案例进行客观的分析

项目四　卫浴类家用纺织品的设计与工艺

【教学目标】

- 了解卫浴类家纺产品的设计原则与方法。
- 掌握卫浴类家纺产品的材料、图案及款式特点，具有单品与配套设计能力。
- 掌握卫浴类家纺产品的纸样设计原理，并具备制板能力。
- 掌握卫浴类家纺产品的缝制工艺与技能，并具备成品制作的能力。

【技能要求】

- 能完成卫浴类家纺产品的单品设计并进行设计表现。
- 能完成卫浴类家纺产品的配套设计并进行设计表现。
- 能完成卫浴类家纺产品的纸样设计与制板。
- 能完成卫浴类家纺产品的工艺制作。

【项目描述】

本案的目标客户是装饰城中某品牌瓷砖店，具体任务是，配合其冬季促销活动，进行店铺内卫浴展示空间的配套家纺产品设计与制作。客户希望通过卫浴产品与家纺产品的搭配、呼应，营造出诱人的视觉空间效果，进而突出该品牌卫浴产品的天然、质优、唯我的特质与品位。

【项目分析】

针对本案的主要任务——为某品牌陶瓷店内的卫浴样板间进行纺织品配套设计，和客户的要求——突出该品牌卫浴产品的特质与品位，围绕卫浴空间的硬件条件和产品展示的特定季节，确定该卫浴空间所需的家纺产品有：抽水马桶套件（马桶盖套、马桶圈套、马桶垫）、纸巾收纳袋（方形刀切卫生纸、卷筒卫生纸）、窗帘、浴帘、浴袍、浴巾、毛巾、拖鞋等。

卫浴间家纺产品种类较多，造型差别较大，尤其是使用材质各有不同。综合考虑特质与品味氛围的营造，以及合理的工艺成本，最终确定窗帘、抽水马桶套件和纸巾收纳三部分为本案实施重点，而对于毛巾、浴巾、浴袍、浴帘、拖鞋等品类，因其各自具有较专业的工艺性，且市场可选择余地较大，所以在本案整体设计中通过选用现成品来解决，对其工艺部分不作专门阐述。综上所述，本项目的工作内容主要完成以下任务：对用户相关资料进行分析与整理，并提出设计方案；抽水马桶套件、窗帘、纸巾收纳挂袋的面料选择；面料整体色调调和配比，包括图案和色彩；窗帘、抽水马桶套件、纸巾收纳挂袋的款式设计及其他搭配家纺（毛巾、浴巾、浴帘、浴袍、拖鞋）的选配；窗帘、抽水马桶套件、纸巾收纳挂袋的结构设计、样板制作与成品缝制内容。

模块一 卫浴类家用纺织品的造型与配套设计

相关知识

一、卫浴空间的概述

卫浴间（通常称为卫生间）是为人们提供整理个人卫生的空间，面积一般较小，以能够舒适地摆放一整套卫浴产品为准。卫浴间中最常见的设备有：浴缸（浴桶）、抽水马桶、淋浴器、台盆。此外，还有配套的灯具、镜子、置物柜等（图4-1）。由于在建筑设计过程中卫浴间一般都被安排在东西向位置，因此，光线一般都不是非常理想，只能通过灯具和其他元素的合理选择来弥补不足。另外，卫浴间通常比较潮湿，保持整洁是非常重要的内容。在这个空间中，一般木制家具比较少见，因为潮湿容易使木制家具变形、腐烂，因此，表面光洁且防水的材料是卫浴间中的首选。

二、卫浴间里典型的家纺产品

与卫浴空间使用的设施相搭配，卫浴间中常见的家用纺织品主要有马桶套件（马桶盖套与马桶圈套组成的两件套、以上套件和浴室地垫组成的三件套）、卫生纸收纳挂袋、窗帘、浴帘、浴巾、毛巾、浴袍、地垫、拖鞋等，（图4-2）。其中，马桶两件套、三件套是典型的卫浴间小配套家纺产品，一般采用针织弹性面料以方便套用，材质多为圈绒类织物，使用时能够产生良好的皮肤触感；或者采用纯棉类机织面料，以拼接、绗缝、布艺花装饰与拉链、抽带等工艺相结合，体现浓浓的田园气息。

需要说明的是，马桶圈垫是一般家庭卫浴间中最常使用的家纺产品，相对而言，马桶盖套、

图4-1 卫浴空间中的常见洁具

图4-2 常见卫浴家纺产品

图4-3　卫浴家纺产品的风格配套

马桶地垫的使用量要少得多，尤其是卫浴间地面潮湿，非常容易将地垫弄脏，进而增加清洁工作量，甚至滋生细菌，所以，一般只在清洁条件好的、较高档的卫浴间才会整套使用。

三、卫浴间家纺织产品的配套设计

卫浴间的家纺产品配套对于营造良好的如厕和洗浴氛围相当重要。设计中，一方面应重视家纺产品与卫浴间装修和家具的风格配套（图4-3，彩色效果见彩图25）；另一方面应充分发挥纺织品的质地特点来中和大量建筑材料带来的生硬感；注重家纺产品对卫浴空间色调所起到的不可忽视的调节作用（彩图26）。同时，也要注重同一卫浴空间中各家纺产品之间在风格、材质、色彩、款式等方面的协调搭配（图4-4、图4-5）。

图4-4　卫浴家纺产品的图案配套

图4-5　卫浴家纺产品的款式、风格配套

四、家用纺织品整体配套的形式法则

家用纺织品配套设计的常用方法有图案配套、色彩配套、材料配套、款式配套等。图案、材料、色彩、款式是家用纺织品的基本要素，不可分割。配套设计时要将其中一个要素作为设计重点，使之成为整个设计的视觉点，其他要素起辅助、配合作用。

（一）以图案配套的形式法则

利用图案配套是指借助图案形成各个单品间的有机联系。通常是同一图案元素在各类家用纺织品上以不同大小、色彩、形式重复出现，形成强烈的视觉感染力。如利用窗帘与椅垫的图案形成配套，窗帘上的四方连续纹样在椅垫上以单独纹样的形式运用，达到既独立又统一的效果。

（二）以色彩配套的形式法则

利用色彩配套是指借助色彩将各个单品有机地组合起来。如将配色相同的条纹面料与花卉面料组合在一起，两者通过共同的色彩元素统一为一个整体。色彩鲜艳的条纹具有强烈的现代感，而同样配色鲜艳的写实花卉图案散发出浓郁的自然气息，两者组合在一起融洽而和谐。再如地毯选用满地碎花的面料，床上用品采用素色的羊羔毛面料图案面料组合，利用相同的色彩达到整体配套效果。

（三）利用款式配套

利用款式配套即将款式特色作为各类家用纺织品之间的关联要素，重复使用同一种款式设计手法，使之成为最引人注目的设计内容。家用纺织品的款式一般由使用功能所决定，款式上的配套协调，主要体现在样式、拼接方法、边缘、下摆的处理及缝制工艺等方面。如床品、桌布、窗帘都利用同色滚边工艺在边缘进行装饰，就可使图案、色彩相近的各种家用纺织品呈现出非常统一、和谐的风格情调。

五、家纺产品配套设计的因素

在一定室内空间的家纺产品配套设计中，设计师在处理各类家用纺织品的组合关系时，既要突出每件纺织品的特点，又要兼顾整体性，凸显出明确的装饰风格，这样才能使设计达到和谐而统一。

（一）纺织品图案造型与装饰风格的协调统一

不同的装饰风格要有与之相应的装饰图案基本形，在此基础上，再进行或简或繁的图案群化处理，使之既丰富又统一，形成一个能统帅全局的主要形态、主干结构与主体纹样。当这种群化了的装饰图案在色彩与形式上反复出现时，随即便形成了协调、统一的装饰风格。

（二）纺织品图案构成与空间装饰的协调统一

在确定了一个环境的装饰主题之后，纺织品图案即可在排列上进行或聚散、或纵横、或虚实的变化，通过对形的渐大渐小、递增递减、渐强渐弱的不同排列，产生连续渐变、起伏交错的各种韵律，构成既有变化又不失和谐的装饰效果，表现出整体、统一的气势。

（三）纺织品主色调与整体空间的协调统一

主色调是整体设计中色彩运用所形成的主要倾向。在主色调统帅下，各类纺织品的色彩

在色相、明度、纯度上的变化、反复和呼应，形成强弱、起伏、层次、轻重等空间韵律，最终在空间混合中达到统一。

（四）纺织品图案造型与空间比例的协调统一

纺织品图案造型的大小要符合不同形态的空间装饰要求。图案面积大且对比强的造型适宜表现较大空间中的主要形态，而相应配套中的小花型能丰富空间装饰中的层次与序列关系。

（五）纺织品图案与依附物体的协调统一

纺织品图案装饰于不同功能的织物时，图案的表现要虚实相生、疏密得体。如蒙盖家具的面料和墙布的图案需均匀，要保持其形态的完整性。由于各种织物质地的不同，要求图案装饰与之相协调。柔软的床罩图案适宜曲线柔美的装饰风格，而平挺的墙布图案则适宜规则有序的装饰风格。

（六）纺织品的材质搭配与空间的协调统一

灵活运用各种纺织品之间肌理的对比，能创造事半功倍的装饰效果。如粗质厚实的沙发罩肌理与光滑地板的对比，长毛绒地毯与古朴的文化砖墙相映成趣，触觉丰富的壁挂与光洁的装饰器皿交相辉映。室内各类肌理特征的纺织品，在设计师的调控对比下能形成丰富而统一的视觉美感。

任务1　用户资料的分析与整理

【知识点】

- 能描述用户资料分析与整理的方法和要点。
- 能描述家用纺织品设计与定位的方法和要点。

【技能点】

- 能完成用户资料的分析。
- 能通过用户分析确定卫浴系列家纺的总体风格与设计构思。

🔒 任务描述

通过对卖场环境、整体硬装风格以及灯光等资料的分析，确定本案卫浴间配套家纺产品的总体风格、设计内容与设计要素。

🔑 任务分析

本环节的主要工作目标是对客户所在卖场进行整体的实地勘察，主要是客户的产品品牌定位、卫浴样板间的装修风格以及现场的灯光效果等资料的收集、整理、归纳，最后根据结论进行整体设计构思的确定，包括设计风格、设计内容、设计重点等。这个环节，对客户的基本资料和具体要求应尽可能地进行挖掘，使接下来的设计工作有的放矢。

任务实施

本案客户是一家陶瓷品牌的经销商，配合其冬季促销活动，需要我们对店铺中的卫浴样板间进行家纺产品配套设计，目的在于营造良好的卫浴空间氛围，烘托产品的特质和品位。

一、设计定位

（一）消费人群分析

本案客户所经营的陶瓷产品属于中档品牌，销售对象以家装购买为主。消费人群定位在有一定消费能力、文化素养的年轻单身一族、新婚族等，他们在生活中追求自我感受和品位，追求生活品质，喜欢自然、清新、雅致的风格。

（二）使用时间、空间分析

本项目的配套设计是为配合客户卫浴产品的冬季促销活动而进行的，因此，在设计时，要充分考虑冬季家用纺织品在室内环境中的作用及其产生的情感因素。柔软、温馨、明亮而有春意是配套设计所追求的。同时，使用空间具体情况如下：

1. 客户卫浴样板间的使用面积：$5m^2$。

2. 展示间装修效果图（如图4-6所示）。墙壁、地面、洗浴台瓷砖为同款藕灰色，抽水马桶、浴盆为本白色。

图4-6　样板间硬装效果

（三）使用目的分析

本案客户需要在样板间配置一套具有较全功能且比较个性化的家纺产品，希望通过卫浴产品与配套家纺的联合展示来彰显品牌天然、质优、唯我的理念，有效地吸引目标消费人群，具体需求如下。

1. 配套设计的家纺产品能够更好地烘托瓷砖产品本身的优良特质。

2. 配套设计的家纺产品在风格、品质上与卫浴产品完美结合，更好地衬托主营商品。

二、设计目标

（一）设计内容确定

本案设计内容为卫浴家纺产品的配套设计，主要包括：

1. 抽水马桶三件套，包括马桶盖套、马桶圈套、马桶垫。

2. 卫浴间窗帘。

3. 纸巾收纳挂袋，包括方形刀切卫生纸收纳挂袋和卷筒纸收纳挂袋。

4. 与上述家纺相协调的浴帘、浴巾、毛巾、浴袍、拖鞋等产品的选配。

（二）设计风格确定

综合考虑本案客户烘托主营产品本身优良特质的需求；考虑目标消费者对于自我感受、品位的注重，对于品质、天然的追求；考虑本案卫浴空间的硬装特点，将设计风格定位在温馨、自然、雅致的韩式田园风格。

（三）设计构思

通过对客户卫浴样板间硬装风格的实地考察，发现本案样板间面积较小，卫浴洁具占据了大部分空间，其造型简洁，曲线运用较多，显得柔和而随意，给人以安全感，而且，本白的色调同样柔和而友善。墙壁壁面和地面瓷砖同款，呈藕灰色调，单块瓷砖尺寸为10cm×10cm，设计风格细腻、小巧，非常适合小面积的家装卫浴空间使用。综合上述分析，确定本案家纺产品的造型以简洁、曲线、注重细节为主，色调选择清新、柔和、中性调的类型。对韩式田园风格的表现，主要通过面料的纯棉材质、植物花卉图案以及拼布、绗缝、滚边等传统而时尚的工艺来表现。柔和、雅致，但绝不甜腻是设计过程中始终要秉承的原则。

⚙ 知识链接

家纺产品配套设计的特点

（一）功能性、舒适性

不同功能的室内空间因为运用了纺织品，居住环境才有了舒适与温馨的感觉。以窗帘为例，窗帘不但能调节室内温度与光线，而且还能起到隔音和遮挡视线的作用，同时，其色彩、图案与面料质感还能带来愉悦的视觉享受；再如地毯为人们提供了一个富有弹性、减少噪声的地面；利用帷幔、帘帐与屏风能营造出一个充满浪漫情趣的小空间；各种款式的靠垫在呵护我们坐、靠、倚的同时也活跃了室内的装饰色调。总之，我们在享用室内纺织品功能的同时，也在享受着它的舒适度。

（二）丰富性、多样性

室内装饰纺织配套产品不仅形式丰富而且种类多样，并且发挥着各自不同的作用。品类多样的纺织品在现代纺织高科技的作用下，又拥有着丰富多彩的织物语言：轻柔润滑的丝质物、垂感厚重的绒织物以及光泽富丽的金银织物。不同质地的织物与室内其他材质对比产生更丰富多样的肌理语言与视觉美感。

（三）灵活性、可控性

创造具有流动感的、可变性的空间环境是现代室内设计的趋势。室内纺织品可随物体灵活变异的特性满足这种需求。它们在空间内或挂叠、或铺罩、或垫靠，表现出较强的可控性与丰富的空间装饰效应。如屏风、帘幔可有效地分割空间；地毯可营造空间的领域感；壁挂在美化空间的同时起着导向空间的作用；纵条图案织物可使空间产生高耸感，横向图案织物则有拓宽感；对比强烈的大花型织物宜用于宽敞空间；细密、淡雅的织物则适用于小空间。

（四）统一性、整体性

如何使多样的纺织品形成统一性与整体性，首先需要按照人的视知觉顺序性，满足人生理和心理的习惯。其次需要确立室内环境的装饰主题：选择相应的基本形与色调，运用对立统一的设计原则，通过基本形的大小、曲直、方圆、正反的变化，排列的聚散、纵横、疏密的布局，色彩的明暗、冷暖、灰艳的组合，造成动静、虚实不同层次的空间效应，最终达到统一、整体的完美空间。

 **课后作业**

1. 用户资料的分析与整理的方法和要点有哪些？
2. 家用纺织品设计与定位中需要考虑哪些因素？

📢 **学习评价**

	能/不能	熟练/不熟练	任务名称
通过学习本模块，你			根据项目描述进行用户资料的搜集
			掌握用户资料的分析方法与要点
			掌握如何对用户资料进行整理
			根据资料分析结果确定整体设计构思
通过学习本模块，你还			准确地了解、把握消费者的意向
			灵活地处理设计与需求之间的矛盾
			从设计的角度对消费者进行理性引导

任务2　面料材质的分析与选择

【知识点】

· 能分别描述卫浴空间中家纺产品的常用面料及辅料。

• 能明确区分卫浴空间中家纺产品的面、辅料材质特点。

【技能点】

• 能根据设计定位完成卫浴空间配套家纺产品的面、辅料的材质选择。

• 能够在面料选择中合理把握设计理念并体现设计的人文关怀。

任务描述

根据整体设计构思，进行卫浴空间中家纺产品的面、辅料的材质分析，完成某品牌陶瓷卖场卫浴样板间中家纺配套产品的面、辅料的材质选择与确定。

任务分析

本案的设计风格为韩式田园风格，以自然、雅致、温馨为主要设计诉求，本环节的工作目标就是根据整体设计构思，综合考虑上述设计风格诉求，以及产品种类、使用功能等内容，对卫浴样板间内配套家纺产品的面料、辅料进行选择与搭配。

任务实施

本任务包括卫浴间窗帘、马桶套件、卫生纸收纳挂袋的面辅料的选择与确定。

一、本案窗帘的材料选择

卫浴间湿度较大，因此，在窗帘材料选择时，应考虑具有良好的吸湿、防水、防霉等性能。目前，卫浴空间用窗帘材料主要有涤纶、棉、涤/棉、纱、麻、涤/麻、人造纤维以及聚氯乙烯（PVC）材料等。其中，涤/棉、涤/麻、PVC等是比较常用的选择。卫浴窗帘的材料选择主要应考虑以下几个因素，一是具有良好的遮光效果，以保证卫浴空间的隐私性要求；二是具有良好的耐潮湿和防霉性，以适应卫浴空间的水蒸气；三是具有良好的通风性能和开合性，以利于卫浴空间的空气流通。基于同样的诉求，常见的卫浴窗帘多采用百叶窗式、卷帘式款式，利用抽绳进行上下开合。当然，也有横向开合式的卫浴纱帘或布帘，具体的选择主要考虑面料的功能特性以及客户的喜好。

本案的卫浴展示空间不具有实际使用时的大量潮气，从面料材质的触感与舒适度、产品设计的配套角度考虑，设计师选择了纯棉材质作为该卫浴空间的窗帘面料，辅料选择罗马式窗帘杆。需要说明的是，如果在真实的卫浴生活空间，窗帘面料以选择具有更好耐潮湿、防霉性能的混纺面料为佳。

二、本案马桶三件套的材料选择

马桶套件是针对抽水马桶而设计的家用纺织品，主要包括马桶盖套、马桶圈套和马桶垫。马桶套件一般在春秋和冬季使用比较适合，可以避免肌肤接触到马桶时产生冰冷的刺痛感，为如厕提供良好的坐感。由于马桶各个部分的造型比较特殊，同时马桶盖又需要经常性地开合，所以，马桶套件的面料在选择时一般选用具有一定弹性的材料而方便套用。目前市场上出售的马桶套件材料分为针织与机织两类，针织材料成分为涤纶，表面呈圈绒状，有较好的弹性，易于使用，有很大的市场占有率，但这种材料的马桶套件特色不明显，由于工艺等因素限制，一般多为单色或简单矢量图案，不能很好地表现韩式田园风格。机织材料一般采用纯棉平纹、斜纹面料，以布艺拼接、布艺花边装饰与拉链、抽带等工艺相结合，能够体现出较为浓厚的田园气息，在市场上得到年轻一族的热捧，但目前的成品大多存在结构处理上的不合理，使其形态、细节上都难以满足卫浴洁具所需的契合度要求，而且，现有市场成品大多存在甜腻有余而内涵不足的问题。

本案中卫浴空间抽水马桶套件的设计，重点考虑配套产品的风格，视觉、触觉舒适度，设计的特色，对细节的关注，对使用者的关怀，旨在更好地烘托主营产品，更好地表达产品品牌的理念和特质，因此，基于产品品类、产品功能，抽水马桶套件的材料选择遵循材质混搭的思路，选择了纯棉材质面料、PVC防水面料、颗粒防滑面料的组合。辅料主要有拉链、喷胶棉和橡皮筋等。

三、本案卫生纸收纳挂袋的材料选择

卫浴空间中的卫生纸收纳挂袋是用来存放卫生用纸和其他卫生用品的收纳物，其材料主要为金属、塑料和纺织品等。纺织品收纳挂袋柔软、随和、无棱角，在相对狭小的卫浴空间中使用更为安全。在设计上，除考虑使用功能外，更多地注重其装饰效果。用材选择非常广泛，几乎所有的纺织材料都可以用来制作卫生纸收纳挂袋。

基于韩式田园风格的统一，为了更好地烘托主营产品对舒适度、人性化的关注，本案卫生纸收纳挂袋材料选择了与窗帘和马桶套件一致的纯棉材质面料。

🛠 知识链接

面料的二次设计

面料的二次设计指在面料成品的基础上经过粘贴、缉缝、抽褶、层叠、镂空、植入其他装饰材料等技术处理，使面料表面发生变化，呈现出各种肌理效果。面料肌理的表现形式有许多种，表现风格各有特色，运用好面料的肌理效果，能使家用纺织品的设计更加出色。面料二次设计的常用方法主要有以下几种。

（一）抽皱

抽皱工艺是指在面料背面用缝线按照一定的规律扎起几个点，然后抽紧，使面料表面起皱、凸出，以形成有规律的凹凸肌理效果。当面料的质地过于轻薄时，使用这种方法可以使处理后的面料获得超出想象的厚度感。

（二）缀饰

缀饰工艺是指用亮片、珠子、几何形片、盘线、纽扣等在面料表面进行缝缀装饰。既可以随意缝缀，也可以按照一定的图案进行制作。经过这种方法处理后的面料，可以得到有立

体感的图案效果。

（三）扭曲

扭曲是指用缝线等形式使面料表面发生扭转、拧绞。扭曲可以是按照一定的规律进行的，也可以是无目的方式进行的，得到的效果都比较抽象。

（四）拼接

拼接工艺是指采用并置的方式展现多种面料组合的效果。不同的材质的面料拼接后会产生视觉上的强烈对比，从而增加面料质地的丰富性。

（五）层叠

采用上、下叠放的方式展现面料的组合。在运用面料的二次造型即追求肌理变化、质地的设计时，需要注意家用纺织品以实用为前提，在适当的产品上以恰当的方式、比例加以运用（图4-7，彩色效果见彩图27）。

图4-7 利用缝缀工艺制作的抱枕

（六）镂空

这是一种雕刻上的艺术手法，指在织物上挖出具有通透效果的花纹或者几何图形。使用镂空的造型方式可以使织物具有特别的视觉效果。如果以不规则的几何形作为镂空的素材，用具有强烈对比的质感或色彩的织物作为背衬，可以给人一种随意变化的透视感，也使对比显得和谐而富有趣味。如果以精致的花纹作为镂空的题材，不管是否运用背衬材料，都会给人一种细腻而精美的质感。

（七）抽纱

这是织物特有的一种造型方法，指根据设计的意图，将织物抽去一定的经纬纱线，使织物产生一种朦胧或者颓废的感觉。抽纱在织物的边缘应用时会产生毛边，可以得到时下流行的颓废、随意的怀旧感的效果或者形成流苏的效果，创造出一种怀旧与精致的感觉。抽纱组织若局部使用，可以达到与镂空相似却独具风格、若隐若现、梦幻般的效果。

课后作业

1. 常见的窗帘、马桶三件套、卫生纸收纳挂袋的面料有哪些种类？
2. 卫浴类家纺产品的面料选择应主要考虑哪些因素？

学习评价

	能/不能	熟练/不熟练	任务名称
通过学习本模块，你			按照设计构思进行窗帘的面料选择
			按照设计构思进行马桶三件套的面料选择
			按照设计构思进行卫生纸收纳挂袋的面料选择
通过学习本模块，你还			在面料选择中体现设计的人文关怀
			灵活地处理设计与需求之间的矛盾
			从设计的角度对消费者进行理性引导

任务3　面料整体色调的调和配比

【知识点】

- 能描述卫浴类家纺产品的整体色调配合对环境氛围的影响。
- 能描述不同风格的卫浴设计与家纺产品色调搭配之间的关系。
- 能描述卫浴类家纺产品的图案、色彩设计特点与系列设计原则。

【技能点】

- 能根据设计风格定位进行配套家纺产品的整体色调选择。
- 能合理把握设计原则进行配套卫浴家纺产品的图案、色彩设计。

任务描述

本环节的任务是完成某品牌陶瓷卖场中卫浴展示间的配套家纺产品面料的图案、色彩设计与选择，并对面料样品进行设计编号。

任务分析

本案的客户是陶瓷产品经销商，其进行家纺产品设计的目的是为了样板间展示，希望通过卫浴产品与家纺产品的搭配、呼应，营造出诱人的视觉空间效果，进而更好地衬托陶瓷产品，所以，在家纺产品配套设计中，首先要努力使家纺产品与陶瓷产品风格相和，融为一体，在整体色调、图案选择方面，都要保持与卫浴间素雅格调的一致。为了营造温馨、自然的韩式田园风格，色彩设计时，既要融入陶瓷产品的色彩，也要使用能够跳出来的色彩，从而产生和谐而有视觉吸引力的艺术效果；而在图案设计时，则可融入植物、花卉图案，在寒冷的冬天必能产生抢眼的视觉效果。同时，色彩与图案设计还要考虑区别于市场上多见的甜腻色调，突出该品牌卫浴产品的质优、唯我的特质与品位。

任务实施

一、本案卫浴家纺产品面料整体色调选择

本案客户样板间的卫浴产品为本白色，壁砖和地砖为浅藕灰色，表面有浅浮雕暗纹，视觉效果雅致，很容易与韩式田园风格相和。卫浴空间的整体色调设计预期要给人以温馨、整洁、雅致、舒缓的感觉，因此，在色彩选择上不宜采用过于深、暗的颜色。为使家纺产品与陶瓷产品融为一体，色彩设计时，适度融入了陶瓷产品的本白、藕灰色彩；为了产生夺人眼球的艺术效果，也选择了能够从环境中跳跃而出的粉紫、灰绿色，结合品牌诉求、风格表现、环境面积、光线以及消费人群的喜好等因素，最终确定了本白底、粉紫花的主调色，并融入灰绿、棕灰、米灰、藕灰等辅色〔图4-8，彩色效果见彩图33（b）〕，通过对这些色彩的组合，营造温馨、柔和、雅致的卫浴环境。

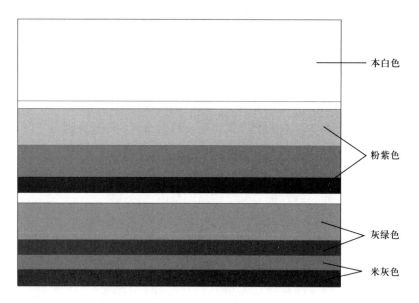

图4-8　本案卫浴家纺整体色调设计

二、本案面料图案选择

在面料图案选择时，综合考虑客户陶瓷产品的特点，考虑田园风格的营造，考虑寒冷冬季中融入使人眼前一亮的春意感，选择了花卉题材的印花面料与单色面料相搭配。其中，印花面料设计了花卉题材一致的大小两种单元尺寸类型，意在通过同一图案的尺寸变化达到既统一又有变化的视觉效果。为了克服花型面料的花乱感，选择了粉紫和灰绿的单色面料与印

花面料相搭配，使其对卫浴空间整体视觉效果产生稳定、中和作用。最终面料确定如图4-9〔彩色效果见彩图33（c）〕及表4-1所示。

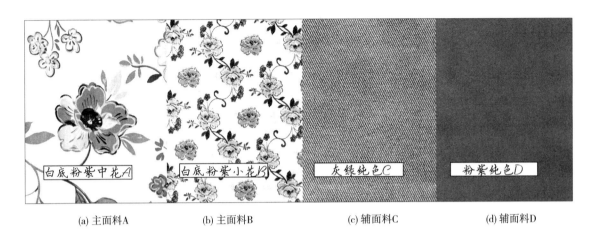

| (a) 主面料A | (b) 主面料B | (c) 辅面料C | (d) 辅面料D |

图4-9 卫浴家纺面料定案

表4-1 卫浴家纺产品面料选用信息

面料编号	A	B	C	D	E	F
材质	全棉	全棉	全棉		防水面料	防滑面料
门幅	180	180	150		160	180

注 E料为C料的同色防水面料，用于马桶圈套背面；F料为B料同花色的颗粒防水防滑面料，用于地垫背面。

三、本案卫浴间配套家纺产品色调应用

（一）窗帘的色调设计

在确定窗帘的图案色彩时，一定要从整体出发，首先要注重窗帘的功能要求，使窗帘设计符合房间的使用功能。卫浴空间的窗帘色彩和图案应选择柔和、宁静的内容并能给人以清新、整洁的感觉。由于卫浴空间的采光多不是非常的理想，因此，窗帘宜选用明度较高的色调。同时，面料图案的花型大小也很重要。小房间内的窗帘图案花型不宜太大，否则会显得空间局促。高度较低的房间可选用竖条纹图案的窗帘，以使空间得到视觉上的延伸。当然，卫浴窗帘的图案、色彩应与室内整体风格保持一致，这样会使视觉效果更加令人满意。

通过对本案中卫浴样板空间的实地观察可以发现，该空间面积相对较小，而且窗户的位置比较偏，所以光线较差。在这样的空间条件里，不宜选择厚重深色的大花形面料，因为这些特点都会增加空间的狭小感；所以，设计上选择了色彩明快、质地较轻薄的白底、粉紫花卉为主的中花形面料。考虑到视觉效果的丰富，产品设计感的提升，选择了粉紫、灰绿两种纯色面料与印花面料搭配使用。

（二）马桶套件色调设计

对马桶套件来说，单个用品的色彩与图案变化是自由的，但是在与空间其他纺织品配

套时就必须进行总体考虑了。一般来说，马桶三件套的色调选择因素有以下几个方面，一是要耐脏，因此，宜选择含一定灰度的色调；二是要避免给人以压抑和烦躁的感觉。大多数卫浴空间的面积都相对较小，因此，在色彩、图案的选择上一般应避免花型过大或色彩过于花哨。本案马桶套件的设计采用纯色、花型面料的组合设计，花型面料使用与窗帘花型风格一致的，但单元图案尺寸小很多的小花型面料，这样的设计既能使马桶套件在色彩、图案上与窗帘保持一致，又能在表达方式上有所变化，借助同一图案规格尺寸的变奏来产生一定的韵律感，使整体设计更具特色。

（三）卫生纸收纳挂袋色调设计

卫浴空间中的卫生纸收纳挂袋往往是和马桶套件配合使用的，因此，在色调的整体设计上应与马桶三件套相呼应，这样设计的配套感才会比较强烈。卫生纸收纳挂袋具有简单的收纳功能，体量较小，在图案的选择上一般多考虑纯色、条纹、格子、波点、小碎花等，色调设计上也应尽量简洁、明快。本案卫生纸收纳挂袋的色调选择从窗帘、马桶套件的色彩中来，以小花型的碎花面料为主，并搭配粉紫色纯色面料，形成雅致、温馨的格调。

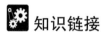 **知识链接**

一、印染图案在家用纺织品设计中的应用

室内家用纺织品作为软装饰，弥补了坚硬性装修材料的不足，无疑在理想、时尚家居中扮演着十分重要的角色。因为它们不但与人们的身体关系最为亲和、贴近，而且根据室内硬件的设计风格，在营造艺术氛围、增加环境情趣的创造中起着举足轻重的作用。朴素、平和、温馨、宁静、典雅、精致、豪华、奔放、浪漫等各种不同格调的追求，全都需要依靠整体配套的观念与技巧，去加以精心设计和装饰。

当今室内家用纺织品配套的数量早已由原先的床单、枕套和窗帘的老三件发展为8～12件套甚至更多的趋向。床罩、被单、被套、窗帘、长枕、短枕、腰枕、沙发套、靠垫、台布、空调被、灯罩、贴墙布、地毯、挂毯、浴巾、洁具垫等悬挂物和覆盖物，这么多五花八门物品的组合，再加上材质的不同，如果设计、选择不当，其感觉只能是一个"乱"字。所以必须强调、突出整体的和谐美感，以"统一为主，适当变化"为艺术设计宗旨，才能取得理想的装饰效果。

（一）立意在先，讲究情调

与其他艺术创作和设计一样，立意是否巧妙、新颖，也是家纺产品设计成败的关键。如"田园诗韵""芳菲四月""都市绿洲""秋日情怀"等美丽动听而充满诗情画意的情境，都可以成为设计选择的主题与创意。美其名然后才能行其实，接着就是构思、构图、选择、创造图案、纹样、色彩、材料，一切围绕主题开展，最后成稿、成品。家纺产品印花图案题材广、画面大、技法多，这无疑对设计师的艺术修养和文化素质都提出了很高的要求。不仅应熟悉了解古今中外的各种艺术和设计风格、派路，还要借鉴国内外各民族及民间艺术的传统精华，更要掌握各消费阶层变化的需求动态。否则，就很难设计出这类富有生命力且品位

高的创新作品来。

（二）总体色调倾向明确

室内家用纺织品配套设计，根据装饰和实用功能的要求，选用的材料与制作生产工艺各不相同，材料可能是尼龙薄纱、全棉厚织物、涤纶沙发布等，工艺手段可能是印染、刺绣、织花、提花、编织、缝缀等，印染图案不过是其中之一。因此，无论如何在色彩方面必须协调一致，才能达到统一配套的目标。因为色彩是进入室内空间的第一印象，也是长久印象，所以装饰色调应该有明确的主要倾向，并有利于与其他空间的区别。如前所述，选择偏浅、深、灰、鲜、中、冷、暖等各种不同类型。每种色调都将色彩作相同或相近的明度、纯度的变化组合为宜。例如卧室宜用柔和、典雅的浅淡色调，古典风格的客厅或大堂可适当选择深沉的色调，儿童卧室则以鲜艳、明亮的色调为宜。这种应用针对性，在设计各类家用纺织品并加以配套时，无疑是必须充分考虑、因地制宜的创作依据。至少在主导产品设计时能尽量予以显示。

（三）形体色彩协调配套

在确定了设计主题和基本型后，除了考虑花型大小、布局变化的"定形定色变调"外，还可以设计与基本型大同小异的系列造型配套。这对于活跃室内氛围，增添艺术情趣将会起到良好的作用。另外，形体与色彩的协调性，更是必须考虑的重要问题，因为色彩对于已经确定的图案、纹样造型而言，并非是"浓妆淡抹总相宜"的。例如，古典风格的造型设计，一般形象较严谨、细腻，则色彩应以沉着、典雅为宜。相反，如以现代题材、风格为造型，则纹样、图案不妨奔放、粗犷些，色彩设计鲜明、强烈些，似乎更为合适。两者如换位，效果可能就不会太佳。有设计师以世界著名画家梵高风格设计的家纺产品，设计师以金黄、橙色调的大写意水彩画向日葵为母型，勾上粗细有致、奔放洒脱的黑色钢笔线条进行配套设计，作品充满了浪漫、激情的艺术格调，深受消费者的好评与欢迎。

（四）补充陪衬协调配套

除了某些室内场所、空间内家纺产品"唱主角"以外，一般情况而言，在室内"软"装修中，"布艺"和灯光、摆设、绿化、装饰画（或绘画）一样，都只是家居装饰"交响乐"中的一个组成部分。因此，室内纺织装饰品的设计要有适度感，而不宜过分突出，要与大面积的地板、墙面、家具等相适应，起到主体的陪衬和材质的补充作用，不能喧宾夺主而是烘云托月，追求视觉协调、平衡的整体装潢效果。过于生硬的形象设计，过于强烈的色彩对比应避免。另外，图案设计稿同样不能单纯追求纸面效果，并非画得越细越好，层次越多越好，一切都要从创造更高品位的生活环境、文化意境这个总目标出发，才能不断构想、创造出完美、时尚的佳作来。

二、田园风格家用纺织品图案的配套设计

纺织品是家居生活中不可缺少的物品。从人类祖先掌握了纺纱织布的技术开始，纺织品便与人类结下了不解之缘。我们因为需要，所以依赖它；因为亲近，所以喜欢它。应该说，目前尚没有哪一种材料能完全替代纺织品在人们日常生活中所充当的角色。在家居生活

图4-10 卫浴纺织品图案与环境的搭配配套

中，纺织品以不同的形式种类和风格展现不同的功能和用途。随着人们家居生活的方式变得越来越个性化，家用纺织品在品种和风格上都变得丰富起来，甚至达到了令人眼花缭乱的地步。配套设计是整合众多纺织品造型、图案以及形成风格的最有效方法，能够营造出最适宜人使用的家居空间。在家用纺织品配套设计中，图案配套是一项重要内容。由于图案的概念中涵盖了"形"与"色"两个方面的含义，因此，家用纺织品的图案配套设计本质上可以看成是用"形"与"色"所进行的装饰审美实践。

（一）图案形的配套

图案形在纺织术语中又称"纹样"，是指纺织品图案中具体的花型。纺织品纹样的题材和表现手法多种多样，不同的题材与表现手法相组合便会营造出不同的风格特点。对于任何一种既定的风格来讲，整体搭配都是非常关键的因素。世界各地的风土人情各异，人们在长期的生活中所形成的装饰审美习惯是形成某种搭配风格的主要因素。仅就田园风格而言，在细节方面也存在一定的差异。但从总体风格上讲，共同点也是非常明显的，即返璞归真的生活状态。在田园风格的室内装饰中不会讲究是否是品牌，看不到耀眼的珠光宝气和都市的奢华与浪漫，有的只是那种久远的质朴与纯真。田园风格的家具一般不作过多的雕琢与修饰。简单、实用的结构，清晰的木制纹理或是手绘的花草图案，都留有明显的手工痕迹。与家具的风格相匹配，在田园风格的室内装饰中，纺织品纹样的选择一般多采用为生活在乡村地区的人们所普遍喜爱的花卉题材，表现形式单纯、写实、活泼可爱，而且不作过多的学院派写生变形。在花卉的种类选择上，往往偏爱最常见的野花野草。虽然极为普通，但都充满勃勃生机。当然，简约质朴的条纹、格子纹样也是田园风格的又一大特点。这两种纹样充满了视觉理性，有利于营造空间的条理和秩序感。而且，花卉纹样和条格纹样还常常混合搭配使用，竟然能够营造出既活泼、生动，又干练、质朴的空间氛围（图4-10，彩色效果见彩图28）。如果说花卉纹样多用于视觉面积较大的室内纺织品中，如窗帘、沙发布、抱枕以及床上用品等，那么餐垫、地垫、桌旗等一些面积较小但却能为整个室内装饰起到画龙点睛作用的纺织品也值得我们关注。这些纺织品的纹样多选择条格题材，最主要的原因是这些纺织品多是纯手工制作的，而条格这样的几何纹样非常适合编织，所以工艺的特点也影响着纹样的特征，而这也正是田园生活的最真实写照。田园风格的纺织品图案纹样中还有一类题材比较常见，即人物、故事等内容。尤其是民间广泛流传的英雄人物及其故事都会因为深受大众喜爱而在装饰中被大量使用。

（二）图案色的配套

色彩是一种具有丰富情感的造型语言，运用和组织色彩如同谱写音乐，要追求和谐、优美、感动人的内心世界。音乐可以烘托气氛，渲染情感，色彩亦如此。一般在同一配套系列的家用纺织品图案中所用到的色彩数目往往比较多。而在如何使这些不同性格的色彩和谐相处方面，一些典型的家居装饰风格能够给我们很好的启发。相信对绝大多数喜欢田园风格的人来讲，最吸引他们的是对那种淡定而闲适的乡村生活的无限感怀。所以，在营造田园风格的家居装饰时，纺织品图案在色彩的选择上往往是从自然色彩中采集而来的，如：蓝天、白云、河水、阳光、乡间的花草和泥土等自然界中物象的色彩印象，抽取出来就是白色、蓝色、黄色、浅咖、绿色、褐色等，这些色彩与原木家具的天然色和手工陶罐的土色相得益彰。不过值得注意的是，黑色是田园

图4-11　卫浴纺织品色彩整体配套

风格中的禁忌色，需要慎重使用。家用纺织品配套设计从色彩的层面上来讲，最重要的是把握整体色调（图4-11，彩色效果见彩图29）。在众多田园色相被抽取出来之后，调性组合便是实现纺织品图案色彩空间混合效果的关键所在。纺织品图案的色彩设计中有一条原则，即：远看颜色，近看花。也就是说，纺织品由于功能用途的特点使其色彩效果的处理应注意在不同距离下的视觉审美效果。应根据纺织品的具体使用方式和欣赏距离进行色彩搭配，从而使整体效果看上去更自然。比如作为窗帘使用的纺织品，由于其在室内所占的视觉面积较大，而且窗帘是悬挂使用的，因此，应特别注意远距离观察的效果。由于这种面料的纹样往往采用清地或半清地的布局，所以，地色应是主导颜色，花型的颜色属于辅助色。而我们第一眼所看到的实际上是图案中多种色彩呈现出来的空间混合效果，也就是我们常说的色彩的调子。而这种调子将直接参与到整个室内装饰风格的构成当中，所以，在配套设计中把握纺织品图案的调性比单纯玩味一朵花的色彩要重要得多。也就是说，主调越明确，风格就越突出。在田园风格中，白、蓝、绿、黄、粉红色是常见的主色调，而米色、咖啡、红等多以辅助色的身份出现。另外在不同地域的田园风格中，色彩在明度和纯度应用上存在一定的差别，因此不能一概而论。比如在常见的美式田园中，色彩纯度和明度基本保持在中性的调子上，给人一种曾经岁月漂洗过的感觉；欧式田园则更多的是清淡和温馨；而在我国的广大乡村地区，田园风格却意味着高纯度和高明度的色彩应用，让人们更多联想到的是淳朴浓烈的热情和勃勃生机。因此，正确把握纺织品的色彩搭配才能营造明确的家居装饰风格，而统一了风格，纺织品的色彩将不再是困扰，转而变成渲染环境氛围的有效手段。

课后作业

1. 常见的窗帘、马桶三件套、卫生纸收纳挂袋的色调应用有哪些规律？
2. 卫浴类家纺产品的色调选择应如何配合？

学习评价

	能/不能	熟练/不熟练	任务名称
通过学习本模块，你			按照构思进行窗帘的图案和色彩选择
			按照构思进行马桶三件套的图案和色彩选择
			按构思进行卫生纸收纳挂袋的图案和色彩选择
			根据设计风格进行整体色调的配合设计
通过学习本模块，你还			在色调整体设计中做到主次分明
			灵活地处理设计与需求之间的矛盾
			从设计的角度对消费者进行理性引导

任务4　卫浴配套家纺产品的款式设计

【知识点】

- 能描述卫浴类家纺产品中窗帘的常见款式。
- 能描述卫浴类家纺产品中马桶套件的常见款式。
- 能描述卫浴类家纺产品中纸巾收纳挂袋的常见款式。
- 能描述卫浴类其他家纺产品浴袍等的常见款式。
- 能描述卫浴类家纺产品整体款式设计的方法与要点。

【技能点】

- 能完成卫浴家纺产品（窗帘、马桶三件套、纸巾套）的单品款式设计。
- 能完成卫浴家纺产品（浴袍、拖鞋、浴帘、毛巾、浴巾）的单品选配。
- 能根据设计构思完成卫浴家纺产品的款式系列化设计。
- 能准确把握设计风格并在具体款式设计中进行合理贯彻。

任务描述

完成某陶瓷品牌经销商店铺内卫浴样板间的家纺产品定制，包括卫浴窗帘、抽水马桶套件、纸巾收纳挂袋的款式设计，以及浴袍、拖鞋、浴帘、浴巾、毛巾产品的选配。具体内容涉及各单品的款式设计说明和款式设计效果图以及配套家纺整体应用效果图。

🔑 任务分析

本环节的主要工作目标是根据设计风格定位和客户需求对卫浴间配套家纺产品的款式进行设计，并通过设计说明、设计手稿、设计效果图、整体应用效果图等形式将设计构思清晰完整地表达出来。本案的配套家纺产品是为卫浴空间而设计的，在款式设计上，既要表现产品区别于市场同类产品的个性，更要表现产品服务于卫浴空间的功能性，以及对人性化细节的关注。

🔧 任务实施

一、卫浴窗帘

（一）本案窗帘款式设计构思

本案卫浴展示空间的室内层高较低，展示空间面积较小，因此，在窗帘的款式选择上，要注意造型尽量简洁，以使空间不至于有压抑感。传统的纵向开启式罗马帘厚重而繁琐，不适合本案的卫浴空间（如图4-12所示）。

图4-12　卫浴常见窗帘款式

本案卫浴窗帘选择为单幅横向开合式，窗帘顶部通过布艺环套穿挂在罗马杆上，既保留了欧式的典雅，又增添时尚与艺术气息。窗帘总体造型为长方形，从上而下由三个部分组成，顶部灰绿色帘头与布艺环套成一体，布艺环套被夹缉在双层帘头之间，中部为中等花型的印花面料帘体，是窗帘的主体部分，底部为粉紫色帘尾，呈燕尾形。

（二）设计手稿

本案窗帘款式设计手稿如图4-13所示。

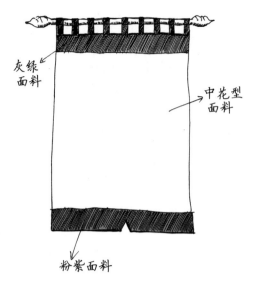

灰绿面料

中花型面料

粉紫面料

图4-13　本案窗帘款式设计手稿

（三）本案窗帘款式设计定案

本案窗帘款式设计定案如图4-14，彩图效果见彩图33（d）所示。

图4-14　本案窗帘款式图

二、马桶三件套

（一）本案马桶套件款式设计构思

马桶套件就如同马桶穿的衣服，其款式在造型上依马桶的形状而定。马桶套件主要包括：马桶盖套、马桶圈套和马桶地垫。其中，马桶盖套的款式常见的多为套头式；马桶圈套的款式设计主要应考虑其使用功能要求，因此多用包覆式，内侧装有塑料圈或金属圈，外侧用针织结构或橡筋收口；地垫的款式设计相对前两类产品来说更为自由一些，可以参考一般地垫的造型设计。

本案马桶盖套正、背面都采用小花型面料，顶部拼接粉紫色榴头，正面采用菱形格绗缝工艺，背面采用开放式结构，利用橡皮筋的弹力来满足马桶盖套的穿脱要求。马桶盖套的正面顶部、正背面结合处都采用粉紫色面料滚边。

马桶圈套整体为灰绿色调，为了穿脱方便，设计成上下双层结构，正面（上）采用纯棉灰绿色面料与菱形格绗缝工艺，增强接触舒适感，背面（下）采用灰绿色防水面料，方便打理使用，正背面两层通过拉链拉合在一起。

马桶地垫设计为有半圆形缺口的长方形，半圆缺口设计是为了更好地与抽水马桶底部接合，正面采用小花型面料与马桶盖套、马桶圈套保持系列感，背面采用粉紫色防水、防滑面料，有效提升地垫的安全使用性，正背面采用粉紫色滚边接合。

（二）设计手稿

本案马桶套件款式设计手稿如图4-15所示。

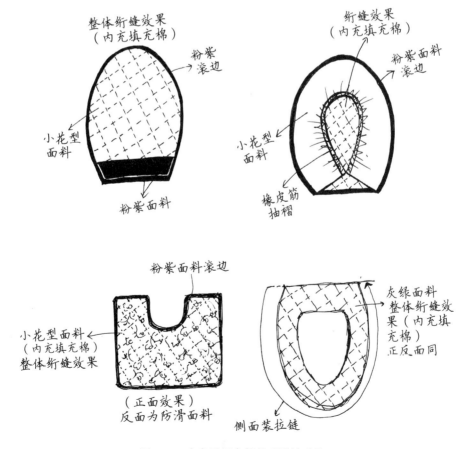

图4-15 本案马桶套件款式设计手稿

（三）马桶套件款式图

本案马桶套件款式图如图4-16，彩色效果见彩图33（d）所示。

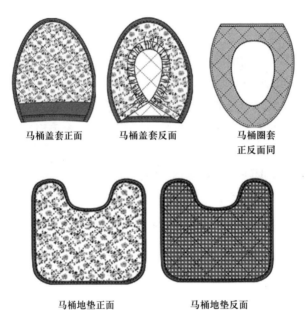

马桶盖套正面　　马桶盖套反面　　马桶圈套
　　　　　　　　　　　　　　　　正反面同

马桶地垫正面　　　　　马桶地垫反面

图4-16　马桶套件款式图

三、卫生纸收纳挂袋

（一）本案卫生纸收纳挂袋的款式设计构思

卫生纸收纳挂袋的款式设计主要应根据其使用功能进行，比如针对卷筒纸和刀切纸这两种类型就应考虑不同的款式造型。一般卷筒纸的挂袋多设计为两侧开放的兜带状，兜带的周长应比常用的卷筒纸周长略大，以便于取放。目前，在卫浴装修中，多数家庭都选择用卷筒纸盒、杆将卷纸固定在墙壁上，为了遮挡灰尘，常常在盒、杆上部使用纺织品面料制作的遮尘盖（图4-17）。刀切纸的纸巾套为了适应刀切纸形状，一般设计成箱形。

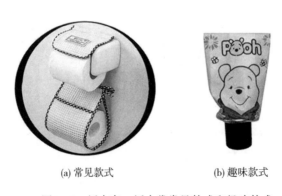

(a) 常见款式　　　　　(b) 趣味款式

图4-17　纸巾套、纸巾袋常见款式和趣味款式

本案卫生纸收纳挂袋共设计两种款式，一种考虑卷筒纸的收纳，设计为连环兜带式，自上而下的五个兜袋具有很好的卷筒纸收纳能力。采用小花型面料，绗缝工艺，并以粉紫色面料滚边，上部的粉紫色提袋具有悬挂和便携功能。另一种考虑刀切纸的收纳，设计为方形箱式，不仅能够存放刀切纸，也可以收纳卫浴间其他卫生用品。为了适应盛放纸品的种类和数量变化，设计尺寸略有差异的小花型面料、中花型面料各一款，通体采用绗缝工艺，并用粉紫色面料做滚边和提袋，

（二）设计手稿

本案卫生纸收纳挂袋款式设计手稿如图4-18所示。

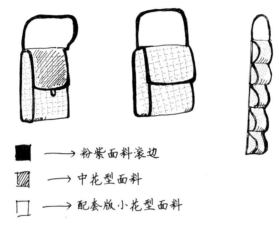

■ ——→ 粉紫面料滚边

▨ ——→ 中花型面料

□ ——→ 配套版小花型面料

图4-18　本案卫生纸收纳挂袋款式设计手稿

（三）本案卫生纸收纳挂袋的款式设计定案［图4-19，彩色效果见彩图33（d）］

本案卫生纸收纳挂袋的款式设计定案如图4-19，彩色效果见彩图33（d）所示。

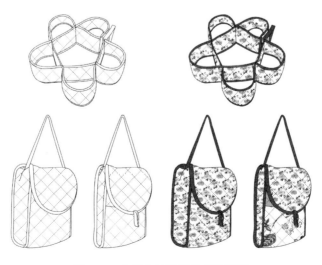

图4-19　本案收纳挂袋款式设计图

四、其他配套家纺的选配

（一）本案浴袍选配

浴袍是沐浴后穿在身上的家居服装，因为是贴身穿着，所以对面料的亲肤性要求很高。一般来说，毛巾棉面料是浴袍面料的首选，这种面料材质为全棉，表面采用毛圈结构，吸湿、保暖、透气性良好，手感舒适，具有很好的肌肤触感。浴袍的结构应宽松，为了方便穿脱，一般设计成前开襟款式，并采用一根腰带来方便地控制穿着时的开合。细节设计上，应尽量减少褶裥、缝迹，也尽量不使用具有硬质感的辅料，以避免摩擦肌肤，使穿着者产生不适。成人浴袍的色彩和图案比较简单，多为浅淡的单色，功能是设计时最主要的考虑因素。

值得一提的是儿童浴袍的设计。对很多父母来说，劝说孩子洗澡并使其配合是一件较难的事情，大多数孩子不喜欢洗澡这项枯燥的活动，所以，在设计儿童浴袍时，除了要满足上述对面料的要求外，还要在款式、色彩和图案等方面进行设计的综合考量，要使设计具有引发儿童对洗澡产生兴趣的功能，使其在愉快的状态下，开心、顺利地完成洗澡过程（图4-20，彩色效果见彩图34）。

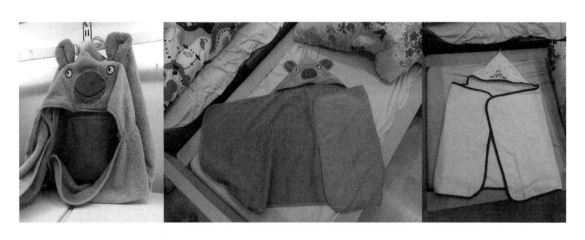

图4-20　儿童浴袍款式

图4-21　本案浴袍款式

本案浴袍在选配时，在风格、色彩、款式选择上，都考虑了与卫浴空间其他家纺产品的协调配合，考虑了对卫浴产品的衬托。本案选配浴袍的质地为加厚的纯棉毛圈类毛巾棉面料，整体尺寸宽松，前门襟的青果领设计，既方便穿脱又具有大气的视觉效果，腰部束带随意且功能性良好，色彩为浅淡的粉紫色，既协调于卫浴空间的整体色调，又衬托出本白、藕灰卫浴产品的细腻质感［图4-21，彩色效果见彩图33（d）］。

（二）本案拖鞋选配

卫浴空间中使用的拖鞋首先应具有防水、防

滑、防霉的基本特点，同时还应考虑穿着的舒适性、健康性。目前市场上常见的卫浴拖鞋材料是乙烯—醋酸烯共聚物（EVA）材料，这种材料具有良好的柔软性和橡胶般的弹性，在-50℃下仍能够保持较好的可挠性，透明性、表面光泽性、化学稳定性良好，抗老化和耐臭氧强度好，尤其是无毒性。因此，本案卫浴配套拖鞋即选配了这种EVA材料的成品，考虑与卫浴空间其他家纺产品的搭配，选择了白底、深粉紫色鞋面，中等厚度并具有防滑功能的款式［图4-22，彩色效果见彩图33（d）］。

图4-22　本案拖鞋款式

（三）本案浴巾、毛巾选配

　　毛巾、浴巾是以纯棉纱线（少量掺用混纺纱线或化学纤维纱线）为原料，用毛巾织机织制的，由三个系统纱线（毛经、地经和纬纱）相互交织而成的具有毛圈结构的织物。常见的花色有全白毛巾、素色毛巾、彩条毛巾、印花毛巾、丝光毛巾、螺旋形毛巾、提花毛巾和提花印花毛巾等，它们是具有洗擦功能、可直接与人体接触的纺织品（如方巾、面巾、浴巾、毛巾被等）。本案浴巾、毛巾选配了彩条品种，纯棉材质，为了配合卫浴空间的整体效果，色彩选择了灰绿、白、粉紫色，通过三种颜色的呼应、搭配而形成统一而律动的视觉效果［图4-23，彩色效果见彩图33（d）］。

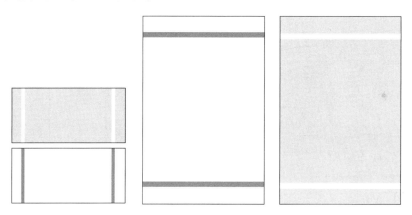

图4-23　本案浴巾、毛巾款式

（四）本案浴帘选配

　　浴帘在卫浴空间中一般以悬挂的方式置于浴缸（或淋浴头）与其他卫浴产品之间（如马桶和洗手台），以避免沐浴过程中的水花过度淋溅，有利于保持浴室空间的干燥。浴帘的材料，目前常见的是EVA材质和涤棉混纺牛津遮光布，其中涤棉混纺牛津布面料挺括、厚实，并具有良好的韧性，此外，由于采用了环保印染工艺，在涂料中添加了天然防腐剂，因此，具有不褪色、不易霉变、使用寿命长等特点。本案选配的浴帘正是涤棉混纺牛津面料的布艺浴帘，造型为简洁的长方形，四周卷边，顶部打孔装EVA材料的孔圈，通过孔中穿环的环套结构将浴帘悬挂在浴室顶棚下方的横杆上。考虑卫浴空间的整体色调形成，浴帘色彩选择了白色，主要目的是要它对窗帘、马桶套件的花卉面料起到适度的中和作用（图4-24）。

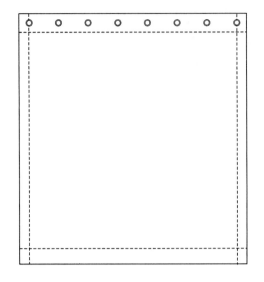

图4-24　本案浴帘款式

五、整体应用效果

本案卫浴家纺产品的整体应用效果如图4-25，彩色效果见彩图33（e）所示。

图4-25　本案卫浴家纺产品整体应用效果图

知识链接

一、家用纺织品的形态设计

形通常是指一个物体的外在或形状，态是指蕴含在物体内的神态或精神势态。形态就是指物体的外形与神态的结合，两者之间存在着相辅相成的辩证关系。形离不开神的补充，神离不开形的阐释。每类产品的形态设计都有其特殊性。实用功能是决定家用纺织品形态的主要因素。因此，在形态设计上，应充分考虑其实用功能的要求，即产品的形态设计要符合人们实际操作的要求。以纸巾盒套为例，在进行形态设计时，必须考虑到要适于抽取的使用方式，所以要在相应的位置上有开口结构。在符合实用功能的基础上，设计人员可以充分发挥创造力和想象力，设计出既使用又美观的家纺产品。

（一）形态的分类

形态是由色彩与点、线、面构成的各种造型组合。家用纺织品作为艺术作品，它的形态是对现实生活的各种形象进行选择与综合后创造出来的。其形态可以分为两类。

1. **实体形态（具象形态）**　人能看到或能触摸到的实际存在于现实中的形态就是实体形态，它们通过形状、色彩等表现形式被人们所感知、所理解，包括自然形态和人造形态两大类。

（1）自然形态。如太阳、月亮、星星、云雾、山川、河流、草木、花卉、动物等。它们是自然界客观存在的各种形态，各自有着自身的形象特征。归纳起来可以分成两类：生物形态和非生物形态。生物形态中如鲜花、草木等显示出婀娜多姿的优美姿态，并表现出生命活动的鲜活气息；非生物形态如行云流水、日月星辰等使人感受到大自然的真切。这些自然形态是艺术设计的源泉，是设计最基本的元素（图4-26，彩色效果见彩图35）。

（2）人造形态。人造形态是人类运用劳动工具和物质材料加工而成的各种实物形态，如机械、家具、手工业品、建筑物、玩具器皿、生活用品等，家用纺织品也是其中之一。人造形态有明确的目的性和功能性。许多人造形态就是从自然形态中受到启发后设计产生的。家用纺织品造型设计中也会受到各种人造形态的启发和影响（图4-27，彩色效果见彩图36）。

2. **概念形态（抽象形态）**　概念形态是指不能为人们直接认知的形态，又称抽象形态，如概念性的点、线、面、空间、肌理等。具有几何学特征的形态也归入概念形态，如云、风、雨等。

图4-26　纺织品图案中的自然形态

这些无形而有意境的概念形态也是家纺设计灵感的来源部分（图4-28）。

图4-27　纺织品图案中的人造形态　　　　图4-28　纺织品面料图案中的抽象

（二）家用纺织品形态设计的要求

1. *概括提炼*　概括提炼是指在设计素材选定后，进一步对形象进行概括加工，使其更加集中、典型，更能适应家用纺织品的装饰需求。概括加工就是对形象进行取舍、去粗取精、去繁就简的过程，使其集中精美、真实、简洁、生动的部分，从而使形象更加突出。

2. *符合工艺*　对自然形象加以提炼和简化后，还要根据具体的加工工艺对其进行工艺上的改进设计以符合制作要求。比如在机织工艺中，纯粹的圆形图案比较难以实现，因为这要受到经纬纱线粗细效果的影响，所以，在前期的图案设计稿完成后，还要结合具体工艺条件对圆形进行修正处理，以保证最终能织造出符合要求的圆形。

（三）家用纺织品形态的表现

形态来源于生活。运用简练概括的手段、简单的形式表现丰富、深邃的本质，使造型从具体到抽象是艺术创造的提炼过程，也是通常讲的"传神"手法，能使造型具有感染力。许多形态是以其旺盛的生命力给人以美感的，尤以自然形态为多，如动物、植物等，形态设计的关键就是把众多事物中有特殊感觉的部分抽取出来，然后用简单的造型元素——点、线、面，把它们表现出来。因此，首先要抓住对象的特征，在抓特征的同时，应将形象的生态、动态、生长规律运用到造型上来，并根据需要适当地将特征加以夸张，使特征更为突出明显，也就是将精华之处加以突出、减弱或隐藏不必要的部分。

二、形式美原理在家用纺织品造型设计中的应用

家用纺织品设计整体美感的产生与其他造型艺术一样，要凭借形式美的原理，处理好款式构成、材料搭配与色彩选择之间的关系，形成统一、和谐的整体。

（一）比例

比例是指事物部分与部分、部分与整体之间的数量比值，包括长度比例、面积比例、轻重比例等。这种数量比值关系所达到的完美和统一被称为比例美。比例在造型设计中起决定性作用，比例关系恰当与否是衡量设计优劣的标准之一。在家用纺织品造型设计中，比例的运用主要体现在以下几个方面。

1. **比例分割**　比例分割就是运用线条按一定比例将一个整体划分为若干个小面积，如垂直分割、水平分割、垂直和水平相结合的分割、斜线分割及自由分割等。在家用纺织品设计中，比例分割常用于确定物体内部分割线的位置。在分割时，要仔细斟酌被分割的局部之间是否保持着完美的比例。

2. **比例分配**　比例分配是指在两个或两个以上物体之间确定某种比例。在家用纺织品造型设计中要考虑装饰品相对于整体的位置、比例关系，如窗帘上的系带、椅套上蝴蝶结的大小；还有内外或上下层次的搭配，如窗帘、床罩内外层长短的变化等。

3. **色彩比例**　家用纺织品的整体色彩与局部色彩、局部色彩与局部色彩之间在位置、面积、排列、组合等方面也存在着比例关系（图4-29，彩色效果见彩图37）。

图4-29 图案、色彩的比例应用

（二）平衡

平衡是指各构成要素之间在大小、轻重、明暗以及质感方面所形成的平稳感。平衡有两种形式：对称与均衡，两者关系就如同天平与秤的关系，天平是对称的形式，而秤是均衡的形式。

1. 对称　对称是指物体或图形的对称轴两侧或中心点四周具有一一对应的关系，它是造型中最常见的形式法则。对称不仅运用在外形设计上，也运用在内部设计上。运用对称设计的家用纺织品具有稳定的感觉，但也常因过于安稳而显得枯燥。

2. 均衡　均衡也称非对称平衡，是指在中轴两侧或中心点四周的形态不同量或不同形，但通过变换位置、距离等取得视觉稳定感和视觉平衡感。与对称相比，均衡更显得生动、活泼，动感强，有一种变化的美感，在设计上难度较大，需要设计师有较好的判断力。如在挂物袋的设计中，有时为了符合实际物体的大小，常采用不对称的形式设计各口袋的大小、形状、位置等。装饰配件等也可以用来制造均衡感。不同色彩的面料拼接时，通常色彩明度高的面料面积较小，而色彩明度低的面料面积较大，以此来取得面积与明暗的平衡。

（三）韵律

韵律又称节奏，在造型设计中是指造型要素的排列规律。音乐节奏、舞蹈的起伏、诗歌中音韵的节奏、体操的韵律等都有强烈的艺术感染力，规律的形式富于美感。将视觉中同一要素进行规律性的重复是最容易形成韵律的方法之一。如窗帘造型中常利用裥褶的相同间距、相同方向排列来形成节奏感；利用大小、方向、位置的渐变，量的增减渐变，色调明暗渐变等形成有层次变化的旋律。由中心向外展开形成放射旋律也是家用纺织品设计中常用的造型之一，如罗马帘利用支架形成有规律的扇形，利用缝迹的牵扯也可以形成自然的放射性褶皱。

（四）对比

两个不同的要素放在一起时，由于差异或矛盾会形成对比。如不同形状的面、粗细长短的线、大小点、浓烈与清淡的色彩、简单与复杂的图案纹样，光滑与粗糙的面料质感等在一起时都会产生对比效果。在设计中，合理运用这种相互间的对比关系可以突出和强化视觉效果。对家用纺织品的造型来讲，对比的运用主要表现在以下几个方面。

1. 面料对比　家用纺织品面料的肌理丰富多样。设计中运用对比关系，如粗犷与细腻、平整与褶皱、透明与厚实、光滑与毛糙等的对比来强调设计，能使造型在视觉和手感上产生变化。

2. 色彩对比　色彩对比是指在家用纺织品的色彩设计中，各种色彩在色相、明度、纯度、空间位置、面积、形状等方面的对比关系。设计色彩对比时，通常要考虑对比色之间的面积搭配。如大面积的色块纯度和明度应低一些，而小面积的色块纯度和明度可高一些。

（五）调和

调和是指各要素之间的一致性或统一性，即形状、色彩、质地（材料）、工艺手段的相同或相近，使家用纺织品部分与部分之间、整体与局部之间减少差异，给人一种整齐感、秩序感。一是通过配件与局部装饰处理形成调和；二是运用工艺手段和装饰手法达到整体调和的视觉效果。如在家用纺织品的造型设计中，利用同一花型在形状、大小、疏密上的变化，使不同的印花图案之间显得既调和又富于变化。

三、地面铺设类家用纺织品的造型设计

地面铺设类家用纺织品是指铺在地面上的纤维织物，其主要功能是防滑、防寒、防潮，使人脚感舒适等，被广泛应用于各个居室空间中。地面铺设类家用纺织品根据其结构形式和制作工艺一般可分为地毯和地垫两大类。

（一）地毯

地毯是指运用各种编织工艺（包括手工编织、机织、针刺、簇绒等手段）制作而成的家纺产品，根据其铺设应用的空间大小而被设计制作成大幅地毯和小块地毯。大幅地毯一般多用于公共场所中的会议厅和家居客厅中，具有很好的空间功能分割作用（图4-30）；小块地毯多用于门口。地毯的材料主要分天然和化学纤维两种，天然的地毯材料主要有羊毛和丝，其价格比较昂贵；化学纤维材料的地毯价格相对便宜，且在外观上与前者差距不大，只是触感略有差别。与天然材料相比，化学纤维材料易产生静电，因此，要进行相关的抗静电处理。但是，化学纤维材料的优势是其染色性能好、染色牢度高、颜色鲜艳、色彩种类繁多，且不宜被虫蛀，这些优势也使得化学纤维材料地毯在市场上比较畅销。

图4-30　地毯对空间功能的分割

（二）地垫

地垫是指运用缝纫工艺制作而成的地面铺设类家纺产品，可踩可坐，对于日本、韩国这些有席地而坐生活习惯的地区而言，地垫是非常重要的地面铺设类家纺产品。地垫一般不宜做得很大，比较适合小面积应用时选择。与地毯相比，地垫的造型设计灵活，图案变化丰富，面料质感给人以亲切感以及易清洗的特点使它成为家用纺织品中的一个重要品种。地垫可用作门厅垫、客厅地垫、床前垫、洗手间地垫等，尤其适合儿童使用，多用于铺设儿童房

间地面游戏区域。制作地垫时，选用的面料除了要求具备艺术化的色彩和图案外，从实用性上还要求具有耐磨性、易洗性和良好的肌肤触感，所以一般多用棉、麻等结构较紧密且质地舒适的织物。地垫的使用特征决定了其款式设计在两个面上不宜有过大的凹凸起伏，以免影响脚感；同时，地垫的两个面之间多要用到填料以使之厚实、有弹性，所以在制作工艺上多采用绗缝的方法将填料与面料固定（图4-31，彩色效果见彩图38）；地垫不宜过多使用花边等精致的装饰物，以免使用时不方便。其设计的重点是地垫的外部轮廓形状以及地垫正面的构图和装饰设计。目前，市场上的地垫多用拼接或贴补绣等形式进行正反面的图案装饰，设计题材多采用花卉、动物、器物图案或几何形状。地垫的装饰图案造型不宜太过细巧，应重点体现整体效果。地垫的外部轮廓形状常见的如长方形、圆形、椭圆形等，也可以设计为特殊的仿生外形。地垫的色彩一般以干净、明朗为宜，也可用含蓄的灰色。

图4-31　拼布风格地垫

📖 课后作业

1. 常见的卫浴窗帘、马桶三件套以及卫生纸收纳挂袋的款式有哪些？
2. 卫浴类家纺产品的款式应如何进行系列化配合设计？

🔍 学习评价

	能/不能	熟练/不熟练	任务名称
通过学习本模块，你			按照构思进行窗帘的款式设计与选择
			按照构思进行马桶三件套的款式设计与选择
			按照构思进行卫生纸收纳挂袋的造型设计与选择
			根据设计风格进行整体款式的配合设计
通过学习本模块，你还			在款式整体设计中做到繁简得当
			灵活地处理设计与需求之间的矛盾
			从设计的角度对消费者进行理性引导

模块二 卫浴类家用纺织品的结构设计与工艺

相关知识

一、家用纺织品的填充材料

填充料指在家用纺织品中用来做内芯的材料，目前，我国家用纺织品的填充料普遍使用化学纤维类和天然纤维类两种，主要用于被芯、枕芯、垫类产品的内部填充。天然填充料主要有棉絮、蚕丝、羽绒、羊毛等，这类材料使用安全、手感舒适、保暖性强，受到大众的普遍喜爱，但相对价格较高。

化学纤维填充料的环保性能和保暖性能较之天然填充料差，但价格成本比较低，尤其是方便洗涤、打理，在家纺产品中使用非常广泛。近年来，随着技术的发展，化学纤维填充料的性能、舒适性越来越好，常常被用来制作高档家纺产品的填充料。

常见的化纤填充料有中空涤纶棉、喷胶棉、仿丝绵、PP棉、珍珠棉等。

（1）中空涤纶棉分为单孔棉、多孔棉。单孔棉纤维中有一个孔，内部能储存一定的空气，所以有一定的弹性和保暖性。多孔棉纤维可以有四孔、七孔、九孔，甚至更多孔，内部富含空气，弹性、保暖性、透气性好，而且重量轻，使人体感觉舒适。一般作为中高档床上用品的填充料。

（2）喷胶棉。喷胶棉也叫絮片，是两种以上纤维混合、开松、梳理、铺网、喷胶、烘干、烫平、卷起、包装而成。喷胶棉一般分为胶棉、软棉、松棉、洗水棉、硬棉等。

（3）化学纤维针刺棉，不经过纺织，直接将纤维用针刺成絮片的一种产品，密度高、厚度薄、质感硬实，一般厚度在2~3mm。

（4）仿丝绵。仿丝绵采用细纤维制作，两面烫平，非常柔软，手感细腻、轻薄，有如丝般感觉。一般作为高档家纺系列套件填充料。

（5）PP棉。成分是聚酯纤维，其弹性好，蓬松度高，造型感强，不怕挤压，易洗，快干实用。常被用于沙发、玩具公仔、枕头、靠垫、坐垫等产品的填充料。

（6）珍珠棉。新一代的填充棉，是PP棉的替代产品，类似颗粒状，相比PP棉更有弹性、柔软性和均匀性。方便填充，常用作枕芯、软垫、玩具、靠枕等家纺产品的填充料。

二、绗缝工艺知识

（一）绗缝的概念

绗缝是用长针缝制有夹层的纺织物，使里面的棉絮等固定的缝纫方法。散纤状的被褥胎芯结构和形状不固定，易流动缩团，厚度不均匀。为了使被褥外层纺织物与内芯之间贴紧固定，使被褥厚薄均匀，将外层纺织物与内芯以并排直线或装饰图案式地缝合（包括缝编）起来，这种增加美感、兼具实用性的工序，称为绗缝，经过这种缝纫过的被褥称为绗缝被、绗缝垫。绗缝产品过去主要是指被子、床垫等普通床上用品，现在已延伸到席梦思、沙发面料、手袋、箱包、鞋帽、服装等各类产品。

（二）绗缝技术的发展

最早的绗缝制品基本通过手工完成，产品主要是绗缝被和绗缝垫，它们与一般被、褥的差别在于增加了绗缝工序，操作程序是先缝后绗。采用千家万户作坊式的加工方式，其缺点是产量低、花样一致性差、生产效率低下。大约在20世纪20年代末，机械式多针绗缝机进入中国，以其产量高、一致性较好而受到认可和推广，但花样简单、变化少是其弊病，所以，一般以加工里料和被芯为主。

随着计算机技术的发展，出现了电脑绗缝机，在精确的计算机系统控制下，电脑绗缝机能完美地处理各种复杂图案，克服了机械式绗缝机只能扎简单图案的弊病，并在生产速度、机械性能、噪声污染等指标上，都远好于以往的机械设备。电脑绗缝技术，能够提高劳动生产率，降低成本，实现绗缝品生产过程的自动化，使生产厂家制作出更多实用而美观的产品，因此，电脑绗缝机淘汰机械式绗缝机是必然的趋势。

必须说明的是，机械、电脑绗缝技术生产效率高，对现代大工业生产有着非常积极的意义，但对于单件、小批量、多品种加工，手工绗缝或是半手工操作（手工与平缝机结合）则具有更大的优势，尤其现今，消费者对家纺产品的要求越来越高，对产品个性化、情感化的追求使家纺定制业兴起并蓬勃发展，手工、半手工绗缝有了更为广阔的用途与发展空间。

（三）绗缝家纺产品的填充料的使用

根据使用目的，不同的家纺产品会选择不同的绗缝填料。既要选择填料的种类，也要考虑填料的宽度、厚度、克重等技术参数对产品的影响。

大多数夏季绗缝被（空调被、床铺）采用针刺棉或喷胶棉，婴儿、儿童被、冬被使用中空涤纶棉，卫浴间马桶三件套、收纳袋、布艺包等家纺产品采用喷胶棉或针刺棉，坐垫使用PP棉。

绗缝填充料主要有宽度、厚度、克重等技术参数。其中，宽度指填料的门幅，一般在0.5~3.2m；厚度指填料的有效厚度，一般在0.1~5cm；克重为平方米填料重量的克数，一般在40~500g/m²之间。往往克重越大，填料密度、厚度就越大。

（四）绗缝的注意事项

1. **机器绗缝间距**　机械绗缝中，机器绗缝的绗缝线间距一般是固定的，分别为3.5cm、5cm、7cm、10cm，在工艺设计时，要选择合适的绗缝间距。

2. **避免跑棉**　绗缝时，上下三层错动被称为跑棉。为了防止这种现象发生，机械绗缝时，会在里料和棉之间夹一层无纺无胶衬；手工、半手工绗缝时，会在面料、里料、填料之间预先疏缝固定。

3. **绗缝缩量的计算**　绗缝在用料计算时，是根据绗缝间距的大小加放绗缝缩量的。一般家纺产品的绗缩量按长度的8%来计算。

三、绗缝与拼接

拼接，是用不同的面料和形式进行多方位组合，矩形、菱形、圆形等规则形状或各种不规则形状进行组合，最终达到设计的要求。

家纺产品中，拼接常与绗缝结合使用，这样的产品被称为拼布产品。一般分为手缝和机缝两大类。拼布产品可运用各种富于表现力的针法、色彩、图案，并结合其他工艺，使产品呈现出既实用又美观，既传统又时尚的多元风格，可以制作床上用品、地垫、靠垫、手提包、挂毯、玩偶等各种各样的实用类与装饰类家纺产品。

如今，践行低碳生活的人越来越多，拼布家纺产品受到非常广泛的青睐，成为都市人时尚趣味追求的一部分。代表变废为宝、物尽其用理念的拼布家纺，成为家纺设计师的新的设计理念，为现代产品设计带来更为多样、别致的造型与装饰。

任务1　U形马桶盖套的结构与工艺

【知识点】

- 能描述马桶盖套的结构设计、制板方法与步骤。
- 能描述马桶盖套家纺产品的工艺流程。
- 能描述马桶盖套的工艺质量要求。

【技能点】

- 能根据不同款式的马桶完成马桶盖套的结构设计。
- 能使用制板工具完成马桶盖套的工业样板制作。
- 能完成马桶盖套的单件排料与套排并进行用料估算。
- 能根据实际进行辅料的合理选配与使用。
- 能完成不同款式的马桶盖套的缝制工艺并进行合理评价。

🔓 任务描述

完成设计方案所设计的卫浴类家纺产品——马桶盖套的结构设计、打板与打样。

🔑 任务分析

马桶盖套的材料一般采用针织与机织两种，针织材料由于有弹性，所以，在结构设计时，往往是成品形状相似于马桶盖形状，成品尺寸小于马桶盖尺寸，最终利用面料的弹力使套与盖之间很好地契合。而机织材料由于没有弹力，在结构设计时，对马桶盖套的形状、尺寸要求相比针织材料更高，要求盖和套形状、尺寸的一致性，同时还要考虑一定辅料的使用对尺寸、包容空间的影响，要给以一定的厚度加放量。

本案的马桶盖套采用了机织材料，没有弹性，为了能够方便套卸，并保证使用时成型状态良好，采用了背面开放式橡皮筋抽褶结构，利用橡皮筋的弹力满足马桶盖套的穿脱。

任务实施

U形马桶盖套的结构设计与工艺

（一）结构设计

1. **款式特征分析**　马桶盖套由面料、里料两部分组成。面布以小碎花B面料为主，上部搭配紫色C面料做局部拼接，并采用菱形格绗缝。里料为小碎花面料B，通过内边抽橡皮筋抽紧，使马桶套盖既便于套卸，在使用时，又能很好地与马桶盖贴合。面层、里层之间采用紫色滚边工艺连接，款式如彩图33（d）所示。

2. **规格设计**　马桶盖套规格的确定需要紧紧围绕马桶盖的形状与尺寸进行，同时考虑辅料的使用对尺寸的影响，结合如图4-32所示的实物马桶尺寸，综合考虑长、宽与厚度尺寸，最终，确定马桶盖套的总体成品规格为41.5cm×48cm。

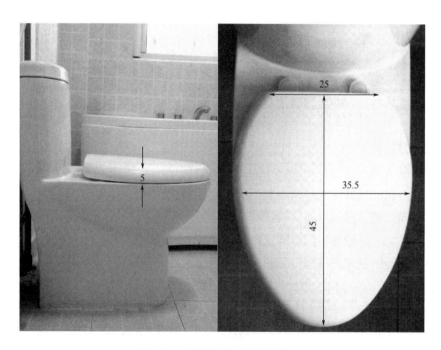

图4-32　卫浴马桶盖的尺寸图

3. **结构制图**　结构图的绘制说明：如图4-33所示，马桶盖套左右对称，平面长度尺寸为45cm，考虑实际使用情况，顶部近铰链处直线边平铺，下部圆顺曲线边处要向下转以保证马桶盖的高度为5cm，考虑面、里层各提供1/2高度，所以，最终长度尺寸为45+5/2+0.5（绗缝厚度放量）=48cm。同理，马桶盖套宽度为35.5+2×5/2（左右高度）+1（绗缝厚度放量）=41.5（cm）；顶部近铰链处直线边尺寸为25+2×5/2（左右高度）+1（绗缝厚度放量）=31（cm）。小规格尺寸由马桶盖的形状比例决定。

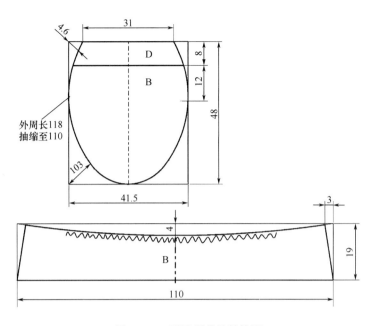

图4-33　U形马桶盖的结构图

（二）样板制作

马桶盖套的裁剪样板如图4-34所示。

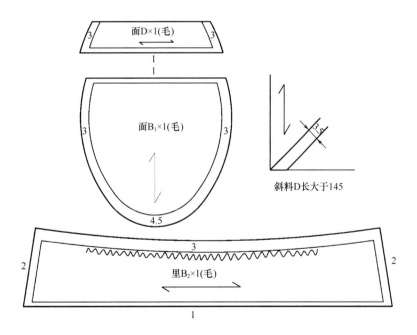

图4-34　U形马桶盖的裁剪样板图

　　裁剪样板设计说明：马桶盖套面B、D料拼接处常规放缝份1cm，顶部近铰链处直线边包边不放缝份，考虑8%左右的绗缝缩量，曲线边共放缝份为3cm、4.5cm、3cm。马桶盖套里抽橡筋边放缝3cm，两侧边双折缝放缝2cm，与套面拼合边常规放缝1cm。

马桶盖套的工艺样板如图4-35所示。

工艺样板设计说明：工艺样板是针对马桶盖套面而设计，在绗缝之后，需要用此工艺样板复核马桶盖面的尺寸。顶部近铰链处直线边包边处不放缝份，其他曲线边缘处放缝份1cm。

（三）排料与用料估算

马桶盖套B面料的排料如图4-36所示，D面料排料如图4-37所示。

图4-35 U形马桶盖的工艺样板图

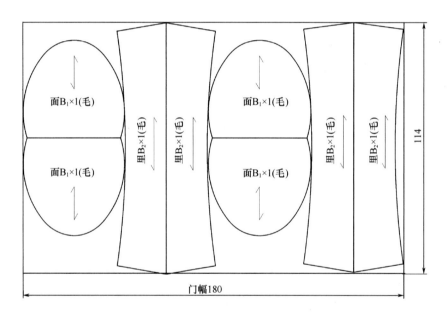

图4-36 马桶盖套B面料的排料图

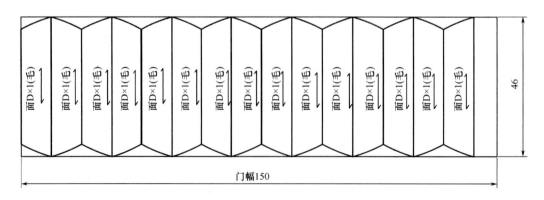

图4-37 马桶盖套D面料的排料图

马桶盖套B面料的门幅为180cm，单件用料为114×（1+2%）/4=29.1（cm）。D面料的门幅为150cm，单件用料为46×（1+2%）/15=3.1（cm）。

（四）工艺制作

1. **缝制工艺流程** 验片→缝制面层→缝制里层→四周滚边→穿橡皮筋→整烫→检验。

2. **缝制方法及要求** U形垫套的缝制方法与要求见表4-2。

表4-2 U形垫套的缝制方法与要求

序号	工艺内容	工艺图示	工艺方法	使用工具针距密度（针/3cm）
1	准备	图略	整理面料、排料划线、裁剪、试机、验片等	剪刀、划粉、平缝机等
2	缝制面层	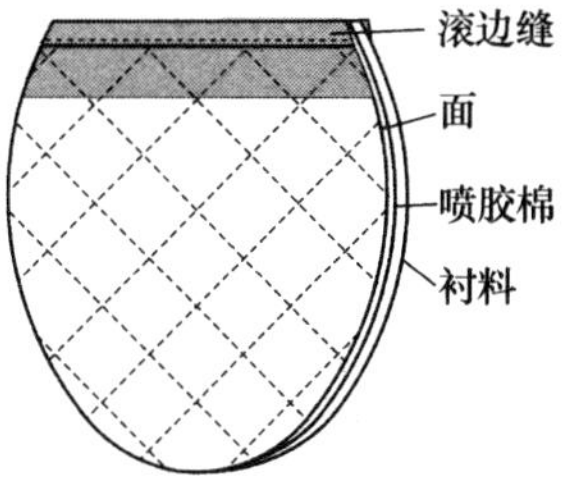 滚边缝 面 喷胶棉 衬料	a. 将面B、C面料1cm缝份拼合，分缝熨烫 b. 斜度45°、间距4cm的菱形格绗缝，垫料为喷胶棉，衬料为薄型无纺布 c. 用划粉按工艺样板在面上画线，并沿粉印将多余部分修剪 d. 将面直线边1cm滚边	单针平缝机针距密度为12~15 多针绗缝机
2	缝制面层	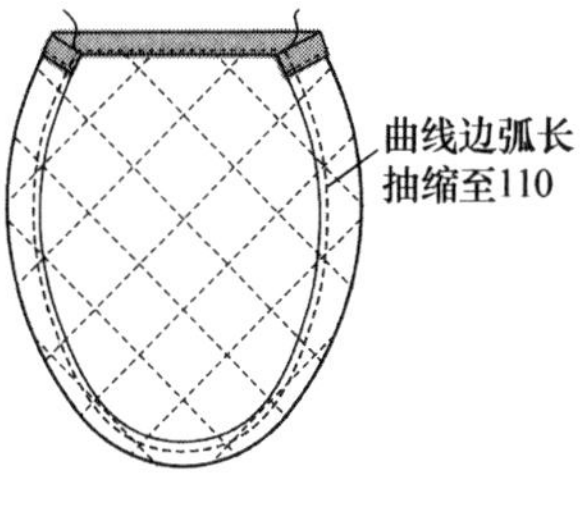 曲线边弧长抽缩至110	a. 将针距调制最大，距边缘0.6cm曲线边缉线 b. 将一根缝线抽紧，使曲线边均匀收缩，从118cm缩至110cm，但不可出现死褶	单针平缝机针距密度为12~15 多针绗缝机
3	缝制里层	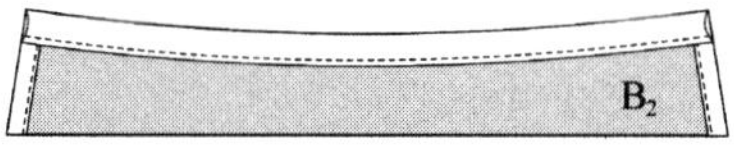 B₂	a. 将里料两短边两次内折1cm卷边缝 b. 将里料曲线边先内折1cm，再内折2cm卷边缝	单针平缝机针距密度为12~15
4	四周滚边	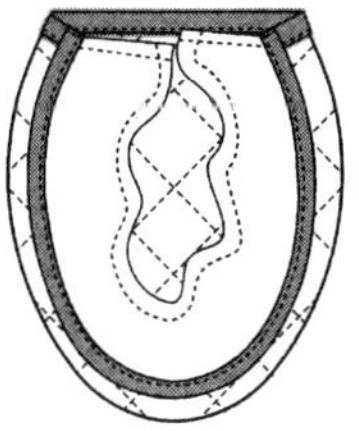	a. 面、里层反面对齐,沿曲线边0.8cm初缝固定 b. 曲线边滚边缝，滚边宽度1cm，注意起止处做光	单针平缝机针距密度为12~15

序号	工艺内容	工艺图示	工艺方法	使用工具 针距密度 （针/3cm）
5	穿橡皮筋		取白色2cm宽橡皮筋50cm，用穿带器穿入U形垫里的橡皮筋孔中，首尾对接回针固定，隐藏接口，调整褶皱使其均匀	穿带器
6	整烫	图略	剪净缝头，整烫平整	蒸汽熨斗 蒸汽烫台 蒸汽发生器

3. 成品质量要求

（1）拼缝处缝份1cm，成品规格误差不大于1cm。

（2）针距密度为12针/3cm，缝纫轨迹匀、直，缝线牢固，宽窄一致，不露毛；接针套正，边口处打回针不少于3针。

（3）面层收缩边吃势均匀，无死褶，成形良好。

（4）滚边各处宽窄一致，规格为1cm，误差不大于0.1cm。

（5）成品外观无破损、针眼、严重染色不良等疵点。

（6）成品无跳针、浮针、漏针、脱线。

⚙ 知识链接

浴袍的结构设计与工艺

典型的卫浴类家纺产品还有浴袍、拖鞋等，这些家纺产品在技术层面上与服装、服饰有所交叉，结构、工艺相对其他卫浴类家纺产品而言比较复杂，但作为家纺产品，设计工艺中，万变不离其宗的准绳在于产品的舒适性、实用性，在于它能够给用户带来的愉悦性。下文进行如图4-38所示的经典款浴袍的结构与工艺分析。

（一）结构设计特点

浴袍的总体尺寸比较宽松，方便家居穿着，腰间的腰带可以调节穿着时的围度尺寸，使该浴袍的通用性增强。浴袍规格见表4-3。

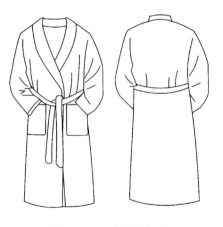

图4-38　经典浴袍款式

表4-3 经典浴袍规格表　　　　　　　　　　　　单位：cm

部位	衣长	胸围	袖长	领宽
规格	110	130	55.5	12.5

经典浴袍由五部分组成，分别为衣身、衣袖、口袋、挂面和腰带。为了增加浴袍的舒适性，结构设计时，尽量减少分割缝，采用前后片侧缝、后中线、领与前身都不断开的整体式结构。腰带为对折双层结构，宽度为10cm，对折后成品尺寸为5cm宽。浴袍结构如图4-39所示。

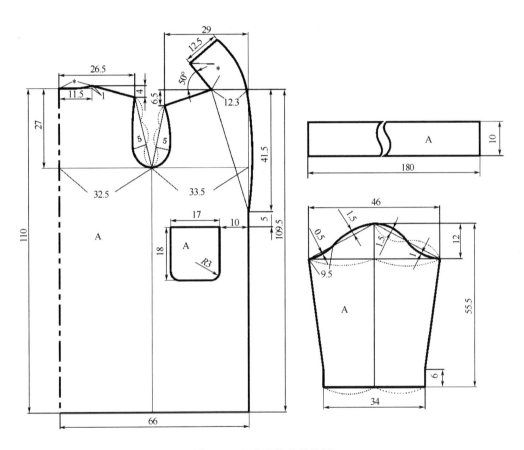

图4-39 经典浴袍的结构图

在样板设计时，衣身底边放缝份4cm，其他部位放缝份1cm；衣袖袖口因为有6cm的袖口卷边，为了保证美观与舒适性，袖口放缝份10cm，其他各边放缝份1cm，挂面上部尺寸与衣领处相同，下部净宽度为6cm，各处常规放缝份1cm，只是挂面底边放缝份2cm；口袋上口放贴边4cm，其他各边放缝份1cm；腰带各处常规放缝份1cm。浴袍样板如图4-40所示。

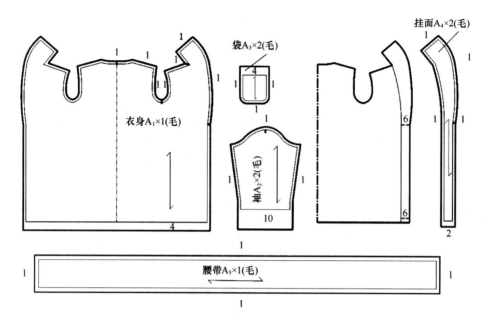

图4-40　经典浴袍的样板图

（二）工艺制作特点

浴袍的缝制工艺流程为：验片→缝合肩缝→缝合领后中缝并装后领→缝制袖→绱袖→复挂面→缝制底边→0.1cm明线压缉挂面→整烫→检验。在整个工艺流程中，缝制袖工艺除了合缉袖底缝之外，还包括袖口折边的制作；挂面与衣身合缉好止口后，挂面的另一条边要1cm毛边折光，然后0.1cm明线将挂面与衣身合缉。注意缉线的顺直与左右对称。

📖 课后作业

1. 针对本任务中既定规格的马桶，设计一款现代简约风格的马桶盖套。要求绘制款式图，附设计说明，并完成马桶盖套的结构设计、样板设计、排料图、用料估算与工艺流程设计。

2. 总结马桶盖套的款式特征、规格尺寸、结构制图、工艺方法与载体马桶的关联性。说说你对设计与工艺之间的关联性的理解。

🔍 学习评价

	能/不能	熟练/不熟练	任务名称
通过学习本模块，你			根据给定款式完成马桶盖套的结构设计
			独立完成马桶盖套的样板制作
			独立完成马桶盖套的排料、裁剪和成品缝制
通过学习本模块，你还			掌握马桶盖套工艺质量的评判标准
			总结马桶盖套在使用、款式、结构、工艺方面的特点以及款式与结构、工艺的相关性

任务2　O形马桶圈套的结构与工艺

【知识点】

- 能描述马桶圈套的结构设计、制板方法与步骤。
- 能描述马桶圈套家纺产品的工艺流程。
- 能描述马桶圈套的工艺质量要求。

【技能点】

- 能根据不同款式的马桶完成马桶圈套的结构设计。
- 能使用制板工具完成马桶圈套的工业样板制作。
- 能完成马桶圈套的单件排料与套排并进行用料估算。
- 能根据实际进行辅料的合理选配与使用。
- 能完成不同款式马桶圈套的缝制工艺并进行合理评价。

🔐 任务描述

完成设计方案所设计的卫浴类家纺产品——马桶圈套的结构设计、打板与打样。

🔑 任务分析

马桶圈套的材料分针织和机织两种，其中针织材料的马桶圈套一般选择弹性很大的面料，结构为简单的矩形或无接缝的圆筒形，套在马桶圈上完全靠面料的弹力与可塑性来适合马桶圈的形状，目前，这种马桶圈套使用得最为普遍。但针织材料的马桶圈套档次较低，使用舒适性也有待提高。随着消费者对生活舒适性要求的提升，出现了机织材料的、有绗缝效果的、更为舒适的马桶圈套。本案的马桶圈套采用机织面料，在结构设计时，由于面料没有弹性，所以对马桶圈和马桶圈套形状、尺寸的一致性要求较高，同时，还要考虑辅料、工艺等因素对尺寸、包容空间的影响。

🔧 任务实施

O形马桶圈套的结构设计与工艺

（一）结构设计

1. **款式特征分析**　马桶圈套由面层、里层两部分组成。面布采用单色C面料，45°菱形格绗缝；里布为同色防水面料E，面层、里层之间通过开口拉链拉合，实现在马桶圈上套卸的功能。款式如彩图33（d）所示。

2. **规格设计**　马桶圈套规格的确定需要紧紧围绕马桶圈的形状与尺寸进行，同时考虑工艺、辅料的使用对尺寸的影响，结合如图4-41所示的实物马桶尺寸，综合考虑长度、宽度与厚度尺寸，最终，确定马桶圈套的总体成品规格为38cm×43.5cm。

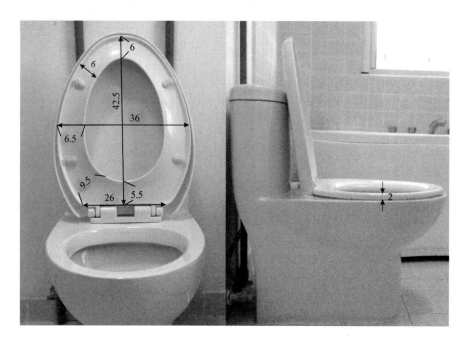

图4-41　实物马桶尺寸

3. **结构制图**　O形马桶圈套的结构如图4-42所示。

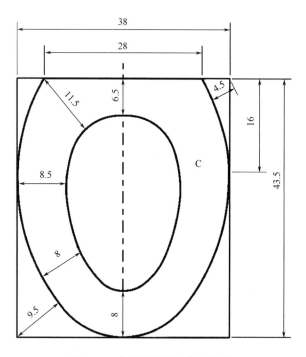

图4-42　实物马桶圈套的结构图

　　结构图绘制说明：马桶圈套左右对称，平面长度尺寸为42.5cm，考虑实际使用情况，顶部近铰链处直线边平铺，下部圆顺曲线边处要向下转保证马桶的高度为2cm，考虑面层、里层各提供1/2高度，所以，最终长度尺寸为42.5+2/2=43.5（cm）。同理，马桶圈套的宽度为36+2×2/2（左右高度）=38（cm）；顶部近铰链处直线边尺寸为26+2×2/2（左右高度）=28（cm）。小规格尺寸则根据马桶圈的形状比例而定。

　　（二）样板制作

　　马桶圈套的裁剪样板如图4-43所示。

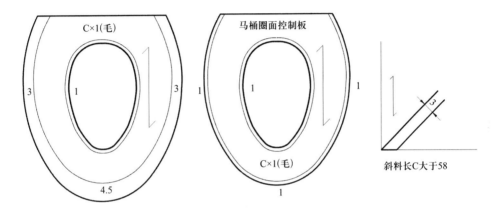

图4-43　实物马桶圈套的裁剪样板图

　　裁剪样板设计说明：C料马桶圈面层顶部近铰链处直线边包边不放缝，曲线边常规放缝份1cm，同时考虑增加8%左右的绗缝缩量，曲线边共放缝份为3cm、4.5cm、3cm。E料马桶圈里层顶部近铰链处直线边包边不放缝份，曲线边常规放缝份1cm。

　　马桶圈套的工艺样板如图4-49所示，与E料裁剪样板相同。

　　工艺样板设计说明：工艺样板是针对马桶圈套面层而设计的。在绗缝之后，需要用此工艺样板复核马桶圈面层的尺寸。顶部近铰链处直线边包边处不放缝份，其他曲线边缘处放缝份1cm。

　　（三）排料与用料估算

　　马桶圈套C面料的排料如图4-44所示，E面料的排料如图4-45所示。

　　马桶圈套C料的门幅为150cm，单件用料为47×（1+2%）/3=16（cm）。E料防水布的门幅为160cm，单件用料为44.5×（1+2%）/4=11.3（cm）。同时配绗缝填料喷胶棉、面衬料薄非织造布以及长度为85cm的拉链一根。

　　（四）工艺制作

　　1. **缝制工艺流程**　验片→缝制面层→面里层缝合→装拉链→滚边→整烫→检验。

　　2. **缝制方法及要求**　O形马桶圈套的缝制方法与要求见表4-4。

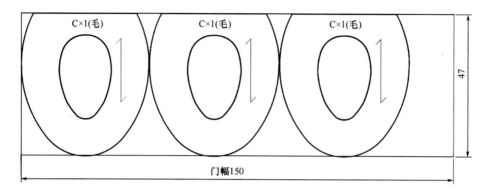

图4-44 马桶圈套C面料的排料图

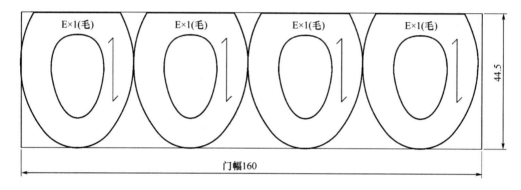

图4-45 马桶圈套E面料的排料图

表4-4 O形马桶圈套的缝制方法与要求

序号	工艺内容	工艺图示	工艺方法	使用工具 针距密度 （针/3cm）
1	准备	图略	整理面料、排料划线、裁剪、试机、验片等	剪刀、划粉、平缝机等
2	缝制面层	面层 喷胶棉 衬料	a. 斜度45°、间距4cm的菱形格绗缝，填料为喷胶棉，衬料为薄型非织造布 b. 用划粉按工艺样板在面层上画线，并沿粉印将多余部分修剪、拷边	单针平缝机或多针绗缝机 针距密度为12～15

序号	工艺内容	工艺图示	工艺方法	使用工具 针距密度 （针/3cm）
3	面里绲合		将绗缝好的面层与防水里料正面相对，1cm合绲O形垫套内圈，拷边 翻至正面，用0.1cm清止口明线将防水里料与缝份绲合在一起，使O形垫套内圈止口处里料不外露	单针平缝机针距密度为12～15
4	装拉链		将开口拉链与套面正面相对，顶部距离套面直线边1cm，拉链在上，沿曲线边缘对齐，0.5cm合绲拉链与套面 翻至正面，将刚刚绲合的缝份内折，使套面刚好盖住拉链牙外缘，距边缘0.8cm绲明线，固定套面和拉链；拉链另一半与防水布绲合，方法同套面	单针平缝机针距密度为12～15
5	滚边	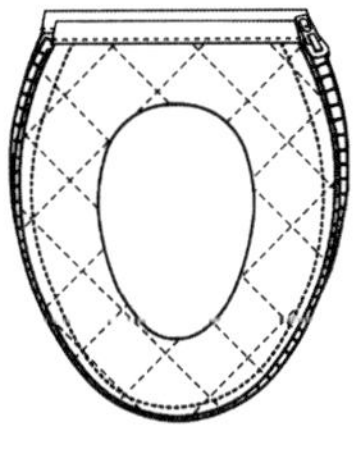	套面层、防水布、里层直线边分别滚边，宽度为1cm	单针平缝机针距密度为12～15
6	整烫	图略	剪净缝头，整烫平整	蒸汽熨斗 蒸汽烫台 蒸汽发生器

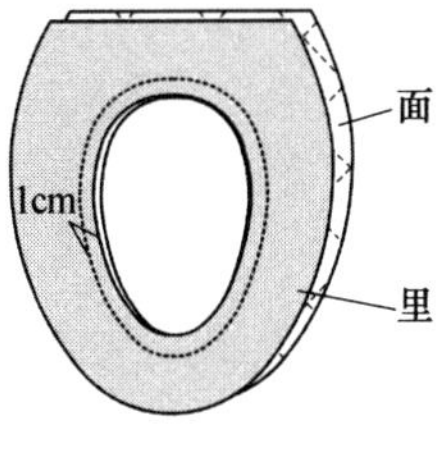

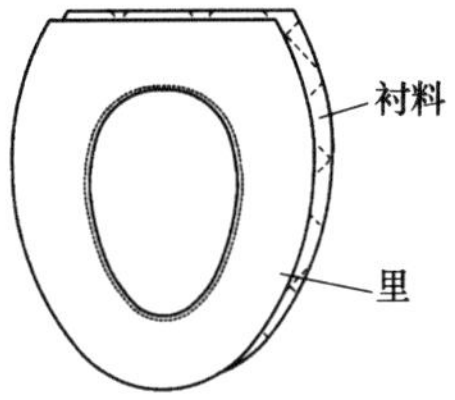

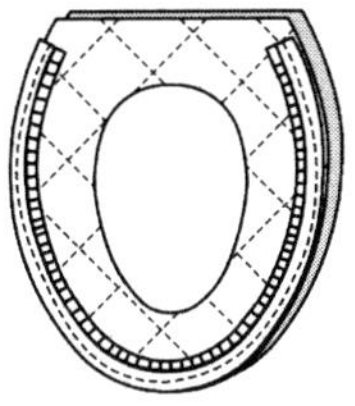

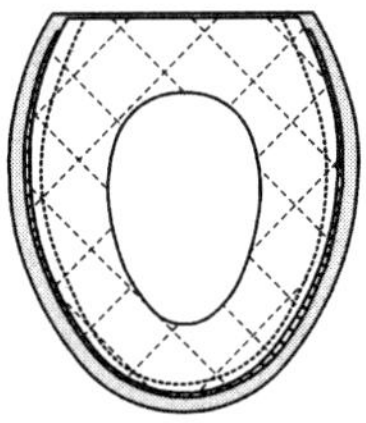

3. 成品质量要求

（1）绗缝间距相等，绗缝线顺直平行。

（2）针距密度为12针/3cm，缝纫轨迹匀、直，缝线牢固，宽窄一致，不露毛；接针套正，边口处打回针不少于3针。

（3）拉链平顺，两牙对准，闭合后平整不起涟。

（4）滚边各处宽窄一致，宽度为1cm，误差不大于0.1cm。

（5）成品外观无破损、针眼、严重染色不良等疵点。

（6）成品无跳针、浮针、漏针、脱线。

⚙ 知识链接

拖鞋的结构设计与工艺

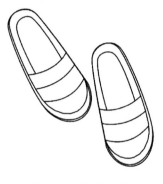

图4-46　拖鞋款式

拖鞋可以说是每一个家居空间中都有应用的家纺产品，从生活的层面来看，这是一种不折不扣的典型家纺产品，然而，对于它的设计及工艺研究，在我国，还是处于空白状态，目前拖鞋产品的生产也处于比较初级的小作坊式。随着我国消费者对家居生活品位需求的提升，拖鞋产品在家居中的使用得到越来越多消费者的认可，而将它与其他家纺产品做成配套的系列设计，必将会有良好的前景。下文进行如图4-46所示的绗棉拖鞋的结构与工艺分析。

（一）结构设计的特点

拖鞋的规格，要按照鞋类国标来设置。不同脚码的人，所需拖鞋的尺码也不相同；而对于同一脚码的人来说，拖鞋尺寸要比普通鞋的尺寸大，尤其是长度方向的放量非常重要。纺织材料的拖鞋的加放量要视材质的厚薄而定，一般比较薄的拖鞋的长度加放0.5～1cm（1～2码），厚的棉拖加放1～1.5cm（2～3码），宽度尺寸则随款式以及长度的变化而变化。本款拖鞋属于合脚的棉拖鞋，长度设计为24cm，即为38码，适合平时穿35～36码的女士穿着。采用纯棉面料，拼接绗缝款式。本款拖鞋由鞋面、鞋侧帮、鞋底三部分组成，结构如图4-47所示。

本款拖鞋是绗缝款，需要加放绗缩量，所以，四周放缝份1.5cm（加放0.5cm的绗缝缩量）。拖鞋样板如图4-48所示。

（二）工艺制作特点

拼接绗缝款棉拖鞋的缝制工艺流程为：验片→鞋面拼接→面、侧帮与衬料绗缝→分别缉合鞋面、鞋侧帮的面、里缝份→光边拼合整个鞋面与鞋里的上口（入脚口）→整个鞋面底口四周0.7cm单滚边→三层绗缝并0.7cm单滚边鞋底→粘合鞋底与成品牛津底→用弯钩锥手针上底→整烫→检验。在整个工艺实施过程中，注意鞋里、鞋面都要平整、光洁，不可有毛边。最后的四周毛边是用滚边工艺包光的。除此之外，拖鞋底要有一定硬度才能穿着舒适，所

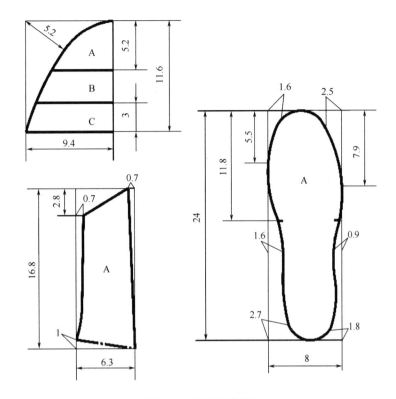

图4-47 拖鞋的结构图

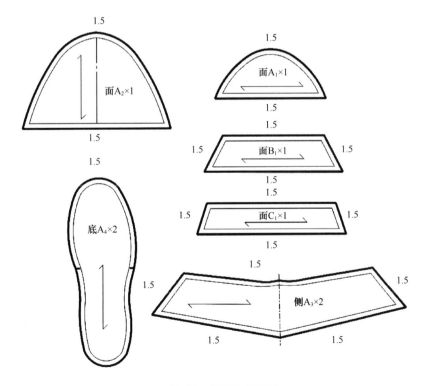

图4-48 拖鞋的样板图

以，最终在手工缝合面、底时，在底面要配辅料成品牛筋底，使最终的成品既舒适又耐用。

📖 课后作业

1. 针对本任务中给定规格的马桶，设计与任务一马桶盖套配套的现代简约风格的马桶圈套。要求绘制款式图，附设计说明，并完成马桶圈套的结构设计、样板设计、排料图、用料估算与工艺流程设计。

2. 总结马桶圈套的款式特征、规格尺寸特征与结构制图特点。

3. 总结马桶圈套的工艺方法，从工艺角度说说它与马桶盖套的相关性。

🔍 学习评价

	能/不能	熟练/不熟练	任务名称
通过学习本模块，你			根据给定款式完成马桶圈套的结构设计
			独立完成马桶圈套的样板制作
			独立完成马桶圈套的排料、裁剪和成品缝制
通过学习本模块，你还			掌握马桶圈套工艺质量的评判标准
			总结马桶圈套在使用、款式、结构、工艺方面的特点以及款式与结构、工艺的相关性

任务3 马桶地垫的结构与工艺

【知识点】

· 能描述马桶地垫的结构设计、制板方法与步骤。
· 能描述马桶地垫家纺产品的制作工艺流程。
· 能描述马桶地垫的工艺质量要求。

【技能点】

· 能根据不同款式马桶完成搭配马桶地垫的结构设计。
· 能使用制板工具完成马桶地垫等垫类家纺产品的工业样板制作。
· 能完成马桶地垫等垫类家纺产品的单件排料与套排并进行用料估算。
· 能根据实际进行辅料的合理选配与使用。
· 能完成不同款式垫类家纺产品的缝制工艺并进行合理评价。

🔒 任务描述

完成设计方案所设计的卫浴类家纺产品——马桶地垫的结构设计、打板与打样。

🔑 任务分析

马桶地垫一般与马桶盖套、马桶圈套配套使用，是平铺于马桶之前的平面结构家纺产品，所以结构比较简单。在规格尺寸设计时，要综合考虑卫浴间地面尺寸、马桶尺寸，尤其是要与马桶底座前部伸出端的形状、尺寸相一致。

🔧 任务实施

一、马桶地垫的结构设计与工艺

（一）结构设计

1. **款式特征分析** 马桶地垫为45°方形格绗缝垫，绗缝间距为5cm。正面采用小碎花B面料，中充喷胶棉填料，背面采用与B料花色相同的防水、防滑的F面料，四周采用D料滚边，滚边宽度为2cm。款式如彩图33（d）所示。

2. **规格设计** 马桶地垫规格的确定需要综合考虑卫浴间地面尺寸、马桶尺寸的影响，要求与马桶底座前部伸出端的尺寸相一致。结合卫浴间地面与实物马桶尺寸，最终，确定马桶地垫的总体成品规格为70cm×65cm。

3. **结构制图** 马桶地垫的结构如图4-49所示。

结构图绘制说明：地垫左右对称，四周圆角过渡，圆角半径为10cm与2.5cm；中部与马桶底座接合处的形状、尺寸与马桶底座伸出端相同，为光滑过渡的半圆形，半径为12cm。

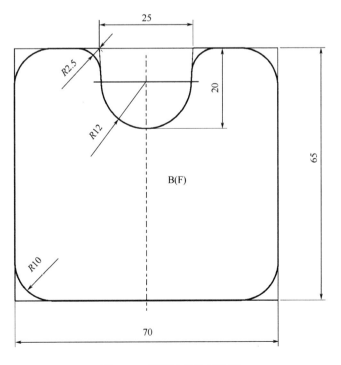

图4-49 马桶地垫的结构图

（二）样板制作

马桶地垫的裁剪样板如图4-50所示。

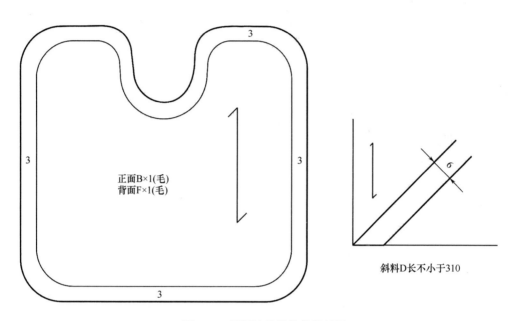

图4-50　马桶地垫的裁剪样板图

裁剪样板设计说明：马桶地垫四周滚边不放缝份，但由于有绗缝，所以，裁剪样板设计时，要考虑8%的绗缝缩量，四周放缝份3cm。

马桶地垫的工艺样板如图4-51所示。

图4-51　马桶地垫的工艺样板图

工艺样板设计说明：在绗缝之后，需要用此控制板复核马桶地垫的尺寸，四周滚边不放缝份。

（三）排料与用料估算

马桶地垫B、F面料的排料如图4-52所示。

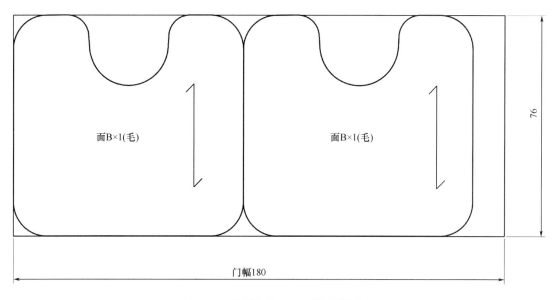

图4-52 马桶地垫B、F面料的排料图

马桶地垫B（F）料的门幅为180cm，单件用料为76×（1+2%）/2=38.8cm。

（四）工艺制作

1. **缝制工艺流程** 验片→缝制面层→滚边→整烫→检验。

2. **缝制方法及要求** 马桶地垫的缝制方法与要求见表4-5。

表4-5 马桶地垫的缝制方法与要求

序号	工艺内容	工艺图示	工艺方法	使用工具 针距密度 （针/3cm）
1	准备	图略	整理面料、排料划线、裁剪、试机、验片等	剪刀、划粉、平缝机等
2	缝制面层	面层 喷胶棉 背面防滑面料	手针疏缝，将面层、喷胶棉填料、背面防滑布的中心及四周三层固定	单针平缝机、多针绗缝机 针距密度为12～15

续表

序号	工艺内容	工艺图示	工艺方法	使用工具 针距密度 （针/3cm）
2	缝制面层	 面层 喷胶棉 背面防滑 面料	a. 斜度45°、间距5cm的菱形格绗缝，填料为喷胶棉，底布为防滑布 b. 用划粉，按工艺样板在面上画线，并沿粉印将多余部分修剪	单针平缝机、多针绗缝机 针距密度为12~15
3	滚边	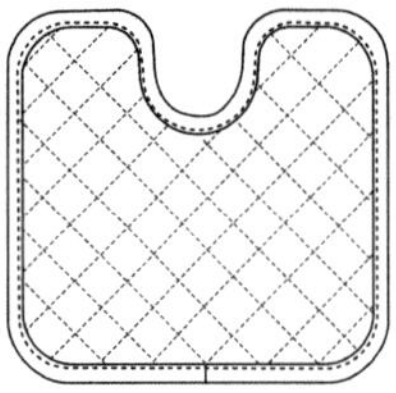	马桶地垫四周滚边，宽度为2cm	单针平缝机 卷边器
4	整烫	图略	剪净缝头，整烫平整	蒸汽熨斗 蒸汽烫台 蒸汽发生器

3. 成品质量要求

（1）缝纫针迹密度为12针/3cm，绗缝针迹密度为9针/3cm；缝纫轨迹匀、直，缝线牢固，宽窄一致，不露毛；接针套正，边口处打回针不少于3针。

（2）三层绗缝平整，不起拱、不起涟，绗缝间距均匀。

（3）滚边各处宽窄一致，规格为2cm，转角处过渡圆顺、平服，误差不大于0.1cm。

（4）成品外观无破损、针眼、严重染色不良等疵点。

（5）成品无跳针、浮针、漏针、脱线。

⚙ 知识链接

馒头地垫的结构设计与工艺

（一）结构设计特点

地垫是卫浴空间、卧室、玄关、客厅、书房都可能应用到的家纺产品，其材质、色彩、图案、工艺变化丰富，尺寸大小也多样，尺寸大的能铺满整个地面空间，尺寸小的也能留有落脚的空间。馒头地垫，是一种在工艺、造型上都非常有特色的产品，其表面由一个个紧紧相连的、形如馒头般鼓起的馒头包所组成，能够给人以舒适、柔软而又有弹性的触感。如图4-53所示。

图4-53 馒头地垫的款式图

本款馒头地垫的成品规格为76cm×54cm，是居室一隅所使用的"落脚"地垫。馒头垫成型时，会有8%~10%的缩量，结构设计时，要包括这部分尺寸，所以，该地垫的制图尺寸调整为84cm×60cm，每边加10%的放量。按照款式图，将馒头地垫设计为12cm×12cm的正方形分割，共35块裁片，结构如图4-54所示。

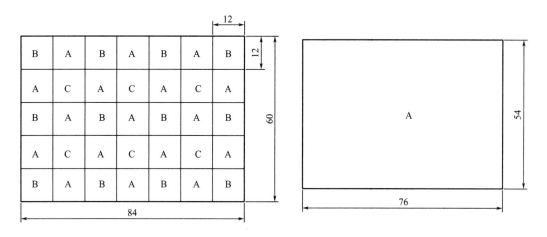

图4-54 馒头地垫的结构图

在样板设计时，要结合馒头制作工艺，给每一个裁片加放缝份。馒头状表面的形成，需要在正方形面净样四周加放0.7cm的缝份，并在每边中部做1.1cm宽的褶裥，所以，面样板四周放缝份2.5cm。与面样板相搭配缝合的正方形衬里样板四周放缝份0.7cm。每一个馒头的形成，都是将面裁片中部的褶裥固定后，与衬里裁片四边0.7cm缝合而成，而馒头的鼓起，则是通过衬里中部打剪口，塞入珍珠棉而得到。地垫的背面是平面整体结构，其成型尺寸仍为原成品规格即76cm×54cm。馒头地垫样板如图4-55所示。

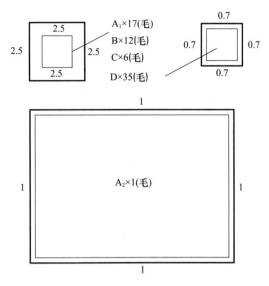

图4-55　馒头地垫的样板图

（二）工艺制作特点

馒头地垫的缝制工艺流程为：验片→缝制馒头→0.7cm拼合地垫面→面四周尺寸抽缩至成品尺寸后与地垫背面缂合，留15cm翻口孔→充棉→手工暗缝翻口孔→整烫→检验。面与背面拼合时，也可以将面、背面固定后，进行四周滚边，完成滚边馒头地垫的缝制。

📖 课后作业

1. 针对本任务中给定规格的马桶，设计一款温馨田园风格的马桶地垫。要求绘制款式图，附设计说明，并完成马桶地垫的结构设计、样板设计、排料图、用料估算与工艺流程设计及成品制作。

2. 总结包括马桶地垫在内的地垫的款式特征、规格尺寸特征与结构制图特点。

3. 总结地垫的工艺方法。

🔍 学习评价

	能/不能	熟练/不熟练	任务名称
通过学习本模块，你			根据给定款式完成地垫的结构设计
			独立完成地垫的样板制作
			独立完成地垫的排料、裁剪和成品缝制
通过学习本模块，你还			掌握地垫工艺质量的评判标准
			总结地垫在使用、款式、结构、工艺方面的特点以及款式与结构、工艺的相关性

任务4　卫浴间收纳挂袋的结构与工艺

【知识点】

- 能描述卫浴收纳挂袋的结构设计、制板方法与步骤。
- 能描述卫浴收纳挂袋家纺产品的制作工艺流程。
- 能描述卫浴收纳挂袋的工艺质量要求。

【技能点】

- 能完成不同款式的卫浴收纳挂袋的结构设计。
- 能使用制板工具完成卫浴收纳挂袋的工业样板制作。
- 能完成卫浴收纳挂袋的单件排料与套排并进行用料估算。
- 能根据实际进行辅料的合理选配与使用。
- 能完成不同款式卫浴收纳挂袋的缝制工艺并进行合理评价。

任务实施

完成设计方案所设计的卫浴类家纺产品——方形卫浴收纳挂袋的结构设计、打板与打样。

任务分析

收纳挂袋是非常实用的家纺产品，尤其对卫浴空间而言。本案卫浴间收纳挂袋用于收纳平板纸与卷筒纸，而这两种纸日常是以长方体、圆柱体的形态存放的，因此，收纳挂袋需要采用同样的立体形态。而且，其尺寸也应与所收纳的卫生纸尺寸相一致。

任务实施

方形卫生纸收纳挂袋的结构设计与工艺

（一）结构设计

1. **款式特征分析**　方形卫生纸挂袋由面层、里层组成。面布采用小碎花B面料，并使用带胶铺棉粘合，以保证一定的硬挺度。里料为小碎花面料B，四周D料滚边。上部装D料提带。款式如彩图33（d）所示。

2. **规格设计**　方形卫生纸收纳挂袋规格的确定需要与方形卫生纸的规格相一致，并考虑为方便拿取而需要的松量，最终，确定方形卫生纸收纳挂袋的成品规格为22cm×24cm×10cm。

3. **结构制图**　方形卫生纸收纳挂袋的结构如图4-56所示。

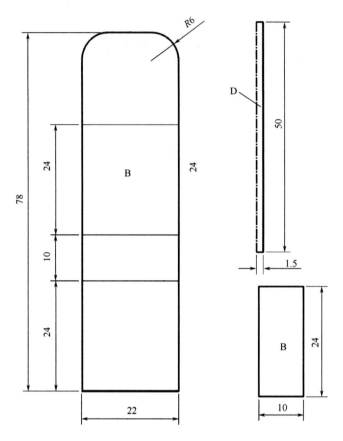

图4-56 挂袋的结构图

结构图绘制说明：方形卫生纸收纳挂袋的前面尺寸为22cm×24cm，底面尺寸为22cm×10cm，后面尺寸与前面尺寸相同，也是22cm×24cm，顶部扣盖从后面直接翻至前面，除了有与底面相同的厚度10cm之外，还有与前面重叠的量10cm，所以，尺寸为22cm×20cm。在结构上，前、底、后、盖连为一体不分割，总尺寸为22×（24+10+24+20）=22cm×78cm。侧面与前、底、后面拼缝，尺寸为10cm×24cm。提带采用面料D，为双层结构，成品尺寸为50cm×1.5cm。

（二）样板制作

方形卫生纸收纳挂袋的裁剪样板如图4-57所示。

裁剪样板设计说明：方形卫生纸收纳挂袋的成型口包边不放缝份，其他边常规放缝份1cm，提带四周放缝份1cm，挂袋四周斜料滚边宽1cm，斜料宽为4cm，斜料长大于（78×2+22）+（10×2+22）+4（缝份）=224（cm）。

（三）排料与用料估算

方形卫生纸收纳挂袋B面料的排料如图4-58所示，D面料排料如图4-59所示。

方形卫生纸收纳挂袋B料的门幅为180cm，单件用料为2×79×（1+2%）/5=32.2（cm）。
D料的门幅为150cm，单件用料52×（1+2%）/30=1.8（cm）。

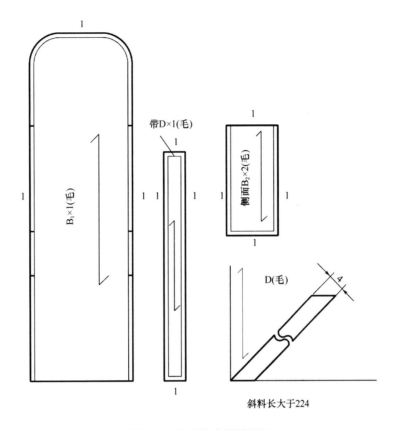

图4-57 挂袋的裁剪样板图

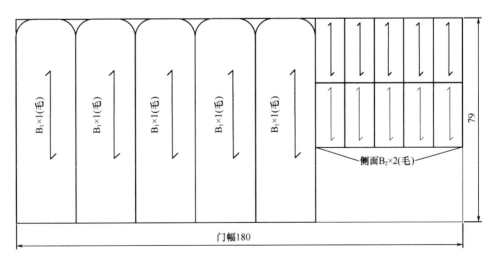

图4-58 挂袋B面料的排料图

（四）工艺制作

1. **缝制工艺流程** 验片→粘带胶铺棉并固定面、里→装侧面→缝制系带→预做袋口滚边→缝制四周滚边→缝制袋口滚边→整烫→检验。

2. **缝制方法及要求** 方形卫生纸收纳挂袋的缝制方法与要求见表4-6。

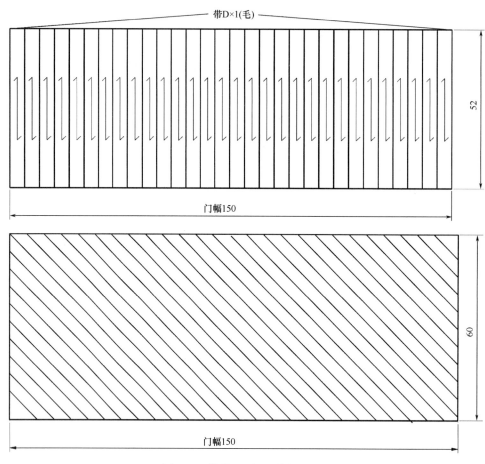

图4-59　挂袋D面料的排料图

表4-6　方形卫生纸收纳挂袋的缝制方法与要求

序号	工艺内容	工艺图示	工艺方法	使用工具针距密度（针/3cm）
1	准备	图略	整理面料、排料划线、裁剪、试机、验片等	剪刀、划粉、平缝机等
2	面、里固定	面　带胶铺棉　里　疏缝线	a. 将面裁片背面全部粘合带胶铺棉，使面平顺、挺括 b. 手针疏缝，将面与里四边固定	蒸汽熨斗、手缝针针距密度为2～3

序号	工艺内容	工艺图示	工艺方法	使用工具针距密度（针/3cm）
3	装侧面	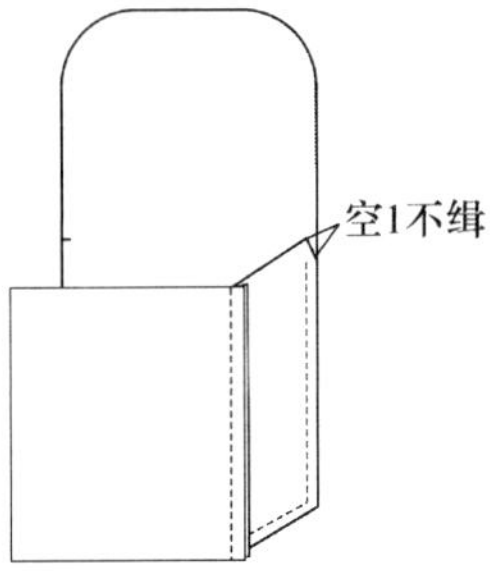 空1不绲	按剪口位将侧面的左下右三边分别与大片的前、底、后面1cm缝份绲合，在与后面缝合时最上部分留1cm不绲	单针平缝机针距密度为12～15
4	缝制系带	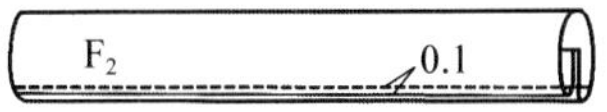 F₂　　0.1	将系带面料D两边毛边折进1cm后对折，沿边缘绲0.1cm明线，做成两头毛边的系带	单针平缝机针距密度为12～15
5	预缝制袋口滚边	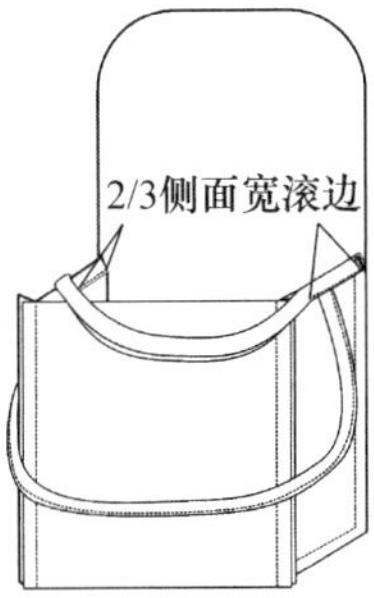 2/3侧面宽滚边	取袋口滚边长度46cm（44+缝份2），将侧面袋口自后面开始2/3长度滚边，在此过程中将系带夹绲在侧面袋口中间	单针平缝机针距密度为12～15卷边器
6	缝制四周滚边	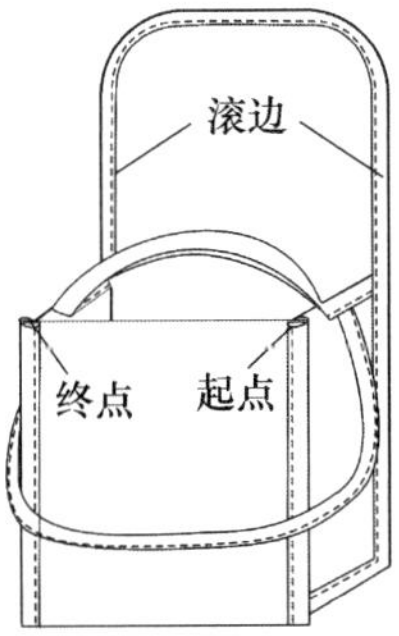 滚边　终点　起点	从前面与右侧面绲合起点开始，至前面与左侧面绲合起点结束，挂袋四周滚边，宽度为1cm	单针平缝机针距密度为12～15卷边器

序号	工艺内容	工艺图示	工艺方法	使用工具针距密度（针/3cm）
7	缝制袋口滚边	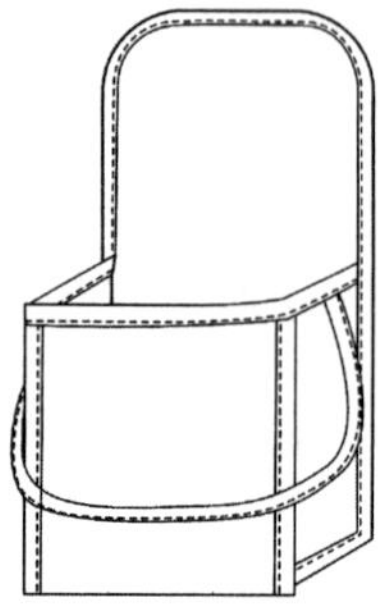	将袋口剩余未滚边之处全部滚边	单针平缝机针距密度为12~15卷边器
8	整烫	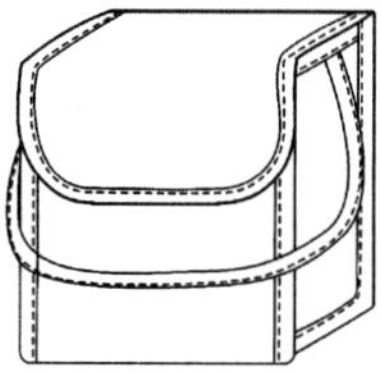	剪净缝头，整烫平整	蒸汽熨斗、蒸汽烫台、蒸汽发生器

3. 成品质量要求

（1）成品外观平顺，转折自然，立体成型效果好。

（2）针距密度为12针/3cm，缝纫轨迹匀、直，缝线牢固，宽窄一致，不露毛；接针套正，边口处打回针不少于3针。

（3）滚边转角处平服成直角。

（4）滚边各处宽窄一致，宽度为1cm，误差不大于0.1cm。

（5）成品外观无破损、针眼、严重染色不良等疵点。

（6）成品无跳针、浮针、漏针、脱线。

卫浴系列产品的窗帘结构与工艺参考项目一的任务2窗帘的结构与工艺，此处不再赘述。

知识链接

卷筒纸收纳挂袋的结构设计与工艺

每一个家庭的卫浴间都需要使用卷筒纸、平板纸、卫生巾等卫浴用品，这些小物品存放不当会使得卫浴间非常凌乱，影响人们的有序生活。本案的卫浴收纳挂袋主要用来收纳卷筒纸、平板纸，其造型不同，但结构设计原理一致，都是要能够与被收纳的对象在形状、尺寸上保持一致。以下介绍本案卷筒纸收纳挂袋的结构与工艺。

（一）结构设计特点

本案卷筒纸收纳挂袋可收纳五卷纸，使用时，每卷纸为单独个体被收纳在各自单独的空间。考虑挂袋的常见工作状态是悬挂在墙面上，所以，背部设计为平面结构；由于一般卷筒纸的外形尺寸在 $\Phi12\text{cm}\times10\text{cm}$ 以内，所以，挂袋宽度选择12cm；考虑每一空间应能够刚好放入一卷纸，并具有舒适的放、取松度，所以，将单独空间尺寸设计为 $14+29.2=43.2>12\pi$，如图4-60所示；鉴于减少接缝能够提升产品的舒适性与档次，将挂袋结构设计为整体式结构，整体结构的总长即为 $(14+29.2)\times5+4$（顶部装支撑棒）$=220\text{cm}$，结构如图4-61所示，样板如图4-62所示。

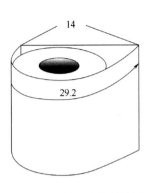

图4-60　卷筒纸套的结构图

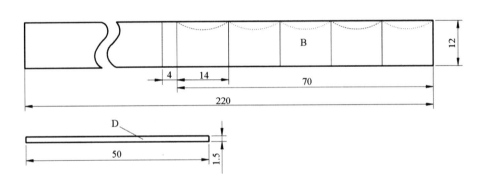

图4-61　卷筒纸套结构图

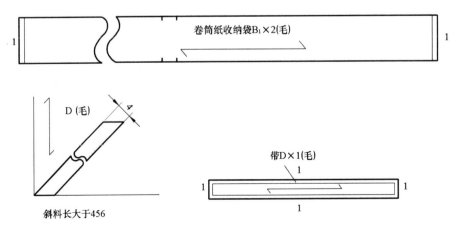

图4-62　卷筒纸套样板图

（二）工艺制作特点

卷筒纸收纳挂袋的缝制工艺流程为：验片→粘带胶铺棉（也可绗缝，但绗缝要考虑绗缩量）→外面、棉、里面三层长边滚边→缝制系带→固定系带→定位并缲出穿支撑棒孔、各收纳空间的分割线→底上下边对齐滚边→整烫→检验。可以在第三个收纳空间的前面挖一个宽度与卷筒纸宽度相同的抽纸口，使挂袋的功能更完善。

📖 课后作业

1. 完成如图4-63所示挂袋的结构设计、样板设计、排料图与工艺流程设计。

2. 总结挂袋的款式特征、规格尺寸特征与结构制图特点。

3. 总结挂袋的工艺方法。

图4-63　挂袋的款式图

🔦 学习评价

	能/不能	熟练/不熟练	任务名称
通过学习本模块，你			根据给定款式完成挂袋的结构设计
			独立完成挂袋的样板制作
			独立完成挂袋的排料、裁剪和成品缝制
通过学习本模块，你还			掌握挂袋工艺质量的评判标准
			总结挂袋在使用、款式、结构、工艺方面的特点以及款式与结构、工艺的相关性

任务5　卫浴配套家纺产品的展示与评价

【知识点】

· 项目四设计与工艺模块中知识的综合运用。

【技能点】

· 能进行本项目组卫浴配套家纺产品的展示。

· 能完成对本项目组成果的自我评价。

· 能完成对他项目组成果的客观评价。

任务描述

进行本项目组配套卫浴类家纺设计与工艺成果的展示、汇报与自评，并进行他组系列卫浴类家纺设计与工艺成果的客观评价。

任务分析

这个任务是在前面专业训练的基础上，锻炼学生的表达、展示、归纳、分析、评判能力，进一步提升其综合能力。

任务实施

一、明确展示与评价环节的意义

卫浴配套家纺的最终成品效果如图4-64所示。

图4-64　卫浴配套家纺成品展示图

展示与评价环节是对前期学习工作成果的总结，通过这个环节，学生不仅能够对前期所学的专业知识、技能有一个更清楚、全面的认识，还能从中获得综合能力的提升，获得成就感与满足感，为下一项目的学习做充分的准备。

二、展示与评价过程

展示与评价流程：完成卫浴配套家用纺织品的成品拍照；展示现场布置；汇报课件制作；项目组长代表本组汇报；获得他项目组评价并对他项目组成果进行评价；企业评价、教师评价与总结。详细内容参加项目一的任务4。

📖 课后作业

1. 就前期项目学习与成果展示评价写一篇心得，从最令你有感触、为难或兴奋的点切入。

2. 选择一套卫浴类系列家纺产品或卫浴小配套家纺产品进行鉴赏与评价。

🔦 学习评价

	能/不能	熟练/不熟练	任务名称
通过学习本模块，你			对前期学习状态和收获给出明确的评价
			对前期项目组工作进行客观的总结与评价
			对他项目组成果给出评价与建议
通过学习本模块，你还			对经典卫浴配套家纺产品案例进行客观的分析

参 考 文 献

[1] 沈婷婷. 家用纺织品造型与结构设计[M]. 北京：中国纺织出版社，2004.

[2] 徐百佳. 纺织品图案设计[M]. 北京：中国纺织出版社，2009.

[3] 倪宝诚. 另类童话：玩具[M]. 上海：上海文艺出版社，2002.

[4] 徐凌志. 走进染布坊[M]. 南京：江苏少年儿童出版社，2003.

[5] Elaine Louie Living with textiles. London: Mitchell Beazley, 2001.

[6] 骆振楣. 服装结构制图[M]. 北京：高等教育出版社，2004.

[7] 李正. 服装工业制板[M]. 上海：东华大学出版社，2003.

[8] 欧阳心力. 服装工艺学[M]. 北京：高等教育出版社，2005.

[9] 王辉译. 实用百变绣[M]. 长春：吉林科学技术出版社，2004.

[10] 龚建培. 现代家用纺织品的设计与开发[M]. 北京：中国纺织出版社，2004.

[11] 张祖芳. 实用服饰件设计制作[M]. 上海：东华大学出版社，2003.

[12] 崔唯. 纺织品艺术设计[M]. 北京：中国纺织出版社，2004.

[13] 刘晓刚，崔玉梅. 基础服装设计[M]. 上海：东华大学出版社，2010.

[14] 吴静芳. 服装配饰学[M]. 上海：东华大学出版社，2004.

[15] 徐雯. 服饰图案[M]. 北京：中国纺织出版社，2000.

[16] 吴微微，全小凡. 服装材料及其应用[M]. 杭州：浙江大学出版社，2000.